Shareholder Value-Orientierung bei Unternehmenssteuerung, Anreizgestaltung, Leistungsmessung und Rechnungslegung

Herausgegeben von
Wolfgang Ballwieser

Tagung des Ausschusses
Unternehmensrechnung im
Verein für Socialpolitik
am 30. April und 1. Mai 2004
in München

Verlagsgruppe Handelsblatt · Düsseldorf · Frankfurt

Bibliografische Information Der Deutschen Bibliothek

Shareholder Value-Orientierung bei Unternehmenssteuerung, Anreizgestaltung, Leistungsmessung und Rechnungslegung
Die Deutsche Bibliothek verzeichnet diese Publikation in der Deutschen Nationalbibliografie; detaillierte bibliografische Daten sind im Internet über http://dnb.ddb.de abrufbar.

Gesamtherstellung: Lengericher Handelsdruckerei,
Jürgen Bossemeyer GmbH + Co KG, 49525 Lengerich/Westf.

Printed in Germany.

ISBN 3-7754-0203-9

Vorwort

Am 30. April und 1. Mai 2004 tagte in München der Ausschuß Unternehmensrechnung im Verein für Socialpolitik zum 29. Mal, um sich den „Lehren aus der Shareholder Value-Diskussion für das Rechnungswesen“ zu widmen. Das vorliegende Sonderheft faßt die Langfassungen der Vorträge, die nach der Diskussion zum Teil erheblich überarbeitet wurden, zusammen.

Dieter Pfaff entwickelt ein Delegationsmodell mit vermögensbeschränktem Manager, der über private Information verfügt und für den Eigentümer schlechte Projekte aufdecken soll. Er fragt, wann in einer Welt ohne Vertragsbeschränkungen ein Bedarf an Performancemaßen besteht und wann und warum bestimmte Problemeigenschaften in der Bemessungsgrundlage, andere in der Entlohnungsfunktion abgebildet werden. In seinem Modell wird das Management durch ein Leistungsmaß in der Berichterstattung nur diszipliniert, aber nicht in der Leistung motiviert; ex ante beobachtbare Größen bestimmen die Entlohnungshöhe, ex post sich konkretisierende Größen hingegen die Tatsache, ob überhaupt entlohnt wird.

Robert F. Göx untersucht in einem Prinzipal-Agent-Modell, ob es für das Management eines Unternehmens, das über sein eigenes Gehalt bestimmen kann, sinnvoll sein kann, seine Entlohnung von unkontrollierbaren Zufallseinflüssen abhängig zu machen. Er analysiert und diskutiert Bedingungen, die das empirisch beobachtbare Phänomen der Entlohnung für den Zufall begründen können. Zentral sind hierbei Gehaltsschranken, speziell für das Festgehalt.

Jochen Hundsdoerfer widmet sich dem Problem der aktiven Bestechung im Auftragshandeln, diskutiert die ökonomischen Konsequenzen der Bestechung, verbindet sie mit Governance-Strukturen und Sanktionsdrohungen, bevor er die Rechnungslegung als Mittel der Korruptionsbekämpfung erörtert. Als Maßnahme gegen Bestechungszahlungen aus dem Vermögen publizitätspflichtiger Unternehmen schlägt er eine Pflicht zum gesonderten Ausweis der Höhe gezahlter Bestechungsgelder vor.

Hans Dirrigl stellt eine Methodik der Unternehmensbewertung vor, die auf Grund ihrer leistungswirtschaftlichen Orientierung und ihres Risikobezugs die Anforderungen erfüllen soll, die für die wertorientierte Steuerung von Bereichen nötig sind. Er untersucht anschließend, wie die Unternehmenswertorientierung in den Teilsystemen zur strategischen Planung, der Performancemessung und der Bereitstellung von Bemessungsgrundlagen für die variable Managemententlohnung umgesetzt werden kann.

Christian Hofmann entwickelt ein dynamisches Modell der Vertragsbeziehung von Prinzipal und Agent, in das er Konsumentscheidungen sowie produktive und bilanzpolitische Handlungen des Agenten einbettet. Er gelangt zu einer Irrelevanz der Zeitpräferenz des Agenten für produktive und bilanzpolitische Maßnahmen. Das Modell wird im Hinblick auf glaubhaften Ausschluß von Nachverhandlungen und sequentielle Rationalität erweitert.

Alle Beiträge zeigen, wie sehr die Orientierung am Unternehmenswert die interne Steuerung und die externe Rechnungslegung prägt. Ich danke den Verfassern, daß sie bereit waren, die Schriftfassungen der Vorträge in kürzester Zeit zur Verfügung zu stellen. Meinem Mitarbeiter *Jörg Wiese* danke ich für die vorbildliche redaktionelle Betreuung.

München, den 13. Juli 2004 *Wolfgang Ballwieser*

Inhaltsverzeichnis

Performancemessung und Vertragsfunktion

– Zu Bedeutung und Eigenschaften von Performancemaßen bei vermögensbeschränkten Managern –

von

DIETER PFAFF*

Gliederung

* Prof. Dr. DIETER PFAFF, Institut für Rechnungswesen und Controlling der Universität Zürich, Plattenstraße 14, CH – 8032 Zürich. E-Mail: pfaff@irc.unizh.ch.

Der Verfasser dankt ROBERT F. GÖX, CHRISTIAN LEUZ, ULRIKE STEFANI, ALFRED WAGENHOFER sowie Mitgliedern des Ausschusses „Unternehmensrechnung“ im Verein für Socialpolitik für wertvolle Hinweise zu einer früheren Version dieses Beitrags.

1 Problemstellung

In den letzten Jahren hat die Frage, wie Unternehmen *geführt* werden müssen, damit Investitionen mit positivem Kapitalwert getätigt werden und dadurch der Wert des Eigenkapitals erhöht wird, stark an Bedeutung gewonnen. Auslöser dieser Entwicklung waren Veränderungen der Kapitalmärkte und des Investorenverhaltens. Vor dem Hintergrund einer zunehmenden Globalisierung der Kapitalmärkte und der von Unternehmen in Zeiten des Börsenbooms bevorzugten Verwendung eigener Aktien als Akquisitionswährung hatte sich der Druck des Kapitalmarkts auf börsennotierte Gesellschaften massiv verstärkt. Die Orientierung am Shareholder Value und damit das Bestreben, das beschränkt zur Verfügung stehende Kapital in jene Bereiche des Unternehmens zu lenken, welche die höchste Wertschaffung erwarten ließen, wurden daher zur primären Zielsetzung.

Das klassische Instrument zur Beurteilung von Investitionsprojekten ist die Kapitalwertmethode. Hiernach sollen nur solche Investitionsprojekte durchgeführt werden, die eine über dem Kapitalkostensatz liegende Verzinsung aufweisen und somit den Unternehmenswert steigern. Die häufig auch als Discounted Cashflow- oder DCF-Ansatz bezeichnete Kapitalwertmethode traditionellen Zuschnitts wurde (und wird) zum einen insbesondere sporadisch zur Fundierung der Entscheidung über die Durchführung ausgewählter größerer Investitionsprojekte eingesetzt. Im Rahmen der wertorientierten Unternehmenssteuerung geht zum anderen darum, *laufend* (das heißt periodisch) den Wert sowohl für neue als auch für bereits *existierende* Geschäftsbereiche, -felder oder -ideen zu ermitteln.

Als Bemessungsgrundlage für die Entlohnung des Managements unterhalb der obersten Geschäftsführung spielen aber derartige, rein *intern* und *zukunftsorientiert* ermittelte Wertgrößen praktisch keine Rolle. Stattdessen werden die Bonuszahlungen zur Steuerung dezentraler Verantwortungsbereiche häufig auf die Ermittlung der Performance in einer abgelaufenen Periode, also ex post, gegründet. Im deutschsprachigen Raum werden in dieser Hinsicht vor allem zwei Konzepte diskutiert[1]: der Cash Value Added (CVA), der auf die *Boston Consulting Group* zurückgeht, sowie der von *Stern Stewart & Co.* propagierte Economic Value Added (EVA®). Letzterer stellt im Kern einen *Residualgewinn* dar, der sich dadurch auszeichnet, dass von einem rechnungswesenbasierten Gewinn vor Zinsen *kalkulatorische* Zinsen auf das in der betrachteten Periode gebundene Kapital abgezogen werden. Die Berechnung des CVA erfolgt demgegenüber auf Cashflow-Basis und unter Verwendung des ursprünglich eingesetzten und auf den Betrachtungszeitpunkt inflationierten

1 Vgl. BÜHNER/SULZBACH (1999); PELLENS/TOMASZWESKI/WEBER (2000); RUHWEDEL/SCHULTZE (2002).

Kapitals. Zusätzlich wird beim CVA häufig eine „ökonomische“ Abschreibung angesetzt, bei der am Ende der geplanten Nutzungsdauer das ursprünglich investierte Kapital wieder zur Verfügung steht. In der wissenschaftlichen Literatur wird die Diskussion über die Vorteilhaftigkeit beider Konzepte meist unter dem allgemeineren Thema „Cashflows“ versus „Residualgewinne“ geführt, wobei CVA und EVA® jeweils spezielle Ausprägungen dieser Konzepte darstellen[2].

Ein wesentlicher Kritikpunkt an der bisherigen modellanalytischen Diskussion[3] über alternative Performancemaße ist das Problem, dass die Entlohnungsfunktion grundsätzlich in allen Beiträgen mehr oder weniger durch Annahmen vorbestimmt wird und damit eine modellendogene Trennung in Bemessungsgrundlage (*Auslösesachverhalt*) und Entlohnungsfunktion (*Bestimmung der Entlohnungshöhe*) nicht mehr möglich ist[4]. Eine solche Trennung ist aber wichtig, um die Funktion sowie daraus abgeleitet die besonderen Anforderungen an die Performancemessung und damit an die Rechnungslegung herausarbeiten zu können. Im Mittelpunkt des vorliegenden Beitrags stehen daher vor allem zwei Fragen:

1. Wann existiert in einer Welt *ohne Vertragsbeschränkungen* ein nichttrivialer Bedarf an ex post-Performancemaßen?
2. Wann und warum werden bestimmte Problemeigenschaften in der Bemessungsgrundlage (hier: *Auslösesachverhalt*) und andere in der Entlohnungsfunktion (hier: *Entlohnungshöhe*) abgebildet oder gelöst?

Es sei ausdrücklich darauf hingewiesen, dass der Beitrag nicht beansprucht, beide Fragen allgemeingültig zu beantworten. Er ist vielmehr als Vorarbeit zu verstehen, bei der es darum geht, die einzelnen Bestandteile des Entlohnungskontrakts *modellendogen* zu trennen und den Leser für die Wichtigkeit dieser Thematik zu sensibilisieren. Im Unterschied zum überwiegenden Teil der Literatur zur Performancemessung wird daher versucht, weitgehend auf exogene Vertragsbeschränkungen zu verzichten. Insoweit ist das Modell sehr allgemein. Bei der Interpretation der Ergebnisse ist jedoch zu beachten, dass diese Allgemeingültigkeit durch spezifische Annahmen bezüglich des Aufgabenbereichs

2 Zu einem Überblick vgl. EWERT/WAGENHOFER (2003), S. 535–562; vgl. auch YOUNG/O'BYRNE (2001); STERN/SHIELY (2001).

3 Vgl. insbes. ROGERSON (1997); REICHELSTEIN (1997; 2000); LAUX, H. (1997; 1999; 2001), (2003), S. 493–521; PFAFF (1998; 2004); PFAFF/BÄRTL (1999); BALDENIUS/FUHRMANN/REICHELSTEIN (1999); DUTTA/REICHELSTEIN (1999a; 1999b; 2002; 2003); WAGENHOFER/RIEGLER (1999); PFEIFFER (2000; 2003); PFAFF/KUNZ/PFEIFFER (2000); BALDENIUS/REICHELSTEIN (2001); GILLENKIRCH/SCHABEL (2001); DIERKES/HANRATH (2002); DUTTA/ZHANG (2002); BALDENIUS/ZIV (2003); DIEDRICH/DIERKES (2003); PFAFF/PFEIFFER (2003); WAGENHOFER (2003); PFAFF (2004); WEI (2004).

4 Vgl. LAUX, C. (1999); PFAFF (2004), S. 92–97, m.w.N.

des Agenten sowie der unterstellten Umweltzustände teilweise eingeschränkt wird.

Vor allem die zweite Frage wurde in der Literatur bereits von *Banker/Datar* (1989) sowie *Leuz* (1999) diskutiert. Dabei geht es in *Banker/Datar* (1989) aber im Wesentlichen darum, notwendige und hinreichende Bedingungen aufzuzeigen, unter denen verschiedene grundlegende Signale (z.B. Kosten und Umsatz) linear zu einer übergeordneten Bemessungsgrundlage (z.B. Gewinn) aggregiert werden können. Im Unterschied dazu stehen im vorliegenden Beitrag die Bedeutung einer ex post-Performancemessung generell sowie die Fragen im Vordergrund, wie sich die Agentureigenschaften in Bemessungsgrundlage sowie Entlohnungsschema widerspiegeln und welche Konsequenzen sich daraus für die Performancemessung ergeben könnten.

Bezüglich der Trennung in Bemessungsgrundlage und Entlohnungsschema (-höhe) argumentiert *Leuz* (1999), dass managerspezifische Eigenschaften wie Risikoaversion oder Mindestnutzenniveau in der Prämienhöhe zum Ausdruck kommen, während situations- und transaktionsspezifische Eigenschaften in die Bemessungsgrundlage einfließen. Diese These wird mit Transaktionskostenüberlegungen und der Theorie unvollständiger Verträge begründet. Ausgangspunkt der Argumentation ist die Beobachtung, dass in der Unternehmenspraxis die Abbildung verifizierbarer Transaktionen und Ereignisse im Rechnungswesen in viele verschiedene Verträge (z.B. in Kredit- und Entlohnungsverträge mit einer Vielzahl von Kontraktpartnern) eingeht und dass das Schreiben und Verifizieren solcher Verträge kostspielig ist. Unterstellt man weiterhin, dass sich die Vertragskosten zumindest zum Teil in fixen Kosten dokumentieren, lässt die Trennung in Bemessungsgrundlage und Anreizfunktion Transaktionskostenvorteile bei der Abfassung und Verifikation der verschiedenen Verträge erwarten: Während weniger kontraktspezifische Eigenschaften, wie im Rechnungswesen allgemein abgebildete Transaktionen und Ereignisse, auf der Ebene der Bemessungsgrundlage erfasst werden, finden sehr vertragsspezifische Eigenschaften wie Besonderheiten des Vertragspartners Eingang in die Anreizfunktion.

Im vorliegenden Modell spielen demgegenüber Transaktionskostenvorteile, die in der Regel ebenfalls exogen in die Modellbetrachtungen eingeführt werden, keine Rolle. Grundsätzlich wäre es möglich, kostenlos beliebig viele und beliebig komplizierte Verträge zu schreiben. Trotz grundlegend unterschiedlicher Annahmen ergeben sich aber in den Ergebnissen interessante Parallelen zu *Leuz* (1999). Auch im vorliegenden Modell, in dem ein vermögensbeschränkter Agent die Aufgabe hat, Fehlinvestitionen zu vermeiden, finden agentenspezifische Merkmale in der Entlohnungshöhe ihren Ausdruck. Weiterhin zeigt sich, dass zwischen den Determinanten für die Entlohnungshöhe und einem Indikator, der die Entlohnung auslöst, getrennt werden muss. Während grundsätzlich das Ausmaß einer vermeidbaren Fehlinvestition die *Höhe* der

Entlohnung maßgeblich beeinflusst, entscheiden bei ex ante privater Information des Agenten über die Vorteilhaftigkeit eines zur Diskussion stehenden Projekts Indikatoren bezüglich der Performance einer letztlich *getätigten* Investition nachträglich darüber, *ob* eine Entlohnung überhaupt gezahlt wird.

Im Einzelnen ist der Beitrag wie folgt gegliedert. Abschnitt 2 beschreibt die Annahmen und Ergebnisse des untersuchten Modells. In Abschnitt 3 werden die Modellresultate im Hinblick auf die beiden zuvor aufgeworfenen Fragen diskutiert. Der Aufsatz schließt in Abschnitt 4 mit einer thesenförmigen Zusammenfassung.

2 Ein Prinzipal-Agenten-Modell zur Konkretisierung der Vertragsfunktion von ex post-Performancemaßen

2.1 Überblick

Analysiert wird ein Prinzipal-Agenten-Modell, in dem der Prinzipal (im Folgenden als Eigentümer bezeichnet) ein Projekt besitzt, das entweder gut oder schlecht sein kann. Im ersten Fall ist der Kapitalwert positiv ($N \geq 0$), im zweiten Fall streng negativ ($N < 0$), so dass das Projekt bei schlechter Qualität unterlassen werden sollte. Der Eigentümer kann einen vermögensbeschränkten Agenten (Manager) beauftragen, schlechte Projekte ausfindig zu machen (*Delegated Expertise*). Die Aufdeckungswahrscheinlichkeit schlechter Projekte hängt von der nichtbeobachtbaren Anstrengung des Managers ab. Dieser berichtet seine Erkenntnisse an den Eigentümer, wobei das der Anstrengung zugrunde liegende Moral Hazard-Problem durch die Vermögensbeschränkung des Managers verschärft werden kann.

Das vorliegende Modell basiert auf einer Arbeit von *Feess/Ossig/Walzl* (2003), die den Einfluss der Vermögensbeschränkung auf den optimalen Vertrag in zwei Szenarien untersuchen[5]: In einem Fall sind die Erkenntnisse des Managers auch vom Eigentümer zu beobachten (*reines Moral Hazard-Problem*), im anderen Fall sind sie private Information und müssen daher wahrheitsgemäß berichtet werden (*privates Informationsproblem*). Der Modellrahmen von *Feess/Ossig/Walzl* (2003) wird zur Beantwortung der Frage genutzt, welche Bedeutung Performancemaßen im optimalen Anreizvertrag zukommt, wenn sie *ex post* einen (vollkommenen) Rückschluss auf die Vorteilhaftigkeit der realisierten Investition gewährleisten.

5 Weitere verwandte Literatur bezieht sich auf FEESS/SCHIEBLE/WALZL (2003); FEESS/WALZL (2003); DEMSKI/SAPPINGTON (1987); LEWIS/SAPPINGTON (1997); KIHLSTROM (1988); DIAMOND (1991); LEVITT/SNYDER (1997). Zu Einzelheiten dieser Literatur vgl. FEESS/OSSIG/WALZL (2003).

Unterabschnitt 2.2 behandelt den Fall bei öffentlicher Beobachtbarkeit des Managergutachtens und Unterabschnitt 2.3 das Szenario bei privater Information. Abschnitt 3 diskutiert die Bedeutung der Ergebnisse für die Performancemessung allgemein sowie die Trennung in Bemessungsgrundlage und Entlohnungsfunktion.

2.2 Öffentliche Beobachtbarkeit der Managerexpertise

Ein Eigentümer eines Unternehmens besitzt die Möglichkeit, ein Projekt zu realisieren, das eine Investitionssumme in Höhe von I beanspruchen würde. Das Projekt hat mit der Wahrscheinlichkeit q einen positiven Kapitalwert. Mit der Gegenwahrscheinlichkeit $1 - q$ ist der Kapitalwert negativ. In diesem Fall sei der Barwert zukünftiger Cashflows gleich Null, so dass der Eigentümer bei Durchführung des Projekts einen Verlust in Höhe der Investitionsauszahlung I erleiden würde. Ist das Projekt hingegen gut, beträgt der Kapitalwert (also bereits nach Abzug von I) $N > 0$. Um Fälle auszuschließen, in denen sich eine Delegationsbeziehung nicht lohnt, wird zusätzlich von einem Erwartungswert größer als Null ausgegangen, wenn das Projekt ohne Begutachtung durchgeführt wird: $qN - I(1 - q) > 0$. Damit gilt verschärfend: $N > I(1 - q)/q > 0$. Der Eigentümer kann einen Manager beauftragen, Projekte mit negativem Kapitalwert ausfindig zu machen und damit die Erfolgswahrscheinlichkeit des Unternehmens zu verbessern. Im Folgenden bezeichnen π die Anstrengung des Managers, die er leistet, um schlechte Projekte auch als solche zu identifizieren, und $e(\pi)$ seine privaten Opportunitätskosten. Mit zunehmendem Effort kann der Manager die Aufdeckungswahrscheinlichkeit verbessern. Vereinfachend, aber ohne Einschränkung der Allgemeingültigkeit der Ergebnisse, werden Anstrengung und Aufdeckungswahrscheinlichkeit gleichgesetzt. Im Einzelnen gelten folgende Zusammenhänge: $e(0) = 0$, $e'(0) = 0$, $e' > 0\ \forall e > 0$, $e'' > 0\ \forall e > 0$, $\lim_{\pi \to 0}(e(\pi)) = 0$ und $\lim_{\pi \to 1}(e(\pi)) = \infty$.

Nach Prüfung des Investitionsprojekts berichtet der Manager wahrheitsgemäß über das Ergebnis seiner Expertise, da der Eigentümer das Untersuchungsergebnis ohne Kosten verifizieren kann. Letztlich wird damit angenommen, dass das Signal über die Güte des Projekts von Eigentümer und Manager *gemeinsam* beobachtet werden kann. m_j bezeichnet den Bericht, wobei der Index j angibt, ob ein schlechtes Projekt identifiziert wurde ($j = d$) oder nicht ($j = n$). Wird das Projekt durchgeführt, kann in der folgenden Periode von Eigentümer und Manager gemeinsam ein *zusätzlicher* Indikator RG (z.B. der ermittelte Residualgewinn dieser Periode) beobachtet werden, der *ex post* einen vollkommenen Rückschluss auf die Vorteilhaftigkeit der Investition erlaubt. Der Reservationsnutzen des Managers sei auf Null normiert und sein verfügbares Vermögen auf W beschränkt. Der erwartete Nutzen des Managers sei mit *U*, der des Eigentümers mit Φ symbolisiert. Beide Akteure sind risikoneutral.

Der Ablauf der Ereignisse sowie die möglichen Zahlungen an den Manager sind in *Abbildung 1* dargestellt[6].

Abbildung 1: Spiel zwischen Manager und Eigentümer bei öffentlicher Beobachtbarkeit des Untersuchungsergebnisses

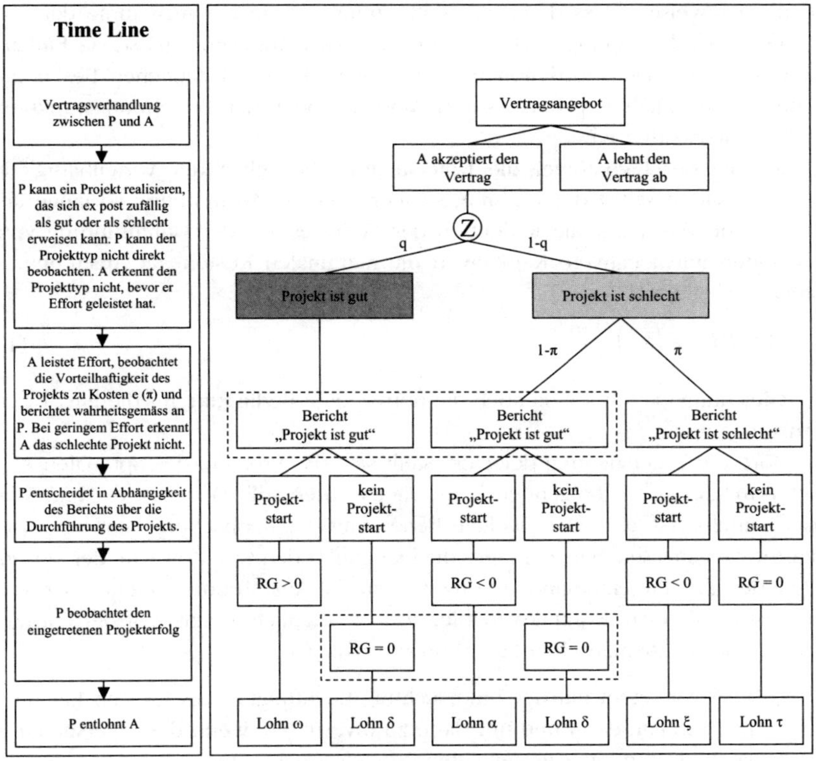

Bei der Analyse des dargestellten Problems ist zu beachten, dass der Eigentümer und der Manager gleichermaßen keinen perfekten Rückschluss auf die tatsächliche Qualität des Projekts ziehen können, wenn der Manager ein gutes Projekt identifiziert hat und das Projekt dennoch nicht realisiert worden ist.

6 Es ist zu beachten, dass der Agent im vorliegenden Modell in Anlehnung an FEESS/OSSIG/WALZL (2003) allein die Aufgabe der Begutachtung hat (*Delegated Expertise*). Weitere Überlegungen zeigen aber, dass die Ergebnisse auch auf den Fall übertragen werden können, in dem der Prinzipal in Infrastruktur (z.B. FuE-Ausstattung) investiert und den Agenten beauftragt, mit Hilfe der Infrastruktur Projekte (Produkte) mit positivem Kapitalwert zu schaffen.

Insofern muss in diesen beiden Zuständen die Entlohnung des Agenten identisch sein. Alle anderen Fälle sind eindeutig unterscheidbar. Berücksichtigt man weiterhin, dass sich die denkbaren Anreizzahlungen auf die genannten Zustände beschränken und allenfalls noch eine Vorauszahlung vom Manager an den Eigentümer in Höhe von $\gamma \geq -W$ möglich ist, lässt sich jeder beliebige Anreizvertrag, der dem Agenten vom Prinzipal in Form eines Take-It-Or-Leave-It-Offers unterbreitet wird, als $\Gamma \equiv \Gamma(\omega,\delta,\alpha,\xi,\tau,\gamma)$ definieren. Es ist wichtig, darauf hinzuweisen, dass damit der Entlohnungsvertrag mit Ausnahme der üblichen Nebenbedingungen (Einhaltung des Reservationsnutzens sowie Einhaltung der Vermögensrestriktionen des Agenten) keinerlei exogenen Beschränkungen bezüglich der Bemessungsgrundlage oder der Entlohnungsfunktion selbst unterworfen wird.

Könnte der Eigentümer die Untersuchung bezüglich der Vorteilhaftigkeit der Investition selbst durchführen, so würde er die Anstrengung so lange erhöhen, bis die marginale Reduktion des Verlustes aus der Durchführung von Projekten mit negativem Kapitalwert die marginalen Kosten der Anstrengung gerade ausgleicht:

$$(1-q)I = e'\left(\pi^{f}\right). \tag{1}$$

Gleichung (1) gibt damit auch die notwendige Bedingung für die First-Best-Anstrengung an.

Wird die Untersuchung delegiert, stellt sich das Problem des optimalen Anreizvertrags, der im Folgenden hergeleitet werden soll. Dabei ist die Frage in den Mittelpunkt zu stellen, welche Bedeutung der Beobachtung von ex post-Performancemaßen wie dem Residualgewinn (oder Cashflow) in der ersten Periode nach Projektbeginn zukommt[7]. Um die Ausführungen einfach zu halten, ist es hilfreich, Kontraktvariable, dort wo möglich, bereits vor der Formulierung des mathematischen Programms festzulegen.

1. Wird der Agent mit der Untersuchung beauftragt, ist es für den Eigentümer optimal, dann und nur dann zu investieren, wenn die Untersuchung das Vorliegen eines vorteilhaften Projekts ergeben hat.
   Begründung: Ist das vom Eigentümer verifizierbare Untersuchungsergebnis des Managers ein schlechtes Projekt, so ist der Erfolg bei Durchführung mit Sicherheit $-I$. Daher wird der Eigentümer die Investition in diesem Fall unterlassen. Für den Anreizvertrag bedeutet dies, dass die Entlohnung ξ gegenstandslos wird, so dass gilt: $\Gamma \equiv \Gamma(\omega,\delta,\alpha,\tau,\gamma)$. Bleibt nur

7 Wie im Folgenden noch deutlicher wird, ist das Modell nicht in der Lage, die Bedeutung *spezifischer* Performancemaße zu diskutieren. Es geht vielmehr um die Vertragsfunktion von ex post-Performancemaßen generell. Darunter fallen nicht nur Residualgewinne, sondern auch Cashflows und Umsätze sowie nichtmonetäre Indikatoren.

noch die Möglichkeit, dass trotz positivem Untersuchungsergebnis die Investition nicht ausgeführt wird. Da aber die a posteriori-Wahrscheinlichkeit q_{post} für ein gutes Projekt bei Vorliegen eines positiven Untersuchungsbescheids

$$q_{post} = \frac{q}{q + (1 - q)(1 - \pi)} > q$$

beträgt, ist der Erwartungswert bei Durchführung des Projekts streng positiv: $q_{post}N - I(1 - q_{post}) > qN - I(1 - q) > 0$. Die Investition sollte daher bei positivem Ergebnis stets realisiert werden, und der Anreizvertrag vereinfacht sich zu $\Gamma \equiv \Gamma(\omega, \alpha, \tau, \gamma)$.

2. Da das Untersuchungsergebnis des Agenten beobachtbar ist, besteht das einzige Anreizproblem darin, den Manager zu einer optimalen Anstrengung zu motivieren. Die Entlohnung ω ist aber von der Anstrengung des Agenten und damit von der Aufdeckungswahrscheinlichkeit π definitionsgemäß *unabhängig* und spielt daher für die Steuerung des Managers und somit für den Anreizvertrag keine Rolle. Ohne Beschränkung der Allgemeingültigkeit kann ihr Wert Null gesetzt werden. Für den Fall der öffentlichen Beobachtbarkeit des Untersuchungsergebnisses ergibt sich somit ein optimales ω in Höhe von $\omega_{ö}^{*} = 0$[8].
3. Demgegenüber wäre der Vertragsbestandteil α zwar grundsätzlich geeignet, zur Motivation des Managers beizutragen, vorausgesetzt, α würde wegen der Multiplikation mit $(1 - \pi)$ negativ gewählt werden. Ökonomisch gesehen käme $\alpha < 0$ einer Bestrafung des Agenten gleich, die immer dann wirksam würde, wenn aufgrund des Untersuchungsergebnisses „Projekt ist gut" die Investition zwar durchgeführt, ihre Nachteilhaftigkeit aber nach der ersten Periode durch das dann ermittelte Performancemaß entlarvt würde. Der Nachteil dieser Vorgehensweise ist allerdings, dass der Agent für die Strafzahlung (zu Lasten von γ) vorab kompensiert werden muss. Greift dann die Vermögensbeschränkung, geht die geringere Vorabzahlung des Prinzipals mit dem Gewicht 1 ein, während die Strafzahlung vom Agenten an den Prinzipal nur mit der Wahrscheinlichkeit $(1 - q)(1 - \pi)$ erfolgt: „In other words, charging all wealth and setting incentives with a carrot is better than using a stick if there is limited liability"[9]. Ohne Beschränkung der Allgemeingültigkeit kann daher auch der Vertragsbestandteil $\alpha_{ö}^{*}$ gleich Null gesetzt werden[10]. Für den optimalen Vertrag gilt $\Gamma = \Gamma(\tau, \gamma)$.

8 Der Index „ö" symbolisiert im Folgenden den Fall der öffentlichen Beobachtbarkeit des Ergebnisses.

9 FEESS/OSSIG/WALZL (2003), S. 5.

10 Zu einem formalen Beweis siehe FEESS/OSSIG/WALZL (2003), S. 11.

Als Zwischenfazit lässt sich ein *erstes wichtiges Ergebnis* festhalten: Bei öffentlicher Beobachtbarkeit der Managerexpertise stellen Indikatoren, welche erst ex post Aufschluss über die Vorteilhaftigkeit eines Investitionsprojekts geben, *keinen* Bestandteil des optimalen Vertrags dar. Der optimale Vertrag umfasst ausschließlich eine Belohnungszahlung τ für den Fall, dass ein Projekt mit negativem Kapitalwert ausfindig gemacht wird, sowie einer fixen Vorabzahlung γ des Agenten an den Prinzipal. γ stellt sicher, dass dem Agenten nicht mehr als sein Mindestnutzenniveau gewährt wird, sofern dessen Vermögensbeschränkung dies zulässt. Die Einzelheiten des Vertrags lassen sich aus dem folgenden Programm herleiten: Unter Berücksichtigung der Zwischenergebnisse 1. bis 3. maximiert der Eigentümer

$$\Phi = qN - (1-q)(1-\pi)I - (1-q)\pi\tau + \gamma \tag{2}$$

unter den Nebenbedingungen

$$(1-q)\tau = e'(\pi), \tag{3}$$

$$U = -\gamma + (1-q)\pi\tau - e(\pi) \geq 0, \tag{4}$$

$$W - \gamma \geq 0, \tag{5}$$

$$\tau, \gamma \geq 0.$$

Die Zielfunktion gibt den erwarteten Kapitalwert des guten Projekts qN zuzüglich der festen Vorabzahlung des Managers γ und abzüglich seiner erwarteten Belohnung $(1-q)\pi\tau$ sowie der erwarteten Fehlinvestition $(1-q)(1-\pi)I$ an. Gleichung (4) bezeichnet die Nutzenfunktion des Agenten; gemäß *Teilnahmebedingung* muss $U \geq 0$ sein. Die Ableitung der Nutzenfunktion $U(\cdot)$ nach π erbringt die *Anreiznebenbedingung* (3). Die Vermögensbeschränkung des Agenten schließlich wird durch die Ungleichung (5) ausgedrückt: Der Agent kann als Vorabzahlung maximal sein exogen gegebenes Vermögen in Höhe von W leisten.

Die Lösung des Programms führt zu folgenden Aussagen[11]:

Fall 1: Die Vermögensbeschränkung des Managers ist nicht bindend

Da das Vermögen des Agenten hinreichend hoch ist, braucht auf die Restriktion (5) bei der Herleitung des optimalen Vertrags keine Rücksicht genommen zu werden. Im Einzelnen gilt:

11 Die Beweise sind auf Anfrage beim Autor erhältlich. Vgl. aber auch die Beweisführung in FEESS/OSSIG/WALZL (2003).

$$\Gamma^{*}_{ö1} = \Gamma\left(\tau^{*}_{ö1} = I, \gamma^{*}_{ö1} = (1-q)\pi^{*}_{ö1}I - e\left(\pi^{*}_{ö1}\right)\right), \tag{6}$$

mit

$$e'\left(\pi^{*}_{ö1}\right) = (1-q)I \text{ (First-Best)}, \tag{7}$$

$$W \geq W_{ö1} = \gamma^{*}_{ö1} < I \text{ und} \tag{8}$$

$$\Phi^{*}_{ö1} = qN - (1-q)\left(1-\pi^{*}_{ö1}\right)I - e\left(\pi^{*}_{ö1}\right). \tag{9}$$

Gleichung (7) entspricht der notwendigen Bedingung für die First-Best-Anstrengung und führt somit auch zum First-Best-Zielwert (Gleichung (9)): Der Prinzipal erhält den erwarteten Kapitalwert des guten Projekts abzüglich der erwarteten Höhe der Fehlinvestition, welche mit einer Wahrscheinlichkeit von $(1-q)(1-\pi^{*}_{ö1})$ eintritt, sowie abzüglich der Opportunitätskosten des Managers. Das zur Implementierung des optimalen Anreizvertrags notwendige Vermögen ergibt sich aus der Vorabzahlung des Managers (Gleichung (8)).

Die First-Best-Lösung würde sich selbstverständlich auch durch eine Verpachtung des Investitionsprojekts erzielen lassen. Dabei ist aber zu beachten, dass ein solcher Franchise-Kontrakt ein sehr viel höheres Vermögen W_{Fran} des Agenten erfordern würde: Dieser müsste nämlich dem Prinzipal als Pacht dessen erwarteten First-Best-Zielwert zahlen sowie darüber hinaus im schlechtesten Fall auch die Fehlinvestition $-I$ selbst abdecken können:

$$W_{Fran} = qN - (1-q)\left(1-\pi^{*}_{ö1}\right)I - e\left(\pi^{*}_{ö1}\right) + I.$$

Vergleicht man W_{Fran} und $W_{ö1}$ miteinander, erhält man nach wenigen Umformungen

$$W_{Fran} - W_{ö1} = q(N + I) > 0 \quad (\text{für } 0 < q < 1). \tag{10}$$

Bei Vermögensbeschränkungen kann daher die Verpachtungslösung nachteilig oder gar nicht erst durchführbar sein.

Fall 2: Die Vermögensbeschränkung des Managers und die Teilnahmebedingung sind bindend

Liegt das Vermögen des Managers unter dem kritischen Vermögen $W_{ö1}$, ist die in Fall 1 skizzierte Lösung nicht mehr möglich. Ist das Vermögen aber noch so hoch ($W_{ö2}$), dass der Prinzipal den Manager über die Vorauszahlung γ auf dessen Mindestnutzenniveau drücken kann, erhält man als optimalen Vertrag

$$\Gamma^*_{ö2} = \left(\tau^*_{ö2} = \frac{W + e\left(\pi^*_{ö2}\right)}{\pi^*_{ö2}(1-q)},\ \gamma^*_{ö2} = W \right), \tag{11}$$

mit

$$W_{ö2} \leq \pi^*_{ö2} e'\left(\pi^*_{ö2}\right) - e\left(\pi^*_{ö2}\right) = W < W_{ö1}, \tag{12}$$

$$e'\left(\pi^*_{ö2}\right) = (1-q)I - \lambda^*_{WC_{ö2}} \pi^*_{ö2} e''\left(\pi^*_{ö2}\right) \text{ und} \tag{13}$$

$$\Phi^*_{ö2} = qN - (1-q)\left(1-\pi^*_{ö2}\right)I - e\left(\pi^*_{ö2}\right). \tag{14}$$

Aus der Gleichung (12), in der W das exogen vorgegebene Vermögen des Managers bezeichnet, lassen sich implizit die optimale Anstrengung und damit die Aufdeckungswahrscheinlichkeit $\pi^*_{ö2}$ ermitteln.

Zur Durchsetzung einer höheren Anstrengung wird auch ein höheres Vermögen benötigt:

$$\frac{\partial W}{\partial \pi} = \pi e''(\pi) + e'(\pi) - e'(\pi) = \pi e''(\pi) > 0. \tag{15}$$

Aus der Bedingung (13), in der $\lambda^*_{WC_{ö2}}$ den Lagrange-Multiplikator für die Vermögensrestriktion (5) bezeichnet, folgt in Verbindung mit $0 < \lambda^*_{WC_{ö2}} < 1$, dass die optimale Anstrengung des Agenten im Fall 2 kleiner als im Fall 1 sein muss: $\pi^*_{ö2} < \pi^*_{ö1}$. Aufgrund der Beziehung (14) gilt damit aber auch, dass der Zielwert des Prinzipals kleiner als im Fall 1 ist: $\Phi^*_{ö2} < \Phi^*_{ö1}$.

Fall 3: Die Vermögensbeschränkung des Managers ist nach wie vor bindend, nicht aber die Teilnahmebedingung

Ist das Vermögen des Managers so gering, dass es vorteilhaft wird, ihm mehr als seine Opportunitätskosten zu zahlen (der Lagrange-Multiplikator für die Teilnahmebedingung wird dann Null), ergibt sich der optimale Vertrag für $W < W_{ö2}$ wie folgt:

$$\Gamma^*_{ö3} = \left(\tau^*_{ö3} = I - \frac{\pi^*_{ö3} e''\left(\pi^*_{ö3}\right)}{1-q},\ \gamma^*_{ö3} = W \right), \tag{16}$$

mit

$$e'\left(\pi^*_{ö3}\right) = (1-q)I - \pi^*_{ö3} e''\left(\pi^*_{ö3}\right) \text{ und} \tag{17}$$

$$\Phi^*_{ö3} = qN - (1-q)\left(1-\pi^*_{ö3}\right)I + W - \pi^*_{ö3} e'\left(\pi^*_{ö3}\right). \tag{18}$$

Aus der Gleichung (17) lässt sich endogen die Anstrengung des Managers $\pi^*_{ö3}$ ermitteln. Vergleicht man (17) mit (13), wird klar, dass die Anstrengung und damit die Aufdeckungswahrscheinlichkeit niedriger als im Fall 2 liegen. Setzt man die Ausdrücke für $\tau^*_{ö3}$ und $\Upsilon^*_{ö3}$ in die Teilnahmebedingung (4) ein, erhält man

$$-e\left(\pi^*_{ö3}\right) > W - \pi^*_{ö3} e'\left(\pi^*_{ö3}\right). \tag{19}$$

In (18) eingesetzt, lässt sich durch Vergleich mit (14) erkennen, dass der Zielwert des Prinzipals nochmals kleiner wird. Insgesamt gilt:

$$\pi^*_{ö3} < \pi^*_{ö2} < \pi^*_{ö1} = \pi^f, \tag{20}$$

$$\tau^*_{ö3} < \tau^*_{ö2} < \tau^*_{ö1}, \tag{21}$$

$$\Phi^*_{ö3} < \Phi^*_{ö2} < \Phi^*_{ö1} = \Phi^f. \tag{22}$$

Mit abnehmendem Vermögen des Managers sinken also die optimale Belohnung τ^* des Managers sowie dessen Anstrengungsniveau π^* und damit auch der erwartete Nutzen Φ^* des Prinzipals. In *keinem* der betrachteten Fälle ist das ex post-Performancemaß Gegenstand des optimalen Vertrags. Dieses Ergebnis überrascht, weil das Maß im betrachteten Modell einen perfekten Rückschluss auf die Vorteilhaftigkeit des Investitionsprojekts, allerdings erst nach dessen Realisierung, zulässt. Da jedoch ex ante das Untersuchungsergebnis des Agenten von allen Parteien gleichermaßen beobachtbar und somit seine Verfälschung ausgeschlossen ist, wird das Performancemaß als ex post-Information überflüssig.

Die Belohnungshöhe wird in allen drei Fällen maßgeblich durch den Betrag der Fehlinvestition $-I$ beeinflusst, deren Eintrittswahrscheinlichkeit durch die Leistung des Managers entscheidend gesenkt werden kann. Im folgenden Unterabschnitt soll geprüft werden, ob und wie sich die Ergebnisse ändern, wenn das Signal über den erwarteten Kapitalwert der Investition nur dem Manager zugänglich ist. Dabei steht die Frage im Vordergrund, ob sich dann ein nichttrivialer Bedarf für ex post-Performancemaße modellendogen nachweisen lässt.

2.3 Private Information des Managers und Berichterstattung

Zusätzlich zum bereits diskutierten Moral Hazard-Problem wird im Folgenden unterstellt, dass die Erkenntnisse des Managers über die Vorteilhaftigkeit des Investitionsprojekts vom Eigentümer nicht beobachtbar oder zumindest nicht verifizierbar sind. Dies führt zu weiteren Restriktionen, da der Manager seinen Informationsstand nunmehr opportunistisch ausnutzen kann.

Der Ablauf der Ereignisse sowie die möglichen Zahlungen an den Manager sind in *Abbildung 2* dargestellt.

Abbildung 2: Spiel zwischen Manager und Eigentümer bei privater Information des Managers

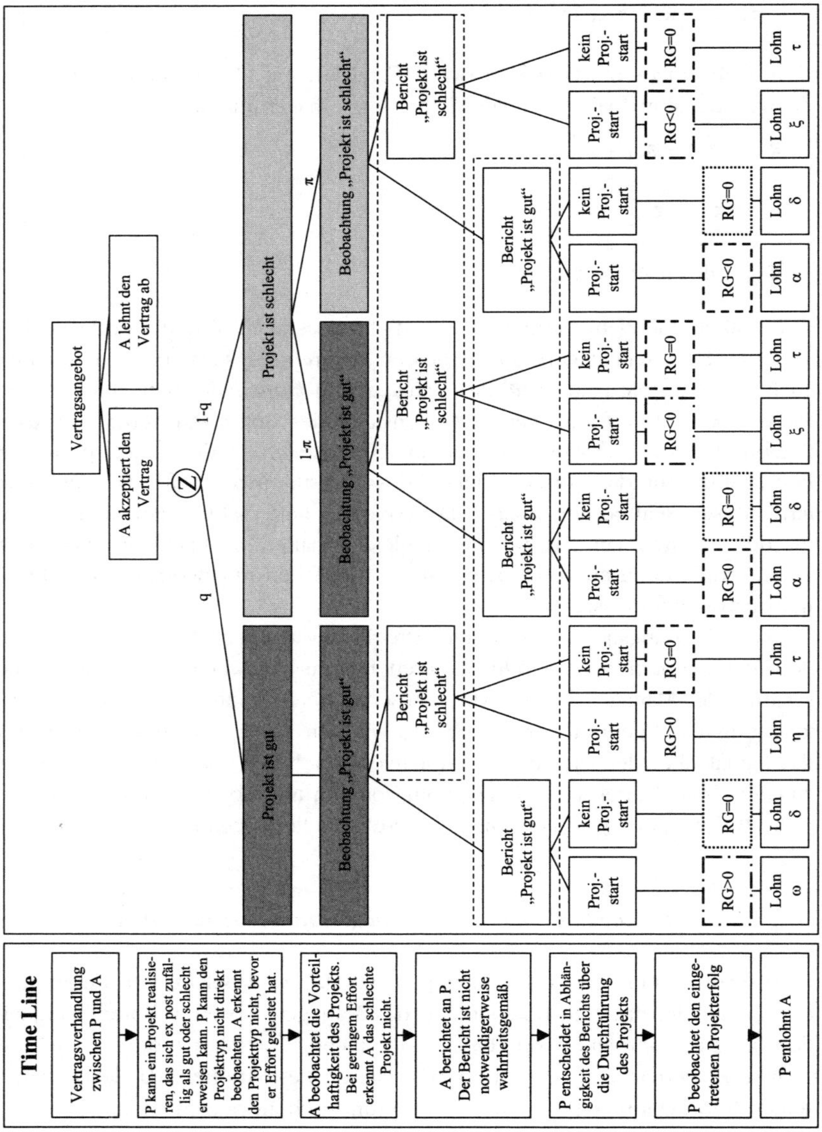

Wiederum ergeben sich für den Eigentümer nach Beobachtung des Managerberichts und des ex post-Indikators verschiedene Informationszustände, die teilweise nicht unterscheidbar sind und daher mit identischen Zahlungen an den Manager belegt werden müssen. Alle angegebenen griechischen Variablen für die Zahlung an den Manager unterliegen keinerlei exogenen Restriktionen und sind damit frei wählbar. Ein zulässiger Anreizvertrag ergibt sich daher als Kombination der Entlohnungsvariablen, wobei zu berücksichtigen ist, dass der Eigentümer wie im Unterabschnitt zuvor noch eine zustandsunabhängige Entlohnungskomponente (Vorabzahlung) γ vorsehen kann: $\Gamma = \Gamma(\omega,\delta,\eta,\tau,\alpha,\xi,\gamma)$. Der Vertrag wird dem Manager wiederum als Take-It-Or-Leave-It-Offer unterbreitet. Für die Aufstellung des nichtlinearen Optimierungsprogramms sind folgende Überlegungen hilfreich[12].

1. Wenn der Eigentümer den Manager engagiert, investiert er dann und nur dann, wenn dessen Gutachten (Bericht) positiv bezüglich der Vorteilhaftigkeit ausfällt. Würde der Prinzipal stattdessen dem Bericht nicht trauen, bestünde auch kein Vorteil, einen Agenten mit der Expertise zu beauftragen. Allerdings setzt dies voraus, dass es dem Prinzipal gelingt, entsprechende Anreize zur wahrheitsgemäßen Berichterstattung zu setzen. Darauf wird unter 4. zurückzukommen sein. Aus 1. erhält man $\delta^*_{p1} = \eta^*_{p1} = \xi^*_{p1} = 0$[13].
2. Wählt der Manager eine Leistung $\pi > 0$, berichtet er wahr. Würde er seine Erkenntnisse verfälscht weitergeben, bestünde auch kein Anreiz, sich unter Inkaufnahme von Opportunitätskosten anzustrengen, da dann der Bericht ohnehin unabhängig von π gewählt würde.
3. Im Gleichgewicht kann die Entlohnung α somit nur in einer Situation anfallen, in der ein schlechtes Projekt nicht als solches identifiziert wurde, dem Eigentümer das Vorliegen eines guten Projekts berichtet wurde und eine Fehlinvestition stattfand. Da die einleitenden Überlegungen unter 3. des vorhergehenden Unterabschnitts analog gelten, ist im optimalen Vertrag wiederum $\alpha^*_{p1} = 0$.
4. Im Unterschied zum Szenario öffentlicher Beobachtbarkeit des Untersuchungsergebnisses kann der Entlohnungsbestandteil ω nicht von vornherein als belanglos eingestuft werden. Würde man, wie im Unterabschnitt zuvor, einfach $\omega = 0$ wählen, hätte der Manager stets den Anreiz, eine tatsächlich vorteilhafte Investition als nachteilig einzustufen, um sich in jedem Fall die Prämie τ zu sichern. Der Agent muss also für Projekte, die sich ex post aufgrund eines Indikators wie dem Residualgewinn als Erfolg herausstellen, belohnt werden ($\omega > 0$). Andererseits darf diese Be-

12 Vgl. zu den folgenden Aussagen auch FEESS/OSSIG/WALZL (2003), S. 8.

13 Der Index „$p1$“ kennzeichnet im Folgenden die Lösungen bei privater Information im Fall 1.

lohnung aber auch nicht zu hoch sein, um zu verhindern, dass sich der Manager allein auf den Zufall verlässt und keine Leistung mehr erbringt ($\omega < \bar{\omega}$). Zur Gewährleistung wahrheitsgemäßer Berichterstattung sind daher zwei Bedingungen einzuhalten. Zum einen muss der erwartete Nutzen des Agenten bei positiver Anstrengung größer oder gleich der sicheren Entlohnung sein, die er erhält, wenn er ohne vorherige Untersuchung stets negativ über das Projekt berichtet:

$$U(\pi > 0) = -\gamma + q\omega + (1-q)\pi\tau - e(\pi) \geq -\gamma + \tau = U(\pi = 0, m_d). \tag{23}$$

Zum anderen darf der erwartete Nutzen des Managers bei Anstrengung auch nicht kleiner sein als die erwartete Prämie, die ihm bei stets positivem Bericht ohne Leistung (Untersuchung) zugesprochen würde:

$$U(\pi > 0) = -\gamma + q\omega + (1-q)\pi\tau - e(\pi) \geq -\gamma + q\omega = U(\pi = 0, m_n). \tag{24}$$

Da die in (24) formulierte Bedingung ohnehin durch eine beliebige interne Lösung des Moral Hazard-Problems sicher gestellt wird (für $\pi = e = 0$ gilt das Gleichheitszeichen), kann sie im Folgenden vernachlässigt werden. Bei der Ungleichung (23) ist zu beachten, dass der Entlohnung ω allein eine wahrheitsinduzierende Funktion zukommt. Wegen des beschränkten Managervermögens macht es daher keinen Sinn, ω höher als für eine wahre Berichterstattung notwendig zu wählen: Im Optimum ist (23) daher bindend. Nach wenigen Umformungen erhält man mit

$$q\omega = \tau\big(1 - (1-q)\pi\big) + e(\pi) \tag{25}$$

die Restriktion, die gerade noch eine unverzerrte Berichterstattung gewährleistet.

Unter Berücksichtigung der Ausführungen unter 1. bis 4. ergibt sich das folgende nichtlineare Programm:

$$\text{Maximiere } \Phi = q(N - \omega) - (1-q)(1-\pi)I - (1-q)\pi\tau + \gamma \tag{26}$$

unter den Nebenbedingungen

$$(1-q)\tau = e'(\pi), \tag{27}$$

$$U = -\gamma + q\omega + (1-q)\pi\tau - e(\pi) \geq 0, \tag{28}$$

$$q\omega = \tau\big(1 - (1-q)\pi\big) + e(\pi), \tag{29}$$

$$W - \gamma \geq 0, \qquad (30)$$

$$\omega, \tau, \gamma \geq 0.$$

Sowohl die Anreiznebenbedingung (27), die man durch Nullsetzen der 1. Ableitung der Nutzenfunktion des Agenten nach π erhält, als auch die Vermögensrestriktion (30) bleiben gegenüber dem vorhergehenden Unterabschnitt unverändert; nach wie vor ist eine Leistungsmotivation nur über die Entlohnung τ möglich. Eine unverzerrte Berichterstattung des Managers an den Eigentümer wird durch die zuvor hergeleitete Bedingung (29) sichergestellt. Zentraler Bestandteil dort ist die Prämie ω, um die nunmehr neu die Zielfunktion des Eigentümers sowie die Nutzenfunktion des Agenten zu ergänzen ist. Ansonsten ergeben sich keine Unterschiede zum vorhergehenden Ansatz.

Die Lösung des Programms erfolgt analog zum Modell bei öffentlicher Beobachtbarkeit des Untersuchungsergebnisses. *Tabelle 1* fasst die wesentlichen Ergebnisse zusammen[14].

Zum unmittelbaren Vergleich sind in der dritten Spalte die entsprechenden Lösungen aus Unterabschnitt 2.2 beigefügt.

Im *Fall 1* ohne Vermögensbeschränkung wird sowohl bei öffentlicher als auch bei nur privater Beobachtbarkeit des Untersuchungsergebnisses die First-Best-Lösung erreicht; allerdings ist bei privater Information des Managers das dazu notwendige Vermögen des Agenten höher. Das liegt daran, dass das Vermögen nicht mehr nur dazu dient, die erwartete Prämie zur Leistungsmotivation des Agenten vorab auszugleichen, sondern auch die unsichere Prämie zur Induzierung wahrheitsgemäßer Berichterstattung kompensieren muss.

Die Entlohnungshöhe des Agenten wird durch das Ausmaß der bei Aufdeckung schlechter Projekte vermiedenen Fehlinvestition in Höhe von $-I$ bestimmt. Auslöser dieser Prämie, also der Entlohnungssachverhalt, ist bei symmetrischem Informationsstand das von Eigentümer und Manager gleichermaßen beobachtbare Signal für ein nachteiliges Projekt. Bei privater Information ist die Entlohnung komplizierter: Spricht der Bericht des Managers gegen die Durchführung der Investition, erhält dieser eine Aufdeckungsprämie in Höhe von τ^*_{p1}. Ist der Bericht hingegen positiv und wird die Investition daraufhin realisiert, ist der danach beobachtbare vollkommene Indikator für die Entlohnung maßgeblich. Nur wenn der Indikator die tatsächliche Vorteilhaftigkeit der Investition ex post anzeigt, zahlt der Eigentümer einen Bonus von ω^*_{p1}, dessen Höhe wiederum durch das optimale τ^*_{p1} beeinflusst wird. Ohne die Beobachtbarkeit eines solchen verifizierbaren Indikators ist selbst bei unbeschränktem Vermögen des Managers kein Anreizvertrag möglich, da der Agent zu kei-

14 Die Beweise sind auf Anfrage beim Autor erhältlich. Vgl. aber auch die ähnliche Beweisführung in FEESS/OSSIG/WALZL (2003).

Tabelle 1: Optimaler Vertrag bei privater und öffentlicher Information

	Private Information des Managers	Öffentliche Beobachtbarkeit des Ergebnisses
Fall 1: Vermögensrestriktion ist nicht bindend	$\Gamma^*_{p1} = \left(\tau^*_{p1} = I, \gamma^*_{p1} = I, \omega^*_{p1}\left(\tau^*_{p1}\right)\right)$ $e'\left(\pi^*_{p1}\right) = (1-q)I = e'\left(\pi^f\right)$ $W \geq W_{p1} = I$	$\Gamma^*_{\ddot{o}1} = \left(\tau^*_{\ddot{o}1} = I, \gamma^*_{\ddot{o}1} = (1-q)\pi^*_{\ddot{o}1}I - e\left(\pi^*_{\ddot{o}1}\right)\right)$ $e'\left(\pi^*_{\ddot{o}1}\right) = (1-q)I = e'\left(\pi^f\right)$ $W \geq W_{\ddot{o}1} = \gamma^*_{\ddot{o}1} < I$
	$\pi^*_{p1} = \pi^*_{\ddot{o}1} = \pi^f$ und $\Phi^*_{p1} = \Phi^*_{\ddot{o}1} = \Phi^f$ Aber: $W_{p1} > W_{\ddot{o}1}$	
Fall 2: Vermögensrestriktion und Teilnahmebedingung sind bindend	$\Gamma^*_{p2} = \begin{pmatrix} \tau^*_{p2} = W, \gamma^*_{p2} = W, \\ \omega^*_{p2}\left(\tau^*_{p2}\right) \end{pmatrix}$ $e'\left(\pi^*_{p2}\right) = (1-q)W < e'\left(\pi^f\right)$ $e'\left(\pi^*_{p2}\right) = (1-q)I - \lambda^*_{WC_{p2}} \frac{e''\left(\pi^*_{p2}\right)}{1-q}$ $0 < \lambda^*_{WC_{p2}} < 1$ $W_{p2} \leq W < I$	$\Gamma^*_{\ddot{o}2} = \begin{pmatrix} \tau^*_{\ddot{o}2} = \frac{W + e\left(\pi^*_{\ddot{o}2}\right)}{\pi^*_{\ddot{o}2}(1-q)}, \\ \gamma^*_{\ddot{o}2} = W \end{pmatrix}$ $e'\left(\pi^*_{\ddot{o}2}\right) = \frac{W + e\left(\pi^*_{\ddot{o}2}\right)}{\pi^*_{\ddot{o}2}} < e'\left(\pi^f\right)$ $e'\left(\pi^*_{\ddot{o}2}\right) = (1-q)I - \lambda^*_{WC_{\ddot{o}2}} \pi^*_{\ddot{o}2} e''\left(\pi^*_{\ddot{o}2}\right)$ $0 < \lambda^*_{WC_{\ddot{o}2}} < 1$ $W_{\ddot{o}2} \leq W < W_{\ddot{o}1}$
	$\pi^*_{p2} < \pi^*_{\ddot{o}2} < \pi^f$, $\Phi^*_{p2} < \Phi^*_{\ddot{o}2} < \Phi^f$, $W_{p2} > W_{\ddot{o}2}$	
Fall 3: Vermögensrestriktion ist bindend, Teilnahmebedingung ist nicht bindend	$\Gamma^*_{p3} = \begin{pmatrix} \tau^*_{p3} = I - \frac{e''\left(\pi^*_{p3}\right)}{(1-q)^2}, \\ \gamma^*_{p3} = W, \ \omega^*_{p3}\left(\tau^*_{p3}\right) \end{pmatrix}$ $e'\left(\pi^*_{p3}\right) = (1-q)I - \frac{e''\left(\pi^*_{p3}\right)}{1-q} < e'\left(\pi^*_{p2}\right)$ $W < W_{p2}$	$\Gamma^*_{\ddot{o}3} = \begin{pmatrix} \tau^*_{\ddot{o}3} = I - \frac{\pi^*_{\ddot{o}3} e''\left(\pi^*_{\ddot{o}3}\right)}{1-q}, \\ \gamma^*_{\ddot{o}3} = W \end{pmatrix}$ $e'\left(\pi^*_{\ddot{o}3}\right) = (1-q)I - \pi^*_{\ddot{o}3} e''\left(\pi^*_{\ddot{o}3}\right) < e'\left(\pi^*_{\ddot{o}2}\right)$ $W < W_{\ddot{o}2}$
	$\pi^*_{p3} < \pi^*_{\ddot{o}3} < \pi^*_{\ddot{o}2}$, $\Phi^*_{p3} < \Phi^*_{\ddot{o}3} < \Phi^*_{\ddot{o}2}$	

ner wahrheitsgemäßen Berichterstattung motiviert werden kann: Jeder Bericht wäre letztlich „Cheap Talk".

Im *Fall 2* liegt das Vermögen zwar unter dem Niveau, das zur Herstellung der First-Best-Lösung benötigt wird, ist aber noch so hoch, dass der Eigentümer dem Manager im Erwartungswert gerade dessen Mindestnutzenniveau gewährt. Die Entlohnungshöhe wird in diesem Intervall nicht mehr durch die Investitionshöhe, sondern durch das knappe Vermögen determiniert. Die Entlohnungstatbestände sowie die Grundstruktur des optimalen Vertrags bleiben aber unverändert, so dass das ex post-Performancemaß seine Bedeutung behält. Im

Vergleich zu Fall 1 fallen das Leistungsniveau (die Aufdeckungswahrscheinlichkeit) und damit auch der erwartete Nutzen des Eigentümers niedriger aus.

Im *Fall 3* ist das exogen vorgegebene Vermögen des Agenten so gering, dass der erwartete Nutzen des Managers über seinem Mindestniveau liegt. Die Entlohnungshöhe τ_{p3}^{*} bestimmt sich dann in Abhängigkeit der vermiedenen Fehlinvestition sowie des Anstiegs der Grenzopportunitätskosten des Managers. Dessen Leistungsniveau sowie der erwartete Nutzen des Eigentümers sinken gegenüber Fall 2 nochmals. Aber auch in diesem letzten Szenario ist das Performancemaß als verifizierbarer Indikator, der nach einer Investitionsentscheidung Auskunft über deren Vorteilhaftigkeit gibt, unentbehrlich, um den Manager zu einer unverzerrten Berichterstattung zu motivieren.

3 Diskussion der Ergebnisse

Obwohl im vorliegenden Modell unterstellt wird, dass nachträglich ein perfekter Indikator für die Vorteilhaftigkeit eines realisierten Investitionsprojekts zur Verfügung steht, und die Leistung des Managers gerade darin besteht, nachteilige Projekte ausfindig zu machen, ist dieses Performancemaß nicht notwendigerweise Gegenstand des optimalen Vertrags. Im Gegenteil, bei symmetrischer Information von Eigner und Manager sowie Vermögensbeschränkungen auf Seiten des Managements wäre die Verwendung eines ex post-Indikators für die Vorteilhaftigkeit der Investition als Bemessungsgrundlage sogar pareto-inferior. Offensichtlich ist damit ein Performancemaß bezüglich einer Investitionsentscheidung – zumindest in dem hier unterstellten Rahmen – dann ohne Wert, wenn ein (selbst unvollkommenes) Signal über den Kapitalwert der Investition ex ante, also vor der Investitionsentscheidung, von Prinzipal und Agent *gemeinsam* (öffentlich) beobachtet und *verifiziert* werden kann und damit direkt zur Steuerung des Agenten nutzbar ist.

Ist das ex ante-Signal hingegen nicht von allen Parteien, sondern nur vom Manager selbst beobachtbar, lässt sich die Information des Managers nur dann wahrheitsgemäß übertragen, wenn ein Indikator nach Investitionsentscheidung Aufschlüsse über die Berichtspolitik gibt. Interessanterweise hat dieser Indikator aber nicht die unmittelbare Funktion der Leistungsmotivation, sondern ausschließlich die Aufgabe, den Manager zu einer unverzerrten Berichterstattung zu disziplinieren.

Auch wenn die Modellergebnisse nicht ohne weiteres in die Unternehmenspraxis übertragen werden können, so stärken sie doch die *Vertragssicht* externer und interner Rechnungslegung: Performancemaße, die ex post ermittelt werden, können nützlich sein, weil sie Manager ex ante dazu anhalten, wahrheitsgemäß über die Zukunft zu berichten, und nicht, weil sie Informationen für zukünftige Entscheidungen transportieren (*Informationsfunktion der Rech-*

nungslegung). Der Beitrag stützt damit auch entsprechende Einwände, die gegen eine allzu naive Anwendung empirischer Methoden zur Ermittlung der Wertrelevanz externer Rechnungslegung erhoben werden: „Management's knowledge that the effect of events disclosed will be reflected in the near future in audited financial statements or required disclosures controls management's incentives to issue misleading voluntary disclosures making voluntary disclosures more credible. This reinforces the point made earlier that marginal information content is unlikely to be a necessary condition for standard setting"[15].

Bezüglich der Trennung des Anreizvertrags in Bemessungsgrundlage und Entlohnungsfunktion legen frühere Beiträge die Folgerung nahe, dass managerspezifische Eigenschaften wie die Vermögensbeschränkung oder das Mindestnutzenniveau in der Prämienhöhe zum Ausdruck kommen, während situations- und transaktionsspezifische Eigenschaften eher in die Bemessungsgrundlage einfließen[16]. Auch im vorliegenden Delegationsmodell zeigt sich diese Trennung: So werden die Vermögensbeschränkung oder das Mindestnutzenniveau des Managers in der Entlohnungshöhe abgebildet, und die Vorteilhaftigkeit der Investition als situationsspezifische Eigenschaft bestimmt die Bemessungsgrundlage bzw. den Auslösesachverhalt der Entlohnung. Die Erklärung dafür ist jedoch nicht wie bei *Leuz* (1999) transaktionskostentheoretisch. Vielmehr sensibilisieren die Ergebnisse für einen weiteren wichtigen Aspekt: Bemessungsgrundlagen müssen von einem Dritten (z.B. einem Gericht) *verifizierbar* sein. Beobachtbarkeit alleine genügt nicht, soll die Entlohnung ex post tatsächlich durchgesetzt werden. Im Rahmen der Rechnungslegung zur Verfügung gestellte Maße können solch verifizierbare Vertragsindikatoren sein. Ihre möglichen Ausprägungen oder zumindest die Regeln zu ihrer Ermittlung müssen ex ante so beschreibbar sein, dass ihr Eintritt durch die Vertragsparteien und eventuell Dritte ex post eindeutig festgestellt werden kann. Diese Anforderung unterscheidet Rechnungslegungsgrößen von anderen Vertragsspezifika, die ex ante bereits festliegen oder festgelegt werden und daher ex post nicht mehr verifiziert werden müssen. Zu dieser Gruppe gehören zum einen die bereits angesprochenen managerspezifischen Merkmale wie das beschränkte Vermögen oder das Mindestnutzenniveau, zum anderen aber auch die im Vorhinein feststehende Investitionssumme.

Zwischen den einzelnen in einen Vertrag eingehenden Größen gibt es also fundamentale Unterschiede: Einige Größen sind noch hinsichtlich ihrer Ausprägung offen und konkretisieren sich erst nach Vertragsabschluss in Abhängigkeit von Transaktionen und Ereignissen; sie finden im vorliegenden Modell Eingang in die Bemessungsgrundlage, sofern sie ex post verifizierbar (und in-

15 HOLTHAUSEN/WATTS (2001), S. 30; vgl. auch BALL (2001).
16 Vgl. BANKER/DATAR (1989); LEUZ (1999).

formativ) sind. Andere Größen (Vermögen und Mindestnutzenniveau des Managers; die auf dem Spiel stehende Investitionssumme) sind bereits vor Vertragsabschluss beobachtbar und bedürfen zumindest ex post keiner Verifikation durch Dritte[17]. Sie bestimmen im Modell die Abhängigkeit der Entlohnung von der Bemessungsgrundlage.

Gemäss dieser Sichtweise ist es z.B. wenig sinnvoll darüber zu streiten, ob Cashflows oder Residualgewinne eine bessere Bemessungsgrundlage darstellen. Entscheidend ist vielmehr die Frage, wie aus allen ex post zur Verfügung stehenden Informationen nach bestimmten ex ante festgelegten Regeln ein Indikator konstruiert werden kann, der möglichst gut über die Performance der getroffenen Investitionsentscheidung Auskunft gibt und damit für die Disziplinierung des Berichtsverhaltens des Managers geeignet ist. Die *Festlegung von Regeln,* nach denen in *verifizierbarer* Weise vergangene und zukünftige Informationen in Performancemaßen (z.B. Gewinngrößen) abgebildet werden, ist die Kernkompetenz interner und externer Rechnungslegung[18], so dass in der Forschung verstärkt auf die Klärung dieser Zusammenhänge hingewirkt werden sollte.

Auch wenn das vorliegende Modell die Frage nach dem „Warum" und „Wie" der Trennung in Bemessungsgrundlage und Entlohnungsfunktion sowie nach der spezifischen Rolle von ex post-Performancemaßen nur einleitend thematisieren kann, war es dennoch das Ziel dieses Beitrags, zumindest das Interesse für weitere Forschung zu wecken.

4 Thesenförmige Zusammenfassung

- In den letzten Jahren hat die Frage, wie Unternehmen geführt werden müssen, damit Investitionen mit positivem Kapitalwert getätigt werden und dadurch der Wert des Eigenkapitals erhöht wird, stark an Bedeutung gewonnen. Ex post-Performancemaße wie der Economic Value Added oder der Cash Value Added spielen dabei eine besondere Rolle.
- Der überwiegende Teil der modellanalytischen Literatur zur Vorteilhaftigkeit verschiedener Performancemaße ist durch die Annahme exogen ein-

17 Aber auch bezüglich der Verifizierbarkeit ex ante sind vermutlich schwächere Anforderungen zu stellen, da der Agent ex ante, vor Vertragsabschluss, stets die Möglichkeit hat, den Vertrag abzulehnen. Der Prinzipal ist also gefordert, die Vertragsbedingungen so festzulegen, dass die Teilnahmebedingung erfüllt wird. Dafür genügt in der Regel Beobachtbarkeit der relevanten Parameter. Demgegenüber sind den Vertragsparteien ex post die Hände gebunden, so dass Vertragsgrößen, die sich erst nach Vertragsabschluss konkretisieren, verifizierbar sein müssen.

18 Vgl. bereits IJIRI (1967); BUTTERWORTH/GIBBINS/KING (1982); ORDELHEIDE (1988; 1991; 1992); BEAVER (1991); LEUZ (1996; 1998).

geführter Vertragsbeschränkungen (insbesondere hinsichtlich der Entlohnungsfunktion) gekennzeichnet.

- Der Verzicht auf eine exogene Festlegung der Entlohnungszusammenhänge in einem einfachen Delegationsmodell mit Vermögensbeschränkung, in dem der Manager die Aufgabe hat, Fehlinvestitionen zu vermeiden, lenkt den Blick auf zwei Grundsatzthemen: Zum einen auf die Frage, wann überhaupt ein nichttrivialer Bedarf an ex post-Performancemaßen wie Residualgewinnen oder Cashflows besteht, zum anderen auf das Problem, wann und warum bestimmte Größen in der Bemessungsgrundlage (als Auslösesachverhalt) und andere in der Entlohnungsfunktion bzw. -höhe abgebildet werden.
- Ex post-Performancemaße bezüglich einer getroffenen Investitionsentscheidung sind im betrachteten Modell dann wertlos, wenn ein Signal über den erwarteten Kapitalwert der Investition ex ante, also vor Entscheidung, von den Vertragsparteien gemeinsam beobachtet und verifiziert werden kann und dieses Signal zur Steuerung des Agenten direkt nutzbar ist.
- Ist das ex ante-Signal hingegen nur privat vom Manager beobachtbar oder aber von Dritten nicht verifizierbar, wird ein Indikator notwendig, der nach Investitionsentscheidung über deren Vorteilhaftigkeit Auskunft gibt. Dieser Indikator hat jedoch im Modell nicht die Funktion der unmittelbaren Leistungsmotivation, sondern ausschließlich die Aufgabe, den Agenten in der Berichterstattung zu disziplinieren.
- Bezüglich der Trennung in Bemessungsgrundlage und Entlohnungshöhe zeigt die Analyse, dass bestimmte Größen hinsichtlich ihrer Ausprägung noch offen sind und sich erst nach Vertragsabschluss in Abhängigkeit von Transaktionen und Ereignissen konkretisieren; sie finden im vorliegenden Modell Eingang in die Bemessungsgrundlage, sofern sie ex post verifizierbar (und informativ) sind. Andere Größen (Vermögen und Mindestnutzenniveau des Managers; die auf dem Spiel stehende Investitionssumme) sind bereits vor Vertragsabschluss beobachtbar und bedürfen zumindest ex post keiner Verifikation durch Dritte. Sie bestimmen die Abhängigkeit der Entlohnung von der Bemessungsgrundlage.
- Die Bedeutung der Performancemessung in Verträgen liegt in der *Festlegung von Regeln*, nach denen in *verifizierbarer* Weise Informationen in Performancemaßen (z.B. Gewinngrößen) abgebildet werden. Dies aber ist eine ureigene Kernkompetenz interner und externer Rechnungslegung.

Literaturverzeichnis

BALDENIUS, TIM/FUHRMANN, GREGOR/REICHELSTEIN, STEFAN (1999), Zurück zu EVA, in: Betriebswirtschaftliche Forschung und Praxis, 51. Jg., S. 53–69.

BALDENIUS, TIM/REICHELSTEIN, STEFAN (2001), Incentives for Efficient Inventory Management: The Role of Historical Cost, mimeo, Columbia University.

BALDENIUS, TIM/ZIV, AMIR (2003), Performance Evaluation and Corporate Income Taxes in a Sequential Delegation Setting, in: Review of Accounting Studies, Vol. 8, S. 283–309.

BALL, RAY (2001), Infrastructure Requirements for an Economically Efficient System of Public Financial Reporting and Disclosure, in: LITAN, ROBERT E./HERRING, RICHARD (Hrsg.), Brookings-Wharton Papers on Financial Services, Washington: Brookings Institution Press.

BANKER, RAJIV D./DATAR, SRIKANT M. (1989), Sensitivity, Precision, and Linear Aggregation of Signals for Performance Evaluation, in: Journal of Accounting Research, Vol. 27, S. 21–39.

BEAVER, WILLIAM H. (1991), Problems and Paradoxes in the Financial Reporting of Future Events, in: Accounting Horizons, Vol. 75, S. 122–134.

BÜHNER, ROLF/SULZBACH, KLAUS (1999), Wertorientierte Steuerungs- und Führungssysteme: Shareholder Value in der Praxis.

BUTTERWORTH, JOHN E./GIBBINS, MICHAEL/KING, RAYMOND D. (1982), The Structure of Accounting Theory: Some Basic Conceptual and Methodological Issues, reprinted in: MATTESSICH, RICHARD (Hrsg.): Modern Accounting Research: History, Survey, and Guide, S. 209–250.

DEMSKI, JOEL S./SAPPINGTON, DAVID E. M. (1987), Delegated Expertise, in: Journal of Accounting Research, Vol. 25, S. 68–89.

DIAMOND, DOUGLAS W. (1991), Monitoring and Reputation: The Choice Between Bank Loans and Directly Placed Debt, in: Journal of Political Economy, Vol. 99, S. 689–721.

DIEDRICH, RALF/DIERKES, STEFAN (2003), Residualgewinnbasierte Steuerung von Profit Centern unter Berücksichtigung von Verbrauchsfolgefiktionen und außerplanmäßigen Wertkorrekturen, in: Zeitschrift für Betriebswirtschaft, 73. Jg., Ergänzungsheft 5/2003, S. 47–69.

DIERKES, STEFAN/HANRATH, STEPHANIE (2002), Steuerung dezentraler Investitionsentscheidungen auf Basis eines modifizierten Residualgewinns, in: zfbf, 54. Jg., S. 246–267.

DUTTA, SUNIL/REICHELSTEIN, STEFAN (1999a), Asset Valuation and Performance Measurement in a Dynamic Agency Setting, in: Review of Accounting Studies, Vol. 4, S. 235–258.

DUTTA, SUNIL/REICHELSTEIN, STEFAN (1999b), Performance Measurement in Multi-Period Agencies, in: Journal of Institutional and Theoretical Economics, Vol. 155, S. 158–175.

DUTTA, SUNIL/REICHELSTEIN, STEFAN (2002), Controlling Investment Decisions: Depreciation- and Capital Charges, in: Review of Accounting Studies, Vol. 7, S. 253–281.

DUTTA, SUNIL/REICHELSTEIN, STEFAN (2003), Accrual Accounting for Performance Evaluation: A Synthesis of Recent Proposals, Working Paper, Haas School of Business, University of California, Berkeley, and Graduate School of Business, Stanford University, Stanford.

DUTTA, SUNIL/ZHANG, XIAO-JUN (2002), Revenue Recognition in a Multiperiod Agency Setting, in: Journal of Accounting Research, Vol. 40, S. 67–83.

EWERT, RALF/WAGENHOFER, ALFRED (2003), Interne Unternehmensrechnung, 5. Aufl.

FEESS, EBERHARD/OSSIG, SONJA/WALZL, MARKUS (2003), The Impact of Truth-Telling and Limited Wealth in a Principal-Agent Model, Working Paper, University of Aachen (RWTH).

FEESS, EBERHARD/SCHIEBLE, MICHAEL/WALZL, MARKUS (2003), When Should Principals Acquire Verifiable Information?, Working Paper, University of Aachen (RWTH).

FEESS, EBERHARD/WALZL, MARKUS (2003), When are Good Projects Bad News?, Working Paper, University of Aachen (RWTH).
GILLENKIRCH, ROBERT M./SCHABEL, MATTHIAS M. (2001), Investitionssteuerung, Motivation und Periodenerfolgsrechnung bei ungleichen Zeitpräferenzen, in: zfbf, 53. Jg., S. 216–245.
HOLTHAUSEN, ROBERT W./WATTS, ROSS L. (2001), The Relevance of the Value-Relevance Literature for Financial Accounting Standard Setting, in: Journal of Accounting and Economics, Vol. 31, S. 3–75.
IJIRI, YUJI (1967), The Foundations of Accounting Measurement.
KIHLSTROM, RICHARD E. (1988), Optimal Contracts for Security Analysts and Portfolio Managers, in: Journal of Banking and Finance, Vol. 5, S. 291–325.
LAUX, CHRISTIAN (1999), Performance Measurement in Multi-Period Agencies: Comment, in: Journal of Institutional and Theoretical Economics, Vol. 155, S. 176–180.
LAUX, HELMUT (1997), Individualisierung und Periodenerfolgsrechnung, in: SCHOLZ, CHRISTIAN (Hrsg.), Individualisierung als Paradigma. Festschrift für Hans Jürgen Drumm, S. 101–133.
LAUX, HELMUT (1999), Unternehmensrechnung, Anreiz und Kontrolle, 2. Aufl.
LAUX, HELMUT (2001), Anreize, organisatorische Gestaltung und Führung, in: WAGNER, UDO (Hrsg.), Zum Erkenntnisstand der Betriebswirtschaftslehre am Beginn des 21. Jahrhunderts. Festschrift für Erich Loitlsberger zum 80. Geburtstag, S. 177–197.
LAUX, HELMUT (2003), Wertorientierte Unternehmensführung und Kapitalmarkt: Fundierung von Unternehmenszielen und Anreize für ihre Umsetzung.
LEUZ, CHRISTIAN (1996), Rechnungslegung und Kreditfinanzierung.
LEUZ, CHRISTIAN (1998), The Role of Accrual Accounting in Restricting Dividends to the Shareholders, in: European Accounting Review, Vol. 7, S. 579–604.
LEUZ, CHRISTIAN (1999), Embedded Contingencies in Earnings-Based Contracts: A Note on the Role of Accruals in Contracting, Discussion Paper, Johann-Wolfgang-Goethe-Universität Frankfurt a.M.
LEVITT, STEVEN D./SNYDER, CHRISTOPHER M. (1997), Is No News Bad News? Information Transmission and the Role of "Early Warning" in the Principal-Agent Model, in: RAND Journal of Economics, Vol. 28, S. 641–661.
LEWIS, TRACY R./SAPPINGTON, DAVID E. M. (1997), Information Management in Incentive Problems, in: Journal of Political Economy, Vol. 105, S. 796–821.
ORDELHEIDE, DIETER (1988), Zu einer neoinstitutionalistischen Theorie der Rechnungslegung, in: BUDÄUS, DIETRICH ET AL. (Hrsg.), Betriebswirtschaftslehre und Theorien der Verfügungsrechte, S. 324–349.
ORDELHEIDE, DIETER (1991), Bilanzen in der Investitionsplanung und -kontrolle: Zur Berücksichtigung von Kommunikationsrisiken und -kosten bei der Entwicklung der finanziellen Zielfunktion der Unternehmung, in: RÜCKLE, DIETER (Hrsg.), Aktuelle Fragen der Finanzwirtschaft und der Unternehmensbesteuerung, S. 507–534.
ORDELHEIDE, DIETER (1992), Economic Versus Accounting Values: A Reconsideration With Respect to Uncertainty Representation, Discussion Paper presented at the London School of Economics, Johann-Wolfgang-Goethe-Universität Frankfurt a.M.
PELLENS, BERNHARD/TOMASZEWSKI, CLAUDE/WEBER, NICOLAS (2000), Wertorientierte Unternehmensführung in Deutschland – Eine empirische Untersuchung der DAX 100-Unternehmen, in: Der Betrieb, 53. Jg., S. 1825–1833.
PFAFF, DIETER (1998), Wertorientierte Unternehmenssteuerung, Investitionsentscheidungen und Anreizprobleme, in: Betriebswirtschaftliche Forschung und Praxis, 50. Jg., S. 491–516.
PFAFF, DIETER (2004), Value-Based Management and Performance Measures: Cash Flow Versus Accrual Accounting, in: LEUZ, CHRISTIAN/PFAFF, DIETER/HOPWOOD, ANTHONY

(Hrsg.): The Economics and Politics of Accounting: International Perspectives on Research Trends, Policy and Practice, S. 81–102.

PFAFF, DIETER/BÄRTL, OLIVER (1999), Wertorientierte Unternehmenssteuerung – ein kritischer Vergleich ausgewählter Konzepte, in: GEBHARDT, GÜNTHER/PELLENS, BERNHARD (Hrsg.), Rechnungswesen und Kapitalmarkt. Sonderheft 41/99 der zfbf, S. 85–115.

PFAFF, DIETER/KUNZ, ALEXIS H./PFEIFFER, THOMAS (2000), Wertorientierte Unternehmenssteuerung und das Problem des ungeduldigen Managers, in: Wirtschaftswissenschaftliches Studium, 29. Jg., S. 562–567.

PFAFF, DIETER/PFEIFFER, THOMAS (2003), Some Formal Connections Between Incentive Contracts, Performance Measures and Information Structures, in: Die Unternehmung, 57. Jg., S. 311–329.

PFEIFFER, THOMAS (2000), Good and Bad News for the Implementation of Shareholder-Value Concepts in Decentralized Organizations, in: sbr, Vol. 52, S. 68–91.

PFEIFFER, THOMAS (2003), Anreizkompatible Unternehmenssteuerung, Performancemaße und Erfolgsrechnung. Zur Vorteilhaftigkeit von Ergebnisgrößen bei unbekannten Zeitpräferenzen des Managers, in: Die Betriebswirtschaft, 63. Jg., S. 43–59.

REICHELSTEIN, STEFAN (1997), Investment Decisions and Managerial Performance Evaluation, in: Review of Accounting Studies, Vol. 2, S. 157–180.

REICHELSTEIN, STEFAN (2000), Providing Managerial Incentives: Cash Flows Versus Accrual Accounting, in: Journal of Accounting Research, Vol. 38, S. 243–269.

ROGERSON, WILLIAM P. (1997), Intertemporal Cost Allocation and Managerial Investment Incentives: A Theory Explaining the Use of Economic Value Added as a Performance Measure, in: Journal of Political Economy, Vol. 105, S. 770–795.

RUHWEDEL, FRANCA/SCHULTZE, WOLFGANG (2002), Value-Reporting: Theoretische Konzeption und Umsetzung bei den DAX 100-Unternehmen, in: zfbf, 54. Jg., S. 602–632.

STERN, JOEL M./SHIELY, JOHN S. (2001), The EVA Challenge. Implementing Value Added Change in an Organization.

WAGENHOFER, ALFRED (2003), Accrual-Based Compensation, Depreciation and Investment Decisions, in: European Accounting Review, Vol. 12, S. 287–309.

WAGENHOFER, ALFRED/RIEGLER, CHRISTIAN (1999), Gewinnabhängige Managemententlohnung und Investitionsanreize, in: Betriebswirtschaftliche Forschung und Praxis, 51. Jg., S. 70–90.

WEI, DONNA (2004), Inter-Departmental Cost Allocation and Investment Incentives, in: Review of Accounting Studies, Vol. 9, S. 97–116.

YOUNG, DAVID S./O'BYRNE, STEPHEN F. (2001), EVA® and Value-Based Management. A Practical Guide to Implementation.

Erfolgsabhängige Gehälter, Belohnung für den Zufall und der Einfluss des Managements auf die Gestaltung seines eigenen Vergütungssystems

von

ROBERT F. GÖX*

Gliederung

* Prof. Dr. ROBERT F. GÖX, Lehrstuhl für Unternehmensrechnung und Controlling, Universität Fribourg, Avenue de Beauregard 11, CH-1700 Fribourg.
E-Mail: robert.goex@unifr.ch.
Für wertvolle Diskussionen und Hinweise danke ich den Herren WOLFGANG BALLWIESER, CHRISTIAN HOFMANN, CHRISTIAN LEUZ, THOMAS PFEIFFER, ULF SCHILLER, JENS ROBERT SCHÖNDUBE, JOHANNES T. WUNSCH und den Teilnehmern der Tagung des Ausschusses Unternehmensrechnung im Verein für Socialpolitik am 30. April 2004 in München.

"Properly designed performance measures and executive incentive compensation schemes are central to the value creation process. Their purpose is straigthforward – to motivate managers to create value by rewarding them for the value created." *(Alfred Rappaport 1986)*

1 Einleitung und Motivation

Eine der nicht nur aus betriebswirtschaftlicher Sicht bedeutsamsten Konsequenzen der Mitte der Achtzigerjahre durch das Buch von *Rappaport* populär gemachten Shareholder Value-Bewegung ist zweifellos die weltweite Zunahme der Bedeutung erfolgsabhängiger Entlohnungsformen, insbesondere für das Top-Management von Unternehmen[1].

Noch bis Anfang der Neunzigerjahre wurde vor allem in den USA eine ungenügende Verknüpfung von Management- und Aktionärsinteresse konstatiert und durch empirische Studien zur Entlohnung von Führungskräften belegt[2]. Im besonderen Maße entzündete sich die Kritik an der vermeintlich geringen Erfolgsabhängigkeit der Managergehälter. So stellten *Jensen* und *Murphy* in ihrer vielbeachteten Studie aus dem Jahre 1990 unter anderem fest, dass in den führenden US-Unternehmen im Durchschnitt eine Steigerung des Shareholder Value um 1000 US-$ mit einem Vermögenszuwachs von lediglich 3,25 US-$ auf Seiten des CEO's (Chief Executive Officer) einherging[3]. Aus Sicht der Autoren war damit die Entlohnung der Manager der bedeutendsten US-amerikanischen Unternehmen praktisch unabhängig vom Unternehmenserfolg und entsprach eher der Entlohnung eines *„Bürokraten"* als dem Idealbild eines optimalen Anreizvertrages im Sinne der Prinzipal-Agenten-Theorie[4].

Wenngleich die behauptete Unvereinbarkeit dieser Ergebnisse mit formalen Modellen der Anreizentlohnung zwischenzeitlich auf verschiedenste Weise entkräftet werden konnte[5], mag die Kritik an der beobachteten Vergütungspraxis dennoch zu ihrer Veränderung beigetragen haben. So stellen verschiedene

1 Vgl. zu den Grundlagen des Shareholder Value Konzeptes RAPPAPORT (1981; 1986), sowie stellvertretend für die Diskussion im deutschsprachigen Raum ALBACH (2001); BALLWIESER (2002); KÜRSTEN (2000) und die dort angegebene Literatur.

2 So bemängelt bereits RAPPAPORT (1986), dass im Zeitraum von 1971 bis 1981 die Managergehälter der damaligen S&P 400 Unternehmen real um 10% gestiegen sind, während das Aktionärsvermögen im gleichen Zeitraum real um 2% gesunken ist. COPELAND/KOLLER/MURRIN (2000) sehen in diesem Mangel sogar eine der Ursachen für die Popularität des Shareholder Value-Gedankens.

3 Vgl. JENSEN/MURPHY (1990a) sowie SCHWALBACH/GRAẞHOFF (1997) für vergleichbare Beobachtungen in deutschen Unternehmen.

4 Vgl. JENSEN/MURPHY (1990a; 1990b).

5 Siehe dazu etwa die Arbeiten von HAUBRICH (1994); GILLENKIRCH (2000); GRAẞHOFF/SCHWALBACH (1999) oder GÖX/BUDDE/SCHÖNDUBE (2002).

Studien aus jüngerer Zeit eine signifikante Zunahme variabler Entlohnungsformen fest, vorwiegend in Form von Aktienoptionsprogrammen. Diese machten beispielsweise bereits im Jahre 1997 für die Top-Manager eines im S&P 500 notierten Unternehmens knapp 50% der Gesamtvergütung aus, während die Grundgehälter im Jahre 1998 im Durchschnitt gerade noch 24% der Gesamtentlohnung betrugen[6]. Es überrascht daher nicht, dass in anderen Studien gleichzeitig eine bemerkenswert starke Korrelation zwischen Aktienkursen und variabler Managementvergütung festgestellt wurde[7].

Diese aus Aktionärssicht an sich begrüßenswerte Entwicklung wurde jedoch insbesondere in den USA von einem geradezu sprunghaften Anstieg der Managergehälter begleitet. So stieg das durchschnittliche Gesamtgehalt des CEO eines im S&P 500 notierten Unternehmens zwischen 1980 und 2001 um 700%, während sich im gleichen Zeitraum der durchschnittliche Reallohn eines Industriearbeiters um gerade einmal 15% erhöht hat. Entsprechend ist das durchschnittliche CEO-Gehalt zwischen 1970 und 2000 vom 30fachen auf das 570-fache eines durchschnittlichen Industriearbeiterlohnes gestiegen und betrug selbst im Jahre 2002, also weit nach dem Platzen der spekulativen Blase an den weltweiten Aktienmärkten, immerhin noch das 360fache eines durchschnittlichen Arbeiterlohnes[8].

Vor diesem Hintergrund erscheint es nicht verwunderlich, dass Art und Höhe der Managervergütung seit dem Ende der Neunzigerjahre zunehmend in die Kritik geraten sind. Diese entzündete sich insbesondere an der übermäßigen Verwendung und mangelhaften Ausgestaltung von Aktienoptionsprogrammen, obwohl deren Eignung als Anreizinstrument aus theoretischer Sicht umstritten ist[9]. Ohne an dieser Stelle auf die Einzelheiten der Diskussion eingehen zu können, gipfelt der Vorwurf der Kritiker darin, dass die vorwiegend durch den Einsatz von Aktienoptionsprogrammen erzielten Einkommenszuwächse der Manager in erster Linie auf von ihnen nicht beeinflussbare Zufallseinflüsse und nur in geringem Maße auf ihre persönliche Managementleistung zurückzuführen sei.

Empirisch erhärtet wird diese Vermutung vor allem durch eine Studie von *Bertrand* und *Mullainathan*, in der sie eine statistisch signifikante Korrelation

6 Vgl. dazu ABOWD/KAPLAN (1999), die auch einen internationalen Vergleich liefern, BENZ/KUCHER/STUTZER (2001) sowie BENZ/STUTZER (2003).

7 Vgl. dazu insbesondere HALL/LIEBMANN (1998) und HALL/MURPHY (2003).

8 Vgl. dazu HALL (2003) und HALL/MURPHY (2003) sowie SCHWALBACH (1999) für die Analyse der (etwas weniger dramatischen) Entwicklung in Deutschland bis 1996.

9 Kritisiert wurden vor allem die fehlende Indizierung der Optionen, zu vorteilhafte Ausübungskonditionen sowie die leichtfertige Ausgabe neuer Programme nach ungünstigen Umweltentwicklungen. Vgl. zu dieser Diskussion exemplarisch BÜHNER/WALLMEIER (2004); DITTMANN/MAUG (2003); HALL/MURPHY (2003); HEMMER/KIM/VERRECHIA (2000); KÜRSTEN (2001); MAUG (2000); RAPPAPORT (1999) sowie WINTER (1998).

zwischen der beobachteten Höhe der Managerentlohnung und einer separat messbaren Zufallsgröße nachweisen können[10]. Da sich der festgestellte Zusammenhang im Regelfall nicht als Ergebnis eines optimalen Anreizvertrages im Sinne der Prinzipal-Agenten-Theorie erklären lässt, interpretieren die Autoren ihre Beobachtung als Bestätigung der so genannten *Skimming*-Hypothese. Danach würden die Manager in Publikumsaktiengesellschaften in Ermangelung einer funktionierenden Corporate Governance praktisch über ihre eigene Entlohnung entscheiden und ihre Entlohnungsverträge primär dazu nutzen, sich auf Kosten der Aktionäre persönlich zu bereichern[11].

In diesem Beitrag soll nun untersucht werden, welche Auswirkungen die bisher modelltheoretisch nicht fundierte *Skimming*-Hypothese aus Agencytheoretischer Sicht auf die Gestaltung von Anreizverträgen hat. Im Mittelpunkt steht dabei die Frage, ob und unter welchen Bedingungen es für einen Manager rational sein kann, seine eigene Entlohnung von unkontrollierbaren Zufallseinflüssen abhängig zu machen.

Dazu wird in Anlehnung an entsprechende Ansätze aus der finanzierungstheoretischen Literatur ein einfaches Prinzipal-Agenten-Modell betrachtet, in dem der Agent seinen eigenen Entlohnungsvertrag entwirft und der Prinzipal lediglich über dessen Annahme entscheiden kann[12]. Ein Vergleich mit dem Standardmodel der ökonomischen Agency-Theorie, in dem der Prinzipal den Vertrag entwirft, zeigt zunächst, dass die Verteilung der Verhandlungsmacht im Unternehmen zwar maßgeblich für die Verteilung des erwirtschafteten Ergebnisses ist, aber keinen Einfluss auf dessen Höhe und die Gestaltung der variablen Entlohnung hat. Zu einer Verwendung suboptimaler Performancemaße und verzerrter Anreizgewichte kommt es erst dann, wenn gleichzeitig versucht wird, die Höhe der Managergehälter institutionell zu beschränken. Konkret werden die Auswirkungen einer Begrenzung des erwarteten Gesamtgehaltes sowie die von beschränkten Festgehältern untersucht. Es zeigt sich, dass erst die Begrenzung des Festgehaltes dazu führt, dass Manager es vorteilhaft finden, ihre Entlohnung von unkontrollierbaren Zufallseinflüssen abhängig zu machen.

Berücksichtigt man darüber hinaus, dass keine der beiden Begrenzungsmaßnahmen geeignet ist, die Position der Unternehmenseigner zu verbessern,

10 Vgl. Bertrand/Mullainathan (2000; 2001) sowie Garvey/Milbourn (2003).

11 Vgl. zur Begründung der *Skimming-* bzw. *Rent Seeking-Hypothese* insbesondere Crystal (1991). In der Sache ähnlich argumentieren auch Bebchuk/Fried (2003), die ihren Erklärungsansatz als *„Manaerial Power Approach“* bezeichen, vgl. zum *Rent Seeking* auch Benz/Kucher (2003). Eine modelltheoretische Fundierung der Hypothese steht dagegen bisher aus.

12 Die Vertauschung der Rollen von Prinzipal und Agent wird in der finanzierungstheoretischen Literatur häufig im Zusammenhang mit der Analyse von Finanzierungsverträgen verwendet, siehe dazu exemplarisch Franke/Hax (2003). Eine Integration von ökonomischer und finanzieller Agency-Theorie findet sich bei Gillenkirch (1997).

sondern darüber hinaus auch in Unternehmen mit intakten Kontrollstrukturen zu Verwerfungen führt, muss die Zweckmäßigkeit institutioneller Beschränkungen für die Gestaltung von Entlohnungsverträgen für das Management generell bezweifelt werden.

Der Rest des Beitrages ist wie folgt gegliedert. In Abschnitt 2 werden die grundlegenden Annahmen des Modells beschrieben. In Abschnitt 3 wird zunächst die bekannte Standardlösung des Prinzipal-Agenten-Modells beschrieben, in der der Prinzipal den Entlohnungsvertrag entwirft. Diese wird dann der *Skimming*-Lösung gegenübergestellt, bei der der Agent den Entlohnungsvertrag selbst gestaltet. In Abschnitt 4 werden dann die Auswirkungen von Gehaltsschranken auf beide Szenarien analysiert und in Abschnitt 5 erfolgt eine Zusammenfassung und Diskussion der wesentlichen Ergebnisse.

2 Generelle Modellannahmen

Den Rahmen der Analyse bildet ein einfaches einperiodiges Prinzipal-Agenten-Modell, in dem der (oder die) risikoneutrale(n) Eigner eines Unternehmens (im Folgenden auch *Prinzipal*) einem arbeits- und risikoscheuen Manager (im Folgenden auch *Agent*) die Geschäftsleitung übertragen und ihm hierfür einen erfolgsabhängigen Entlohnungskontrakt W anbieten, dessen konkrete Gestalt weiter unten präzisiert wird.

Der Nutzen des Agenten für das Unternehmen bestehe darin, dass dieser durch seinen persönlichen Einsatz a den Erwartungswert des risikobehafteten Cash Flows der Betrachtungsperiode erhöhen kann. Dabei sei unterstellt, dass der Agent ausschließlich extrinsisch motiviert ist und sich ohne entsprechende monetäre Anreize nicht mehr als unbedingt notwendig für die Interessen des Unternehmens einsetzt[13]. So wird angenommen, dass der Einsatz des Agenten für diesen mit persönlichen Kosten verbunden ist, deren monetäres Äquivalent durch die Funktion

$$K = \frac{a^2}{2} \tag{1}$$

erfasst wird. Weiterhin wird davon ausgegangen, dass sich die Präferenzen des Agenten durch das Sicherheitsäquivalent des Erwartungsnutzens aus der Tätigkeit repräsentieren lassen:

$$CEA = E[W] - K - R \quad \text{mit} \quad R = \frac{r}{2} \cdot Var[W]. \tag{2}$$

13 Zur Bedeutung des Konstruktes der intrinsischen Motivation für die Prinzipal-Agenten-Theorie siehe KUNZ/PFAFF (2002).

Darin bezeichnet $E[W]$ den Erwartungswert der Entlohnung, K die persönlichen Kosten des Arbeitseinsatzes und R die Risikoprämie, die als Maß für den Disnutzen des Agenten aus einer allfälligen Beteiligung am unsicheren Unternehmensergebnis dient[14]. Die Höhe der Risikoprämie bestimmt sich zum einen durch die Varianz der Entlohnung, $Var[W]$ und zum anderen durch den Parameter r, der das konstante *Arrow-Pratt*-Maß der absoluten Risikoaversion bezeichnet. Entsprechend würde die Risikoprämie R dann entfallen, wenn der Agent risikoneutral ($r = 0$) oder die Entlohnung sicher wäre ($Var[W] = 0$).

Der Prinzipal sei seinerseits daran interessiert, den Erwartungswert des risikobehafteten Cash Flows der Betrachtungsperiode abzüglich der erwarteten Entlohnung des Agenten zu maximieren, wobei der Cash Flow die folgende additive Struktur aufweisen möge:

$$CF = \theta + b \cdot a + \varepsilon_1 + \varepsilon_2. \qquad (3)$$

Darin bezeichnet die Konstante θ eine deterministische Basiseinzahlung, die dem Unternehmen auch ohne die Bemühungen des Agenten zufließen würde. Der zweite Term stellt den persönlichen Beitrag des Agenten zur Erhöhung des Cash Flows dar, wobei der Parameter b den Grenzbeitrag des Arbeitseinsatzes a angibt. Je größer der Parameter b, desto stärker wirken sich vermehrte Bemühungen des Managers auf den Cash Flow aus und umgekehrt.

Der Cash Flow des Unternehmens bestimmt sich aber nicht nur durch die sichere Zahlung θ und den Einsatz des Managers, sondern wird im Allgemeinen auch von solchen Größen abhängen, die außerhalb des Einflussbereichs des Unternehmens liegen. Als Beispiele kommen Preisschwankungen auf Absatz- und Beschaffungsmärkten aber auch unerwartete Ereignisse im Rahmen des Produktionsablaufes oder der Vermarktung und Distribution von Produkten und Dienstleistungen in Frage. Im Modell wird die Gesamtheit dieser möglichen Einflussfaktoren in Form der beiden voneinander unabhängigen Zufallsvariablen ε_i berücksichtigt, die einen Erwartungswert $E[\varepsilon_i] = 0$ und eine Varianz σ_i^2 für $i = 1,2$ besitzen mögen.

Zum Zeitpunkt der Entscheidung über den Entlohnungsvertrag herrsche zwischen Agent und Prinzipal symmetrische Information hinsichtlich der Präferenzen und der Zusammensetzung des Cash Flows. Beide Parteien kennen also die Struktur der Ausdrücke in (1), (2) und (3)[15]. Bezüglich der einzelnen Komponenten des Cash Flows gelte dagegen folgende Informationsverteilung:

14 Siehe zur theoretischen Begründung der unterstellten Form des Sicherheitsäquivalentes etwa SPREMANN (1987); WAGENHOFER/EWERT (1993; 2003); GÖX/BUDDE/SCHÖNDUBE (2002) sowie MILGROM/ROBERTS (1992), S. 246f. und SYDSÆTER/STROM/BERCK (2000), S. 169.

15 Diese Annahme liegt dem überwiegenden Teil der Agency-theoretischen Literatur zugrunde. Zu den Auswirkungen abweichender Grundprämissen siehe GÖX/BUDDE/SCHÖNDUBE (2002).

Die Höhe des Arbeitseinsatzes ist private Information des Agenten und entzieht sich somit der Kontrolle des Prinzipals. Die Höhe des Basis-Cash Flows θ ist eine von Anfang an bekannte Tatsache. Zu denken wäre hier beispielsweise an die Einzahlungsüberschüsse aus langfristigen Lieferverträgen aber auch solche aus Miet- und Pachtverträgen oder aus Patenten und Lizenzvereinbarungen. Schließlich wird sowohl die tatsächliche Höhe des realisierten Cash Flows *CF* als auch die tatsächliche Ausprägung der Zufallsvariablen ε_2 am Ende des Betrachtungszeitraums öffentlich bekannt. Die Zufallsvariable ε_2 repräsentiert also im Gegensatz zur Zufallsvariablen ε_1 einen separat messbaren Zufallseinfluss auf den Cash Flow des Unternehmens, wie beispielsweise den Rohölpreis im Falle eines Mineralölkonzerns oder Wechselkursschwankungen im Falle von internationalen Handelskonzernen oder Exportunternehmen.

Die beobachtbaren Größen *CF*, θ und ε_2 können, soweit dies erforderlich sein sollte, von einer unabhängigen Partei, wie beispielsweise einem Wirtschaftsprüfer, verifiziert werden, so dass Sie zum Gegenstand eines im Streitfall vor Gericht durchsetzbaren Entlohnungsvertrages zwischen Prinzipal und Agent gemacht werden können. Demgegenüber kann der Prinzipal selbst unter Verwendung aller beobachtbaren Größen nicht mit Sicherheit auf den tatsächlichen Beitrag des Agenten zum Unternehmensergebnis zurückschließen, da dieser durch den Störterm ε_1 überlagert wird. Hieraus resultiert die Gefahr, dass der Agent sich nicht hinreichend um die Steigerung des Cash Flows bemüht, um dann entweder unzureichende Ergebnisse mit einer ungünstigen Umweltentwicklung zu rechtfertigen oder aber das Zustandekommen positiver Resultate für sich zu reklamieren, obwohl diese primär durch eine günstige Umweltentwicklung verursacht wurden.

Diesem Verhaltensrisiko kann jedoch entgegengewirkt werden, indem dem Agenten durch einen entsprechend gestalteten Entlohnungsvertrag *W* ein Anreiz geboten wird, sich um die Erhöhung des Cash Flows zu bemühen. Dazu ist es erforderlich, dass der Agent in geeigneter Form am risikobehafteten Unternehmensergebnis beteiligt wird. Hierin besteht nun das Kernproblem der betrachteten Agentur: Da der risikoscheue Agent riskante Zahlungen geringer bewertet als der risikoneutrale Prinzipal, entstehen durch eine erfolgsabhängige Vergütung zwangsläufig Wohlfahrtsverluste. Diese Wohlfahrtsverluste müssen gegen den Nutzen aufgewogen werden, der dem Unternehmen aus den durch die Anreizentlohnung bewirkten persönlichen Anstrengungen des Agenten erwächst.

Die Standardlösung dieses „Risiko-Anreiz-Problems" wird unter Berücksichtigung der Spezifika des vorliegenden Modellrahmens in Abschnitt 3.1 dargestellt. Dabei wird in Anlehnung an die Literatur die in der Praxis weit verbreitete (affin)-lineare Gestalt des Anreizvertrages unterstellt, die sich aus einem erfolgsunabhängigen Festgehalt w sowie einem variablen Vergütungsanteil zusammensetzt, der sich aus einer prozentualen Beteiligung $v_j \in [0,1]$ an einer endlichen Zahl vertraglich definierter Bemessungsgrundlagen bzw. Performancemaßen P_j ergibt:

$$W = w + \sum_j v_j \cdot P_j. \tag{4}$$

Als Bemessungsgrundlagen kommen, wie oben diskutiert, nur beobachtbare Größen in Betracht, wobei die einfachste Variante der am Ende der Periode realisierte Cash-Flow *CF* darstellt. Vor dem Hintergrund der eingangs besprochenen empirischen Phänomene ist es aber besonders bedeutsam, zwischen vom Agenten beeinflussbaren und nicht beeinflussbaren Performancemaßen zu unterscheiden, sodass sich die Analyse auf die beiden Performancemaße

$$P_1 = b \cdot a + \varepsilon_1 \quad \text{und} \quad P_2 = \theta + \varepsilon_2 \tag{5}$$

konzentrieren kann[16]. Dabei ist anzumerken, dass die Bemessungsgrundlage P_1 zwar nicht direkt beobachtet wird, sich aber leicht als Differenz beobachtbarer Größen ermitteln lässt ($P_1 = CF - P_2$). Auch eine ausschließliche Beteiligung am Cash-Flow lässt sich einfach in die Analyse integrieren, indem man die Beteiligungsraten an den Performancemaßen P_1 und P_2 gleichsetzt ($v_1 = v_2 = v$).

3 Optimale Vertragsgestaltung und Aufteilung der Verhandlungsmacht

3.1 Standardlösung: Der Prinzipal entwirft den Vertrag

Im Standardfall des Prinzipal-Agenten-Modells wird unterstellt, dass der Prinzipal in der Lage ist, zu Periodenbeginn einen Entlohnungsvertrag zu entwerfen, der seinen erwarteten Residualanspruch

$$CEP = E[CF] - E[W], \tag{6}$$

also die erwartete Differenz zwischen Cash Flow und Entlohnung des Agenten, maximiert. Dabei hat er folgende Nebenbedingungen zu berücksichtigen

$$CEA = E[W] - K - R \geq U_A \tag{7}$$

$$a = \underset{a'}{argmax}\, CEA(a'). \tag{8}$$

Die *Teilnahmebedingung* (7) stellt sicher, dass der Agent den vom Prinzipal vorgeschlagenen Vertrag akzeptiert. Dazu muss das erwartete Sicherheitsäqui-

16 Die unterstellte Beschränkung der Vertragsgestaltung auf die Performancemaße P_1 und P_2 dient der Übersichtlichkeit und besseren Interpretierbarkeit der Modellparameter. Zu materiell gleichen Resultaten käme man, wenn man statt der angenommenen Verknüpfung von θ und ε_2 einen separierbaren Zufallsterm mit positivem Erwartungswert betrachten würde.

valent mindestens dem Geldäquivalent des Reservationsnutzens des Agenten (U_A) entsprechen, also etwa dem aus alternativen Beschäftigungsmöglichkeiten erzielbaren Lohn. Über die *Anreizbedingung* (8) berücksichtigt der Prinzipal dagegen bereits bei der Gestaltung des Vertrages, wie der Agent für ein gegebenes Entlohnungsschema seinen Arbeitseinsatz festlegen wird.

Wesentlich für die Lösung des Problems ist die Annahme, dass der Prinzipal den Vertrag entwirft, während der Agent lediglich darüber entscheiden darf, ob er das Vertragsangebot akzeptiert oder nicht. Der Prinzipal besitzt damit faktisch die gesamte Verhandlungsmacht und kann dem Agenten die Bedingungen des Entlohnungsvertrages diktieren. Er wird ihm daher stets ein „take-it-or-leave-it" Angebot unterbreiten, das dem Agenten im Erwartungswert gerade seinen Reservationsnutzen garantiert bzw. den Vertrag so gestalten, dass die Teilnahmebedingung (7) bindet. Damit ergibt sich für die erwartete Entlohnung des Agenten unmittelbar der Ausdruck:

$$E[W] = U_A + K + R. \qquad (9)$$

Gemäß (9) erhält der Agent eine Entlohnung, die im Erwartungswert gerade seinen Reservationsnutzen zuzüglich einer Kompensation für die aus der Tätigkeit für das Unternehmen erwachsenden Disnutzenkomponenten K und R abdeckt. Setzt man diesen Ausdruck in die ursprüngliche Zielfunktion (6) des Prinzipals ein, lässt sich dessen Zielgröße wie folgt schreiben:

$$CEP = TCE - U_A \quad \text{mit} \quad TCE = E[CF] - K - R. \qquad (10)$$

Der Prinzipal maximiert also im Grunde nichts anderes als den erwarteten Gesamtüberschuss der Agentur abzüglich des Reservationsnutzens des Agenten. Dabei entspricht der erwartete Gesamtüberschuss der Agentur genau der Summe der Sicherheitsäquivalente von Agent und Prinzipal ($TCE = CEP + CEA$) und somit der Differenz zwischen dem erwarteten Cash Flow, den persönlichen Kosten des Agenten und der Risikoprämie. Betrachten wir nun die Lösung für den konkreten Fall: Bei Verwendung des Anreizschemas

$$W = w + v_1 \cdot P_1 + v_2 \cdot P_2 \qquad (11)$$

erhalten wir für den Erwartungswert und die Varianz der Entlohnung zunächst

$$E[W] = w + v_1 \cdot b \cdot a + v_2 \cdot \theta \quad \text{bzw.} \quad VAR[W] = v_1^2 \cdot \sigma_1^2 + v_2^2 \cdot \sigma_2^2 \qquad (12)$$

sodass sich durch Einsetzen in die Definition (2) für das Sicherheitsäquivalent des Agenten folgender Ausdruck ergibt:

$$CEA = w + v_1 \cdot b \cdot a + v_2 \cdot \theta - \frac{a^2}{2} - \frac{r}{2} \cdot (v_1^2 \cdot \sigma_1^2 + v_2^2 \cdot \sigma_2^2). \qquad (13)$$

Betrachtet man den Ausdruck in (13), erkennt man unmittelbar, dass eine Motivation des Agenten zur Erhöhung seines Arbeitseinsatzes ausschließlich durch eine Beurteilung anhand des Performancemaßes P_1 bewirkt werden kann. Besonders gut wird dies sichtbar anhand der Anreizbedingung

$$a^* = v_1 \cdot b, \tag{14}$$

die sich durch Maximierung des Sicherheitsäquivalentes bezüglich a und Auflösen nach der optimalen Aktion ergibt. Danach ist das Einsatzniveau des Agenten unabhängig von v_2 aber um so höher, je größer die Beteiligungsrate v_1 und der Grenzbeitrag b seiner Anstrengungen zur Erhöhung des Cash Flows des Unternehmens ausfallen. Setzt man die Definitionen aus (12) und die Anreizbedingung (14) in die vereinfachte Zielfunktion des Prinzipals (10) ein, erhält man nach Umformung ein modifiziertes Optimierungsproblem für den Prinzipal:

$$\max_{v_1, v_2} \quad CEP = \theta + v_1 \cdot b^2 - \frac{v_1^2 \cdot b^2}{2} - \frac{r}{2} \cdot \left(v_1^2 \cdot \sigma_1^2 + v_2^2 \cdot \sigma_2^2\right) - U_A. \tag{15}$$

Die Lösung dieses Problems lautet:

$$v_1^* = \frac{b^2}{b^2 + r \cdot \sigma_1^2}, \quad v_2^* = 0. \tag{16}$$

Demnach erfolgt die Beurteilung des Agenten ausschließlich anhand des von diesem beeinflussbaren Performancemaßes P_1. Dabei steigt die optimale Beteiligungsrate in der Grenzproduktivität des Agenten und sinkt mit steigender Varianz des Performancemaßes und steigender Risikoaversion des Agenten.

Das Performancemaß P_2 findet dagegen angesichts seiner speziellen Eigenschaften in dem optimalen Entlohnungsvertrag keine Berücksichtigung. Seine Verwendung würde wie eine Variation des Festgehaltes w lediglich einen Vermögenstransfer zwischen Prinzipal und Agent bewirken, ohne dass letzterer dadurch zu zusätzlicher Arbeitsleistung motiviert werden könnte. Im Gegensatz zu einer sicheren Fixzahlung in Höhe von w würde aber eine risikobehaftete Zahlung in Höhe von $v_2 \cdot \theta$ auf Seiten des Agenten eine Nutzeneinbuße in Höhe der anteiligen Risikoprämie $\frac{r}{2} \cdot (v_2^2 \cdot \sigma_2^2)$ bewirken, ohne dass der Prinzipal hieraus einen zusätzlichen Nutzen erzielen könnte, wie sich aus der Zielfunktion in (15) unschwer erkennen lässt.

Die Tatsache, dass der Agent keinen Einfluss auf das Zustandekommen des Performancemaßes P_2 hat, ist aber nur vordergründig für dessen Nichtberücksichtigung im optimalen Entlohnungsvertrag verantwortlich. Wie sich leicht zeigen lässt, wäre es für eine Verwendung von P_2 im Rahmen des Vertrages hinreichend, wenn P_2 im statistischen Sinne Rückschlüsse auf den Beitrag des Agenten zum Zustandekommen des Cash Flows liefern würde, weil sich auf diese Weise die Varianz der Entlohnung und damit die zur Induzierung eines gegebenen Arbeitseinsatzes zu zahlende Risikoprämie reduzieren ließe. Im vorliegenden Modellrahmen würde hierzu bereits eine Korrelation der beiden Zufallsvariablen ε_1 und ε_2 genügen[17]. Diese Überlegung folgt unmittelbar aus dem Informativeness-Prinzip von *Holmström*, steht aber nicht im Mittelpunkt dieses Beitrages[18].

Setzt man die optimalen Lösungen in die Teilnahmebedingung des Agenten ein, erhält man folgenden Ausdruck für die optimale Höhe des Festgehaltes:

$$w^* = U_A + K^* + R^* - v_1^{\bullet} \cdot b \cdot a^* = U_A - \frac{(v_1^{\bullet})^2}{2} \cdot \left(b^2 - r \cdot \sigma_1^2\right). \tag{17}$$

Es ergibt sich demnach als Differenz aus Reservationsnutzen, der Kompensation für die aus der Tätigkeit für das Unternehmen erwachsenden Disnutzenkomponenten K und R und dem Erwartungswert des variablen Entlohnungsanteils. Man erkennt aus dem letzten Ausdruck in (17), dass das Fixum je nach Höhe des Reservationsnutzens durchaus negativ werden kann, und zwar dann, wenn $b^2 > r \cdot \sigma_2^2$, also der Agent bei vergleichsweise geringen Risikokosten einen hohen Einfluss auf den Cash Flow des Unternehmens hat. In diesem Fall übersteigt nämlich das erwartete variable Gehalt die Summe aus persönlichen Kosten und Risikoprämie, so dass der Prinzipal dem Agenten ein *Eintrittsgeld* abverlangen kann, vorausgesetzt, der erwartete Nettonutzen des Agenten aus der variablen Entlohnung übersteigt den Reservationsnutzen U_A[19]. Um für die weitere Analyse unnötige Fallunterscheidungen zu vermeiden, wollen wir uns jedoch auf den für die Praxis relevanten Fall einer strikt positiven Basiszahlung beschränken und deshalb für die weitere Analyse unterstellen, dass folgende Bedingung erfüllt ist:

$$b^2 < r \cdot \sigma_1^2. \tag{18}$$

17 Wie sich leicht nachprüfen lässt, betrügen die optimalen Gewichte auf den Performancemaßen P_1 und P_2 in diesem Fall

$$v_1^{\bullet} = \frac{b^2}{n}, \quad v_2^{\bullet} = \frac{\rho \cdot \sigma_1}{\sigma_2} \cdot \frac{b^2}{n}, \quad n = b^2 + (1-\rho^2) \cdot r \cdot \sigma_1^2,$$

wobei $\rho \in [-1,1]$ den Korrelationskoefizienten der beiden Störterme ε_1 und ε_2 bezeichnet.

18 Siehe dazu grundlegend HOLMSTRÖM (1979) sowie ANTLE/DEMSKI (1988); BUDDE (2000); MAUG (2000); HOFMANN (2002); HOFMANN/PFEIFFER (2003) und GÖX/WUNSCH (2003) für Erweiterungen und praktische Anwendungen.

19 Vgl. dazu auch SPREMANN (1987) und RICHTER/FUROBOTN (2003), S. 234.

In jedem Fall verbleibt dem Agenten im Erwartungswert insgesamt gerade sein Reservationsnutzen U_A, während sich für den Prinzipal nach Einsetzen der optimalen Lösung (16) in die Zielfunktion (15) folgendes Ergebnis einstellt:

$$CEP^* = TCE^* - U_A \quad \text{mit} \quad TCE^* = \theta + \frac{b^2 \cdot v_1^*}{2}. \tag{19}$$

Der erwartete Nutzen des Prinzipals besteht demnach aus der Differenz zwischen dem erwarteten Überschuss bei optimaler Vertragsgestaltung und dem Reservationsnutzen des Agenten. Dabei ergibt sich der erwartete Überschuss der Agentur, TCE^*, als Summe aus der leistungsunabhängigen Basiseinzahlung θ und dem erwarteten Nettobeitrag des Agenten, $v_1^* \cdot b^2/2$. Im Ergebnis kann sich der Prinzipal damit die Früchte der Arbeit des Agenten vollständig aneignen, während diesem nicht mehr zugestanden wird als zur Eingehung des Vertrages unbedingt erforderlich ist.

Wie oben erwähnt, basiert diese bekannte Standardlösung des Anreizproblems auf der Annahme, dass der Prinzipal alle Verhandlungsmacht bei der Entscheidung über die Aufteilung des Unternehmensergebnisses besitzt, während der Agent eine vollkommen passive Haltung einnimmt und keinerlei Einfluss auf die Gestaltung des Entlohnungsvertrages hat. Auch wenn diese Annahme den theoretischen Idealfall einer gut funktionierenden Corporate Governance widerspiegelt, darf vor dem Hintergrund der jüngsten Entwicklungen mit Recht bezweifelt werden, ob diese Bedingungen in der Praxis tatsächlich stets erfüllt sind.

3.2 Skimming-Lösung: Der Agent entwirft den Vertrag

Will man im Rahmen eines Prinzipal-Agenten-Modells das in der Literatur mehrfach vorgebrachte Argument berücksichtigen, die Manager würden in Unternehmen mit schlecht funktionierenden Kontrollstrukturen im Prinzip ihre eigene Entlohnung festsetzen können, muss die ursprüngliche Annahme über Verteilung der Verhandlungsmacht im Standardmodell revidiert werden. Nachfolgend wird daher angenommen, dass der Agent den Entlohnungsvertrag selbst entwirft, während der Prinzipal lediglich über dessen Annahme zu entscheiden hat[20]. Konkret bedeutet dies, dass der Agent die Parameter des Ent-

20 Nicht explizit modelliert wird im Modell die Rolle des Aufsichtsrates. Sieht man die Aktionäre in der Rolle des Prinzipals, wird damit implizit eine Kollusion zwischen Aufsichtsrat und Management unterstellt. Angesichts der aktuellen Diskussion um die Schwächen des deutschen Aufsichtsratssystems erscheint eine derartige Annahme zur Charakterisierung extremer Missbrauchsfälle durchaus deskriptiv. Siehe zu diesem Problem aus US-amerikanischer Perspektive auch BEBCHUK/FRIED (2003). Eine ent-

lohnungsvertrages so gestaltet, dass sein in (2) definiertes Sicherheitsäquivalent *CEA* unter folgenden Nebenbedingungen

$$CEP = E[CF] - E[W] \geq U_P, \qquad (20)$$

$$a = \underset{a'}{argmax}\, CEA(a')$$

maximiert wird. Die erste Nebenbedingung ist die *Teilnahmebedingung* des Prinzipals. Sie stellt sicher, dass dieser den Vertragsentwurf akzeptiert, wobei U_P das Geldäquivalent des Reservationsnutzens des Prinzipals bezeichnet. Die zweite Nebenbedingung ist dagegen identisch mit der ursprünglichen Anreizbedingung (8), die auch der Prinzipal bei der Gestaltung seines Vertragsangebotes zu berücksichtigen hat[21]. Wie im Standardfall resultiert die Notwendigkeit der Anreizbedingung aus der Informationsasymmetrie bezüglich des Arbeitseinsatzes: Da der Agent nicht in der Lage ist, sich vertraglich auf einen bestimmten Arbeitseinsatz zu verpflichten, muss er sich selbst über den Umweg einer variablen Entlohnung Anreize zur Erbringung individueller Anstrengungen setzen, um in den Genuss der hieraus resultierenden Früchte zu gelangen.

Die Lösung des Problems erfolgt analog zum Standardfall. Da der Agent alle Verhandlungsmacht besitzt, kann er nun seinerseits dem Prinzipal die Bedingungen seines Entlohnungsvertrages diktieren. Er wird daher den Vertrag so gestalten, dass der Prinzipal im Erwartungswert gerade seinen Reservationsnutzen erhält bzw. sodass die Teilnahmebedingung des Prinzipals in (20) bindet. Damit ergibt sich aber im Gegensatz zum Standardfall folgender Ausdruck für die erwartete Entlohnung des Agenten:

$$E[W] = E[CF] - U_P. \qquad (21)$$

Demnach wird ein rational handelnder Agent den Vertrag stets so gestalten, dass seine erwartete Entlohnung der Differenz aus dem erwarteten Cash Flow des Unternehmens und dem Reservationsnutzen des Prinzipals entspricht. Setzt man diesen Ausdruck in die ursprüngliche Zielfunktion (2) des Agenten ein, erhält man folgenden Ausdruck:

$$CEA = TCE - U_P, \qquad (22)$$

wobei *TCE*, wie in (10) definiert, den erwarteten Gesamtüberschuss der Agentur bezeichnet. Dieser Ausdruck entspricht bis auf die abweichende Reservationsnutzenkonstante exakt der modifizierten Zielfunktion des Prinzipals in Gleichung (10) für den Standardfall. Die veränderte Verteilung der Verhand-

sprechende Erweiterung der Analyse könnte sich als fruchtbar erweisen, muss hier jedoch aus Gründen der Übersichtlichkeit unterbleiben. Der Autor dankt dem Kollegen BALLWIESER für einen entsprechenden Hinweis.

21 Vgl. dazu auch FRANKE/HAX (2003), S. 410ff.

lungsmacht hat also keine materiellen Auswirkungen auf die zu maximierende Zielgröße, sondern lediglich auf die Verteilung des erwarteten Überschusses zwischen den Parteien. In beiden Fällen wird der Entlohnungsvertrag so gestaltet, dass der erwartete Gesamtüberschuss der Agentur, also die der Summe der Sicherheitsäquivalente entsprechende Differenz zwischen dem erwarteten Cash Flow, den persönlichen Kosten des Agenten und der Risikoprämie, maximal wird.

Aus der Übereinstimmug der Zielfunktionen von Prinzipal und Agent lässt sich damit ohne weitere Rechnung folgern, dass die optimale Gestalt der variablen Entlohnungskomponenten der Lösung des Standardmodells in (16) entsprechen muss und somit unabhängig von der Verteilung der Verhandlungsmacht im Unternehmen ist[22].

Gleichwohl wirkt sich die Verteilung der Verhandlungsmacht auf die Höhe des Festgehaltes und die von den Parteien erzielten Gesamtnutzen aus. Da das Festgehalt w nunmehr dazu dient, den Überschuss der Agentur an den Agenten zu transferieren, nimmt es folgende Gestalt an:

$$w^* = E[CF^*] - v_1^* \cdot b \cdot a^* - U_P = \theta + \left[v_1^* - (v_1^*)^2\right] \cdot b^2 - U_P. \tag{23}$$

Der Agent bemisst also sein Festgehalt so, dass es dem erwarteten Cash Flow abzüglich der erwarteten variablen Vergütung und des Reservationsnutzens des Prinzipals entspricht. Im Ergebnis verbleibt dem Prinzipal damit gerade sein Reservationsnutzen während der Agent den gesamten Überschuss der Agentur abzüglich der notwenigen Mindestzahlung an den Prinzipal, also

$$CEA^* = TCE^* - U_P \tag{24}$$

erhält. Dabei entspricht der erwartete Überschuss der Agentur im Optimum gemäß der Definition in (19) wiederum der Summe aus der leistungsunabhängigen Basiseinzahlung θ und dem erwarteten Nettobeitrag des Agenten, $v_1^* \cdot b^2/2$.

3.3 Lösungsvergleich

Fasst man die wesentlichen Merkmale der beiden Lösungen des Agency-Problems in Abschnitt 3.1 und 3.2 zusammen, ergeben sich folgende Schlüsse:

1. *Die Verteilung der Verhandlungsmacht im Unternehmen hat keinen Einfluss auf die Gestaltung erfolgsabhängiger Entlohnungsbestandteile.*
2. *Die Verteilung der Verhandlungsmacht im Unternehmen beeinflusst die Höhe des Festgehaltes und die Aufteilung des erwarteten Gesamtüberschusses der Agentur.*

22 Vgl. dazu ohne formalen Beweis auch MACHO-STADLER/PÉRES-CASTRILLO (2001).

Aus der ersten Beobachtung folgt unmittelbar, dass die *Skimming*-Hypothese allein nicht geeignet ist, die Verwendung variabler Vergütungsformen zu erklären, die aus theoretischer Sicht für den Prinzipal ungeeignet wären. Eine mangelhafte Corporate Governance kann also für sich genommen nicht dazu führen, dass ein rational handelndes Management seinen Erfolg anhand anderer Performancemaße beurteilen würde als die Unternehmenseigner. Das Management wird also nicht allein deshalb, weil es selbst über die Bedingungen seiner Vergütung entscheiden kann, seine Entlohnung von separierbaren Zufallseinflüssen abhängig machen, wenn sich durch diese Maßnahme nicht das Einkommensrisiko verringern lässt.

Demgegenüber hat die Verteilung der Verhandlungsmacht einen unmittelbaren Einfluss auf die erwartete Höhe der Gesamtentlohnung. Vergleicht man nämlich die erwarteten Gesamtnutzen von Agent und Prinzipal in (19) und (24), erkennt man, dass sich jeweils die Partei, die den Vertrag entwirft, mittels des Festgehaltes den erwarteten Gesamtüberschuss der Agentur (TCE^*) aneignet und hieraus dem Kontraktpartner jeweils nur das monetäre Äquivalent seines Reservationsnutzens zugesteht. Auch wenn im Modell die Verhandlungsmacht durch das Recht bestimmt wird, den Entlohnungsvertrag zu entwerfen, kann auch die Höhe des modellexogenen Reservationsnutzens als Maß für die relative Verhandlungsstärke der Gegenpartei interpretiert werden. Je höher der Reservationsnutzen, desto mehr erhält nämlich die passive Partei vom Gesamtüberschuss der Agentur. Da rational handelnde Akteure unterstellt werden, müssen dabei folgende Grenzen beachtet werden:

$$U_P \geq \theta, \quad v_1^* \cdot b^2 / 2 \geq U_A. \tag{25}$$

Die erste Grenze in Bedingung (25) besagt, dass die Unternehmenseigner mindestens den Erwartungswert des Basis-Cash Flow verlangen. Dieser Betrag entspricht bei risikofreier Bewertung dem Marktwert des Unternehmens ohne Berücksichtigung des Managementbeitrages und ist damit eine natürliche Untergrenze für den Reservationsnutzen des Prinzipals.

Das Verteilungsspiel dreht sich damit bei rational handelnden Akteuren stets um den Erwartungswert des vom Agenten erwirtschafteten Teils des Gesamtüberschusses. Die zweite Bedingung in (25) besagt nun, dass nur dann ein Vertrag zu Stande kommen kann, wenn der Reservationsnutzen des Agenten diesen Anteil nicht überschreitet. Andernfalls würden die Kosten des Agenten dessen Nettonutzen für das Unternehmen überschreiten, sodass der Prinzipal kein Interesse an einer Zusammenarbeit haben kann. Unabhängig von der konkreten Höhe der Reservationsnutzen ergibt sich aus dem Recht, den Entlohnungsvertrag zu gestalten, stets ein Nettonutzen in Höhe von[23]

23 Der Ausdruck ist angesichts der Bedingungen in (25) stets possitiv wenn $U_P = \theta$. Für $U_P > \theta$, also wenn die Unternehmenseigner mehr als den erwarteten Basis-Cash Flow

$$\Delta w = TCE^* - U_P - U_P.$$

Diese Nutzendifferenz entspricht exakt der Differenz der Festgehälter in (23) und (17). Wenn also die *Skimming*-Hypothese zutrifft, müssten in Unternehmen mit mangelhafter Corporate Governance im Erwartungswert systematisch höhere Gehälter gezahlt werden, wie dies in jüngeren empirischen Studien auch belegt wurde[24].

4 Die Wirkung von Gehaltsschranken

4.1 Vorüberlegungen

Sieht man einmal von den im Rahmen des Modells nicht betrachteten Möglichkeiten der Erlangung geldwerter Vorteile auf Firmenkosten ab, setzt die Ausnutzung einer mangelhaften Governance-Struktur seitens des Managements in der Regel einen unbeschränkten Einkommenstransfer zu Lasten des Unternehmens vor. Angesichts der aufgezeigten Probleme liegt es daher nahe, die Eignung von Maßnahmen zur Beschränkung von Managergehältern zu diskutieren. Dabei werden im Folgenden zwei mögliche Arten von Gehaltsschranken betrachtet. Zum einen werden die Auswirkungen einer Obergrenze für das bei Vertragsabschluss erwartete Gesamtgehalt untersucht und zum anderen werden die Konsequenzen einer Beschränkung des Festgehaltes analysiert[25].

Die erste betrachtete Variante steht für eine Reihe von Vorschlägen im Rahmen der jüngeren Diskussion, in denen entweder direkt oder implizit eine gesamthafte Begrenzung der Managergehälter gefordert wird. So empfiehlt beispielsweise der *Deutsche Corporate Governance Kodex* in Artikel 4.2.3, dass die Vergütung der Vorstandsmitglieder insgesamt *angemessen* sein soll, ohne allerdings genau zu spezifizieren, was unter einer angemessenen Entlohnung genau zu verstehen ist[26]. An anderer Stelle geht man dagegen etwas weiter

fordern, kann der Ausdruck im Falle eines kleinen Nettobeitrages des Agenten auch negativ werden.

24 Vgl. nur Bertrand/Mullainathan (2001).

25 Ergänzend könnten auch die Auswirkungen einer absoluten Obergrenze für das tatsächlich realisierte Gehalt (cap) diskutiert werden, worauf jedoch zu Gunsten der Übersichtlichkeit verzichtet wird. Siehe zu den mit derartigen Regelungen verbundenen Anreizproblemen exemplarisch Jensen (2001).

26 Vgl. Bundesministerium der Justiz (2003).

und fordert, das Vorstandsgehalt auf ein Vielfaches des durchschnittlichen Arbeitnehmergehaltes zu begrenzen[27].

Die zweite Variante korrespondiert dagegen mit einer seit der Steuerperiode 1994 wirksamen Regelung des amerikanischen Steuersystems (Internal Revenue Code), wonach die steuerliche Abzugsfähigkeit nicht vom Erfolg abhängiger Entlohnungsbestandteile des Top-Managements auf den Betrag von 1 Mio. US-$ pro Jahr begrenzt wurde[28]. Faktisch besteht damit in den USA eine Obergrenze für die Zahlung von Festgehältern an Vorstandsmitglieder, die nur unter Inkaufnahme erheblicher Zusatzkosten für das Unternehmen überschritten werden kann und damit allgemein die Durchsetzbarkeit hoher Fixzahlungen erschwert[29].

Für eine fundierte Beurteilung der vorgeschlagenen Maßnahmen ist in einem ersten Schritt zu überprüfen, ob Gehaltsschranken überhaupt dazu geeignet sind, die Position der Unternehmenseigner im Falle einer unzureichenden Governance-Struktur zu verbessern. Da von einer etwaigen Regulierung aber auch diejenigen Unternehmen betroffen sind, in denen das Management nicht in der Lage ist, sein eigenes Gehalt zu bestimmen, müssen in einem zweiten Schritt auch die möglichen Konsequenzen für Unternehmen mit funktionierenden Kontrollstrukturen überprüft werden.

4.2 Obergrenzen für das Gesamtgehalt

Betrachten wir zunächst die Situation, in der der Erwartungswert der vertraglich vereinbarten Entlohnung eine vorher fixierte Obergrenze $\overline{W}$ nicht überschreiten darf. Da die Restriktion nur dann Einfluss auf die Vertragsgestaltung haben kann, wenn Sie schlagend wird, nehmen wir im Folgenden an, dass

$$E[W^*] = (v_1^* \cdot b)^2 + w^* > \overline{W}, \tag{26}$$

also der Abschluss der bei unbeschränkten Vermögenstransfers optimalen Verträge in (16) und (17) bzw. (23) durch die Gehaltsobergrenze verhindert wird.

27 So fordert bespielsweise ADAMS (2002) eine Begrenzung auf das 150fache des durchschnittlichen Arbeitnehmergehaltes. Derartige Vorschläge sind jedoch keineswegs neu, so verweist CRYSTAL (1991) darauf, dass bereits J. P. Morgan gegen Ende des 19. Jahrhunderts bestimmt habe, dass Manager seiner Firmengruppe nicht mehr als das 20fache des niedrigsten Arbeiterlohnes verdienen dürften. Siehe zur Bewertung derartiger Vorschläge auch BALLWIESER/DOBLER (2003).

28 Siehe dazu im Einzelnen PERRY/ZENNER (2001); ROSE/WOLFRAM (2002) oder HALL/MURPHY (2003).

29 BEBCHUK/FRIED (2003) weisen in diesem Zusammenhang darauf hin, dass hohe Festgehälter vor allem auch wegen der Gefahr einer schlechten Publicity erheblich schwerer durchzusetzen seien als höhere variable Bezüge.

Um die Wirksamkeit der Schranke im Hinblick auf die unerwünschten Vermögenstransfers bei unzureichenden Kontrollstrukturen zu überprüfen, sei zunächst wieder unterstellt, der Agent habe alle Verhandlungsmacht. Gilt Bedingung (26), muss dieser also gegenüber der optimalem Lösung entweder sein variables oder sein festes Gehalt senken, damit seine aus dem Entlohnungsvertrag erwarteten Zahlungen die bestehende Obergrenze nicht überschreiten. Da der Agent ein Interesse an einem möglichst hohen Gehalt hat, wird er den beschränkten Vertrag schließlich so gestalten, dass die Bedingung

$$v_1^2 \cdot b^2 + w = \overline{W} \tag{27}$$

im Optimum erfüllt ist. Dabei wurde bereits berücksichtigt, dass der Agent auch angesichts der zusätzlichen Restriktion kein Interesse daran haben kann, seine Entlohnung von dem unkontrollierbaren Performancemaß P_2 abhängig zu machen[30].

Auf den ersten Blick scheint damit der vorgeschlagene Mechanismus durchaus seinen angedachten Zweck einer Begrenzung der Transferzahlungen an den Agenten zu erfüllen. Entscheidend ist jedoch die Frage, ob auch der Prinzipal von dieser Maßnahme profitieren kann. Würde beispielsweise der Agent lediglich sein Festgehalt senken, ohne die variable Vergütung gegenüber der unbeschränkten Lösung zu verändern, also auf $w' = \overline{W} - (v_1^* \cdot b)^2$, verbliebe dem Prinzipal ein Nutzen in Höhe von

$$CEP(w', \mathbf{v}^*) = v_1^* \cdot b^2 + \theta - \overline{W} > U_P,$$

wobei $\mathbf{v}^* = (v_1^*, v_2^*)$ den Vektor der Optimalwerte der variablen Entlohnungsparameter bezeichnet. Der Prinzipal erhielte damit einen über den Reservationsnutzen hinausgehenden Anteil am erwirtschafteten Ergebnis, während der Agent in diesem Fall einen erwarteten Nutzen in Höhe von

$$CEA(w', \mathbf{v}^*) = \overline{W} - (v_1^*)^2 \cdot \frac{(b^2 + r\sigma_1^2)}{2}$$

erzielen würde. Da der Agent die Parameter seines Vergütungssystems selbst bestimmt, könnte er aber ebenso gut auch seinen variablen Anteil an der Bemessungsgrundlage P_1 auf $v_1' = \sqrt{(\overline{W} - w^*)}/b$ senken und auf diese Weise einen erwarteten Nutzen in Höhe von

$$CEA(w^*, \mathbf{v}') = \overline{W} - (v_1')^2 \cdot \frac{(b^2 + r\sigma_1^2)}{2}$$

30 Da der Agent seine Gehaltszahlungen insgesamt senken muss und Vermögenstransfers mittels Beteiligung an P_2 teurer sind als über das Festgehalt w, ist das optimale Gewicht auf P_2 wie zuvor $v_2 = 0$. Ein formaler Beweis für dieses Ergebnis und für die übrigen Resultate in diesem Abschnitt findet sich im Anhang.

erzielen, wobei $\mathbf{v}' = (v_1', v_2^*)$. Offenbar ist aber $CEA(w', \mathbf{v}') > CEA(w^*, \mathbf{v}^*)$: Da der Agent in beiden Fällen das gleiche Gesamtgehalt erwarten darf, wird er aufgrund der damit verbundenen Disnutzen stets sein variables Gehalt so weit senken, bis die Einhaltung der Gehaltsschranke $\overline{W}$ gewährleistet ist. Im Ergebnis sinkt damit auch der gleichgewichtige Arbeitseinsatz des Agenten und somit dessen Beitrag zum Gesamtüberschuss der Agentur.

Müsste der Agent bei Vertragsabschluss nur die Gehaltsobergrenze bzw. die Bedingung (27) beachten, würde er seinen Arbeitseinsatz sogar auf null senken und ein Festgehalt in Höhe von $w = \overline{W}$ verlangen. Dies wird jedoch durch die Teilnahmebedingung des Prinzipals verhindert, die das Festgehalt nach oben begrenzt und damit auch weiterhin dessen Anteil am erwirtschafteten Ergebnis bestimmt[31]. Insgesamt wird also durch die Einführung einer Obergrenze für das erwartete Gesamtgehalt eine Wohlfahrtseinbuße bewirkt. Diese geht zwar voll zu Lasten des Agenten, aber die Restriktion führt nicht dazu, dass der Prinzipal seine Vermögensposition gegenüber der Ausgangssituation verbessern kann.

Erschwerend kommt hinzu, dass bei einer allfälligen Einführung einer Gehaltsobergrenze auch Unternehmen mit einer gut funktionierenden Governance-Struktur von der Begrenzung betroffen wären. Da hier der Prinzipal den Entlohnungsvertrag gestaltet, kann er zwar kein Interesse daran haben, ein überhöhtes Gehalt zu zahlen, aber es könnte durchaus vorkommen, dass der Erwartungswert des aus Sicht des Prinzipals optimalen Gehaltes die Obergrenze überschreitet. Gilt also Bedingung (26) für den aus Sicht des Prinzipals optimalen Entlohnungsvertrag, steht auch er vor dem Problem, entweder den variablen Vergütungsanteil senken zu müssen oder aber ein geringeres Festgehalt zu vereinbaren, sodass der beschränkte Vertrag Bedingung (27) erfüllt. Nehmen wir nun wie oben an, der Prinzipal würde lediglich das Festgehalt auf w' senken, um eine Verringerung des erwirtschafteten Ergebnisses zu vermeiden, dann betrüge sein erwarteter Nutzen

$$CEP(w', \mathbf{v}^*) = v_1^* \cdot b^2 + \theta - \overline{W}.$$

Diese Lösung ist aber unzulässig, da

$$CEA(w', \mathbf{v}^*) = \overline{W} - (v_1^*)^2 \cdot \frac{(b^2 + r\sigma_1^2)}{2} < U_A,$$

also die Teilnahmebedingung des Agenten verletzt wird. Ein Festgehalt in Höhe von w' reicht also nicht aus, um den Agenten für die Erbringung des se-

31 Betrachtet man die Teilnahmebedingung $CEP = (v_1 - v_1^2) \cdot b^2 + \theta - U_P > w$ und berücksichtigt, dass $U_P \geq \theta$, wird sofort deutlich, dass die Bedingung bei einer variablen Entlohnung von null nicht erfüllt werden kann. Ohne eigenen Beitrag des Agenten gibt es nichts zu verteilen.

cond-best Arbeitseinsatzes zu kompensieren. Folglich muss der variable Entlohnungssatz v_1 gerade so weit gesenkt werden, dass die Teilnahmebedingung des Agenten bindet. Im Ergebnis sinkt also auch hier der gleichgewichtige Arbeitseinsatz des Agenten und damit der erwartete Gesamtüberschuss der Agentur. Im Gegensatz zu einem Unternehmen, in dem der Agent sein eigenes Gehalt bestimmt, geht die durch die Gehaltsschranke bewirkte Wohlfahrtseinbuße jedoch hier voll zu Lasten des Prinzipals.

4.3 Obergrenzen für das Festgehalt

Eine weniger restriktive Variante der Gehaltsbeschränkung bestünde in einer Obergrenze $\overline{w}$ für das Festgehalt w. Auf diese Weise kann zwar die bei Vertragsabschluss erwartete Gesamtzahlung an den Agenten nicht begrenzt werden, aber immerhin wird so das Ausmaß risikofreier Einkommenstransfers vom Unternehmen an das Management begrenzt.

Betrachten wir zunächst die Situation, in der der Agent den Entlohnungsvertrag selbst gestaltet und nehmen an, dass folgende Bedingung gilt

$$w^* = \theta + \left[v_1^* - (v_1^*)^2\right] \cdot b^2 - U_P > \overline{w}. \tag{28}$$

Das optimale Festgehalt in (23) überschreitet also die festgelegte Obergrenze $\overline{w}$. Würde der Agent nun einfach ein Festgehalt in Höhe von $\overline{w}$ verlangen, ohne sein variables Gehalt anzupassen, betrüge sein erwarteter Nutzen

$$CEA(\overline{w}, \mathbf{v}^*) = \overline{w} + (v_1^*)^2 \cdot \frac{(b^2 - r \cdot \sigma_1^2)}{2} + v_2^* \cdot \left(\theta - \frac{r \cdot v_2^* \cdot \sigma_2^2}{2}\right),$$

während der Prinzipal einen Nutzen in Höhe von

$$CEP(\overline{w}, \mathbf{v}^*) = \left[v_1^* - (v_1^*)^2\right] \cdot b^2 + \theta \cdot (1 - v_2^*) - \overline{w} > U_P$$

erzielen würde. Dies eröffnet dem Agenten den nötigen Spielraum, die durch die Schranke für den Fixlohn verursachte Nutzeneinbuße durch eine Modifikation seiner variablen Entlohnung auszugleichen. Dabei hat er grundsätzlich zwei Möglichkeiten:

1. Senkung von v_1 gegenüber v_1^*: Da gemäß (18) der erwartete Nettonutzen des Agenten aus der variablen Entlohnung negativ ist, sinkt dieser in v_1. Da wegen (18) überdies $v_1^* < 1/2$ ist, wird durch die Senkung von v_1 gegenüber v_1^* gleichzeitig der Nutzen des Prinzipals gesenkt.
2. Erhöhung von v_2 gegenüber v_2^* und damit Beteiligung an dem unkontrollierbaren Performancemaß P_2.

Man könnte nun zunächst vermuten, dass es für den Agenten in dieser Situation optimal wäre, $v_1 = 0$ zu setzen. Es lässt sich aber leicht einsehen, dass in diesem Fall die Teilnahmebedingung des Prinzipals verletzt wäre, so dass der Agent im Rahmen des optimalen Vertrages stets beide Anpassungsmöglichkeiten gleichzeitig nutzt[32]. Wie bei der im vorangegangenen Abschnitt betrachteten Begrenzung des erwarteten Gesamtgehaltes führt eine Begrenzung des Fixums also zunächst dazu, dass der Agent einen geringeren Arbeitseinsatz wählt und damit den erwarteten Gesamtüberschuss der Agentur reduziert.

Darüber hinaus findet es der Agent nunmehr sogar vorteilhaft, seine variable Entlohnung von dem unkontrollierbaren Performancemaß P_2 abhängig zu machen und sich damit einem zusätzlichen Einkommensrisiko auszusetzen. Intuitiv lässt sich dieses Ergebnis wie folgt einsehen: Da risikofreie Einkommenstransfers nur in begrenztem Umfang gestattet sind, muss der Agent auf die nächstbeste Möglichkeit des Einkommenstransfers zurückgreifen, auch wenn dies mit einer zusätzlichen Nutzeneinbuße verbunden ist. Durch die Begrenzung des Festgehaltes wird der Agent also gewissermaßen gezwungen, auf eine riskante Form des Einkommenstransfers auszuweichen, die ohne die Restriktion nicht optimal wäre. Im Ergebnis führen sowohl die Senkung des Arbeitseinsatzes als auch die riskantere Form der Entlohnung wiederum zu Wohlfahrtseinbußen für den Agenten, ohne dass der Prinzipal hierdurch seine Position verbessern (aber auch nicht verschlechtern) könnte.

Selbst wenn man die aufgezeigten Konsequenzen für den Agenten vernachlässigt, darf für eine Gesamtbeurteilung der untersuchten Regelung nicht übersehen werden, dass allenfalls auch Unternehmen mit intakten Kontrollstrukturen von der Beschränkung des Fixums betroffen sein könnten. Das ist immer dann der Fall, wenn

$$w^* = U_A - (v_1^*)^2 \cdot \frac{(b^2 - r \cdot \sigma_1^2)}{2} > \overline{w},$$

also das Fixum, das der Prinzipal dem Agenten im unbeschränkten Fall zahlen würde, die Obergrenze $\overline{w}$ übersteigt. Wünscht der Prinzipal in diesem Fall einen unveränderten Arbeitseinsatz, würde er offenbar die Teilnahmebedingung des Agenten verletzten. Damit steht er aber vor dem gleichen Problem wie zuvor der Agent. Entweder er senkt v_1 gegenüber v_1^* und verzichtet damit auf einen Teil des Arbeitseinsatzes oder er schließt die Lücke in der Teilnahmebedingung des Agenten durch eine Beteiligung an dem nicht kontrollierbaren Performancemaß P_2. In beiden Fällen kommt es zu einem Rückgang des erwarteten Überschusses der Agentur und es lässt sich zeigen, dass die optimale Lösung wiederum darin besteht, von beiden Anpassungsmöglichkeiten

32 Eine formale Herleitung findet sich im Anhang.

Gebrauch zu machen, also gleichzeitig die Beteiligungsrate v_1 gegenüber v_1^* zu senken und eine Beteiligungsrate $v_2 > 0$ zu vereinbaren[33].

Besonders bemerkenswert erscheint an diesem Ergebnis aber nicht die Senkung der Beteiligungsrate v_1, sondern die Tatsache, dass auch der Prinzipal durch die Restriktion des Festgehalts gewissermaßen dazu gezwungen wird, die erfolgsabhängige Entlohnung an Bemessungsgrundlagen zu knüpfen, deren Verwendung im Standardfall nicht in Frage käme. Im Ergebnis bewirkt die Einführung einer Obergrenze für das Festgehalt also auch im Standardfall einen Wohlfahrtsverlust, der jedoch gänzlich zu Lasten des Prinzipals geht, während der Agent seinen Reservationsnutzen U_A erhält.

5 Zusammenfassung

In diesem Beitrag wurde untersucht, welche Konsequenzen sich für die Gestaltung von Anreizverträgen ergeben, wenn die so genannte *Skimming*-Hypothese zutrifft, nach der die Manager in Publikumsaktiengesellschaften in Ermangelung einer funktionierenden Corporate Governance praktisch über ihre eigene Entlohnung entscheiden können und diese primär dazu nutzen, um sich auf Kosten der Aktionäre persönlich zu bereichern. Von besonderem Interesse war dabei die Frage, in wie weit es unter diesen Bedingungen für das Management rational sein kann, seine eigene Entlohnung von unkontrollierbaren Zufallseinflüssen abhängig zu machen.

Im Rahmen eines einfachen Prinzipal-Agenten-Modells wurde dabei zunächst gezeigt, dass sich die Verteilung der Verhandlungsmacht zwischen Prinzipal und Agent nicht auf die Gestaltung erfolgsabhängiger Entlohnungsbestandteile auswirkt, wohl aber auf die Verteilung des erwarteten Gesamtüberschusses der Agentur. Eine mangelhafte Corporate Governance kann also für sich genommen nicht bewirken, dass ein rational handelndes Management seinen Erfolg anhand anderer Performancemaße beurteilen würde, als dies aus Sicht der Unternehmenseigner optimal wäre. Im Gegensatz zu anderslautenden Vermutungen in der Literatur kann die *Skimming*-Hypothese demnach nicht erklären, warum ein rational handelnder Manager seine Entlohnung von separierbaren Zufallseinflüssen abhängig machen sollte.

Zu anderen Ergebnissen gelangt man erst, wenn man die Auswirkungen institutionell festgelegter Gehaltsschranken betrachtet. Dabei führen sowohl eine Begrenzung des bei Vertragsabschluss erwarteten Gesamtgehaltes als auch eine Begrenzung des Festgehaltes in der Regel zu einer Verwendung suboptimaler Performancemaße und verzerrter Anreizgewichte. Während die Begrenzung des Gesamtgehaltes lediglich einen geringeren Arbeitseinsatz des Agen-

33 Ein formaler Beweis findet sich wiederum im Anhang.

ten bewirkt, aber die verwendeten Performancemaße unberührt lässt, führt eine Begrenzung des Festgehaltes in aller Regel dazu, dass das Management es vorteilhaft findet, seine Entlohnung von unkontrollierbaren Zufallseinflüssen abhängig zu machen.

Werden also die Möglichkeiten eines risikofreien Vermögenstransfers zwischen Prinzipal und Agent beschränkt, wie dies durch die Steuergesetzgebung in den USA geschieht, muss damit gerechnet werden, dass insbesondere in Unternehmen mit unzureichenden Kontrollstrukturen riskante Entlohnungsformen eingesetzt werden, um die vom Management angestrebten Vermögenstransfers zu realisieren. Darüber hinaus zeigt die Analyse, dass eine Begrenzung von Festgehältern selbst Unternehmen mit intakten Kontrollstrukturen dazu zwingen kann, auf risikobehaftete Formen des Einkommenstransfers auszuweichen, um den Agenten zur Mitarbeit zu bewegen. Maßgeblich für das empirisch beobachtete Phänomen der *„Entlohnung für den Zufall"* ist damit wiederum nicht die *Skimming*-Hypothese, sondern die institutionelle Beschränkung der Festgehälter.

Berücksichtigt man darüber hinaus, dass Obergrenzen für die vertraglich vereinbarten Gehälter nicht nur in Unternehmen mit intakten Kontrollstrukturen zu Verwerfungen führen, sondern in keinem Fall geeignet sind, die Vermögensposition der Unternehmenseigner zu verbessern, muss die Zweckmäßigkeit institutionell festgelegter Gehaltsschranken generell bezweifelt werden.

Anhang

A.1 Definitionen

Unter Berücksichtigung der für alle nachfolgend untersuchten Fälle unverändert gültigen Anreizbedingung (14) ergeben sich folgende Ausdrücke für die Sicherheitsäquivalente von Agent und Prinzipal sowie für die erwartete Entlohnung:

$$CEA(w, \mathbf{v}) = \frac{v_1^2 \cdot b^2}{2} + v_2 \cdot \theta + w - \frac{r}{2} \cdot \left(v_1^2 \cdot \sigma_1^2 + v_2^2 \cdot \sigma_2^2\right),$$

$$CEP(w, \mathbf{v}) = (v_1 - v_1^2) \cdot b^2 + (1 - v_2) \cdot \theta - w,$$

$$E[W] = v_1^2 \cdot b^2 + v_2 \cdot \theta + w.$$

In allen Fällen ergibt sich für den Fall, dass nur die Teilnahmebedingung des Agenten (bzw. des Prinzipals) bindet, die bekannte Lösung aus Abschnitt 3. Die nachfolgende Analyse konzentriert sich daher jeweils auf den interessanteren Fall, in dem neben der jeweiligen Teilnahmebedingung auch die betrachtete Gehaltsbeschränkung bindet[34].

A.2 Optimale Vertragsgestaltung bei beschränktem Gesamtgehalt

A.2.1 Der Agent entwirft den Vertrag

Zur Bestimmung des optimalen Vertrages maximiert der Agent sein Sicherheitsäquivalent *CEA* unter Berücksichtigung der Teilnahmebedingung des Prinzipals und der zusätzlichen Nebenbedingung

$$E[W] \leq \overline{W}. \tag{29}$$

Die Maximierung der entsprechenden Lagrangefunktion

$$L = CEA + \lambda \cdot (CEP - U_P) + \mu \cdot (W - E[\overline{W}])$$

bezüglich der Entscheidungsvariablen v_1, v_2 und w ergibt folgende Bedingungen

$$\frac{\partial L}{\partial v_1} = v_1 \cdot (b^2 - r \cdot \sigma_1^2) + \lambda \cdot b^2 \cdot (1 - 2v_1) - 2 \cdot \mu \cdot b^2 \cdot v_1 \leq 0,$$

$$\frac{\partial L}{\partial v_2} = (1 - \lambda - \mu) \cdot \theta - v_2 \cdot r \cdot \sigma_2^2 \leq 0, \tag{30}$$

$$\frac{\partial L}{\partial w} = 1 - \lambda - \mu \leq 0. \tag{31}$$

Unabhängig von den Werten der Lagrange-Multiplikatoren λ und μ ergibt sich aus der Kombination der Bedingungen (31) und (30), dass das optimale Gewicht auf dem Performancemaß P_2 weiterhin null sein muss. Bindet neben der Teilnahmebedingung des Prinzipals auch die Gehaltsschranke (29), ergibt sich damit nach Umformung folgende beschränkte Lösung

$$v_1^{**} = \lambda^{**} \cdot \frac{b^2}{b^2 + r \cdot \sigma_1^2}, \quad v_2^{**} = 0, \quad \lambda^{**} = 1 - \mu. \tag{32}$$

Ein Vergleich mit der unbeschränkten Lösung in (16) ergibt schließlich, dass $v_1^{**} < v_1^{*}$.

34 Theoretisch denkbar wäre auch noch der Fall, dass nur die Gehaltsbeschränkung, nicht aber die Teilnahmebedingung bindet. Es lässt sich jedoch leicht einsehen, dass diese Lösung aus Sicht der Partei, die den Vertrag entwerfen darf, nicht optimal sein kann.

A.2.2 Der Prinzipal entwirft den Vertrag

Wie im Standardfall maximiert der Prinzipal sein Sicherheitsäquivalent *CEP* unter Berücksichtigung der Teilnahmebedingung des Agenten, jedoch unter der zusätzlichen Nebenbedingung (29). Die Maximierung der Lagrangefunktion

$$L = CEP + \lambda \cdot (CEA - U_P) + \mu \cdot (\overline{W} - E[W])$$

bezüglich der Entscheidungsvariablen v_1, v_2 und w ergibt folgende Bedingungen

$$\frac{\partial L}{\partial v_1} = b^2 \cdot (1 - 2v_1) + \lambda \cdot v_1 \cdot (b^2 - r \cdot \sigma_1^2) - 2 \cdot \mu \cdot b^2 \cdot v_1 \leq 0,$$

$$\frac{\partial L}{\partial v_2} = (\lambda - 1 - \mu) \cdot \theta - \lambda \cdot v_2 \cdot r \cdot \sigma_2^2 \leq 0, \tag{33}$$

$$\frac{\partial L}{\partial w} = \lambda - 1 - \mu \leq 0. \tag{34}$$

Wie oben erkennt man aus (34) und (33), dass das optimale Gewicht auf dem Performancemaß P_2 null sein muss. Bindet neben der Teilnahmebedingung des Agenten auch die Gehaltsschranke (29), ergibt sich damit nach Umformung folgende Lösung

$$v_1^* = \frac{1}{\lambda^{**}} \cdot \frac{b^2}{(b^2 + r \cdot \sigma_1^2)}, \quad v_2^* = 0, \quad \lambda^{**} = 1 - \mu. \tag{35}$$

Ein Vergleich mit der unbeschränkten Lösung in (16) ergibt wie oben $v_1^{**} < v_1^*$.

A.3 Optimale Vertragsgestaltung bei beschränktem Festgehalt

A.3.1 Der Agent entwirft den Vertrag

Wie unter *A.2.1* maximiert der Agent sein Sicherheitsäquivalent *CEA* unter der Teilnahmebedingung des Prinzipals und der nunmehr auf das Fixgehalt bezogenen Nebenbedingung

$$w \leq \overline{w}. \tag{36}$$

Die Maximierung der Lagrangefunktion

$$L = CEA + \lambda \cdot (CEP - U_P) + \mu \cdot (\overline{w} - w)$$

bezüglich der Entscheidungsvariablen v_1, v_2 ergibt folgende Bedingungen

$$\frac{\partial L}{\partial v_1} = v_1 \cdot (b^2 - r \cdot \sigma_1^2) + \lambda \cdot b^2 \cdot (1 - 2v_1) \leq 0,$$
$$\frac{\partial L}{\partial v_2} = (1 - \lambda) \cdot \theta - v_2 \cdot r \cdot \sigma_2^2 \leq 0.$$

Für die Ableitung nach w gilt wie unter *A.2.1* die Bedingung (31). Im Unterschied zu *A.2.1* erhält aber wegen $\lambda^{**} = 1 - \mu < 1$ das Performancemaß P_2 nunmehr ein positives Gewicht. Als Lösung ergibt sich schließlich:

$$v_1^{**} = \frac{\lambda^{**} \cdot b^2}{(2 \cdot \lambda^{**} - 1) \cdot b^2 + r \cdot \sigma_1^2}, \quad v_2^{**} = (1 - \lambda^{**}) \cdot \frac{\theta}{r \cdot \sigma_2^2} > 0.$$

A.3.2 Der Prinzipal entwirft den Vertrag

Wie unter *A.2.2* maximiert der Prinzipal sein Sicherheitsäquivalent *CEP* unter Berücksichtigung der Teilnahmebedingung des Agenten der zusätzlichen Nebenbedingung (36). Die Maximierung der Lagrangefunktion

$$L = CEP + \lambda \cdot (CEA - U_A) + \mu \cdot (\overline{w} - w)$$

bezüglich der Entscheidungsvariablen v_1, v_2 und w ergibt folgende Bedingungen

$$\frac{\partial L}{\partial v_1} = b^2 \cdot (1 - 2v_1) + \lambda \cdot v_1 \cdot (b^2 - r \cdot \sigma_1^2) \leq 0,$$
$$\frac{\partial L}{\partial v_2} = (\lambda - 1) \cdot \theta - \lambda \cdot v_2 \cdot r \cdot \sigma_2^2 \leq 0.$$

Für die Ableitung nach w gilt wie unter *A.2.2* die Bedingung (34). Wie unter *A.3.1* erhält wegen $\lambda^{**} = 1 + \mu > 1$ das Performancemaß P_2 wieder ein positives Gewicht. Als Lösung ergibt sich schließlich:

$$v_1^{**} = \frac{b^2}{(2 - \lambda^{**}) \cdot b^2 + \lambda^{**} \cdot r \cdot \sigma_1^2}, \quad v_2^{**} = \frac{\lambda^{**} - 1}{\lambda^{**}} \cdot \frac{\theta}{r \cdot \sigma_2^2} > 0.$$

Literaturverzeichnis

ABOWD, JOHN M./KAPLAN, DAVID S. (1999), Executive Compensation: Six Questions That Need Answering, in: Journal of Economic Perspectives, Vol. 13, S. 145–168.

ADAMS, MICHAEL (2002), Aktienoptionspläne und Vorstandsvergütungen, in: ZIP Zeitschrift für Wirtschaftsrecht, 23. Jg., S. 1325–1344.

ALBACH, HORST (2001), Shareholder Value und Unternehmenswert – Theoretische Anmerkungen zu einem aktuellen Thema, in: Zeitschrift für Betriebswirtschaft, 71. Jg., S. 643–674.

ANTLE, RICK/DEMSKI, JOEL S. (1988), The Controllability Principle in Responsability Accounting, in: The Accounting Review, Vol. 18, S. 700–718.

BALLWIESER, WOLFGANG (2002), Shareholder Value, in: KÜPPER, HANS ULRICH/WAGENHOFER, ALFRED (Hrsg.), Handwörterbuch Unternehmensrechnung und Controlling, 4. Aufl., Sp. 1745–1754.

BALLWIESER, WOLFGANG/DOBLER, MICHAEL (2003), Bilanzdelikte: Konsequenzen, Ursachen und Massnahmen zu ihrer Vermeidung, in: Die Unternehmung – Schweizerische Zeitschrift für betriebswirtschaftliche Forschung und Praxis, 57. Jg., S. 291–309.

BEBCHUK, LUCIEN ARYE/FRIED, JESSE M. (2003), Executive Compensation as an Agency-Problem, in: Journal of Economic Perspectives, Vol. 17, S. 71–92.

BENZ, MATTHIAS/KUCHER, MARCEL/STUTZER, ALOIS (2001), Are Stock Options the Managers Blessing? Stock Option Compensation and Institutional Controls, Arbeitspapier, Universität Zürich.

BENZ, MATTHIAS/STUTZER, ALOIS (2003), Was erklärt die gestiegenen Managerlöhne?, in: Die Unternehmung – Schweizerische Zeitschrift für betriebswirtschaftliche Forschung und Praxis, 57. Jg., S. 5–19.

BERTRAND, MARIANNE/MULLAINATHAN, SENDHIL (2000), Agents With and Without Principals, in: American Economic Review, Vol. 90, S. 203–208.

BERTRAND, MARIANNE/MULLAINATHAN, SENDHIL (2001), Are CEOS Rewarded for Luck? The Ones Without Principals Are, in: The Quarterly Journal of Economics, Vol. 116, S. 901–932.

BUDDE, JÖRG (2000), Effizienz betrieblicher Informationssysteme.

BÜHNER, THOMAS/WALLMEIER, MARTIN (2004), Aktienkursbasierte Mitarbeiterentlohnung in der Schweiz: Anreizsystem oder Steuersparmodell, in: Der Schweizer Treuhänder, 78. Jg., S. 555–561.

BUNDESMINISTERIUM DER JUSTIZ (2003), Deutscher Corporate Governance Kodex.

CRYSTAL, GRAEF S. (1991), In Search of Excess.

COPELAND, TOM/KOLLER, TIM/MURRIN, JACK (2000), Valuation, 3. Aufl.

DITTMANN, INGO/MAUG, ERNST (2003), Lower Salaries and No Options: The Optimal Structure of Executive Pay, Arbeitspapier, HU-Berlin.

FRANKE, GÜNTHER/HAX, HERBERT (2003), Finanzwirtschaft des Unternehmens und Kapitalmarkt, 5. Aufl.

GARVEY, GERALD T./MILBOURN, TODD T. (2003), Asymmetric Benchmarking in Compensation: Executives Are Paid for (Good) Luck but Not Punished for Bad, Arbeitspapier, erhältlich unter www.ssrn.com.

GILLENKIRCH, ROBERT M. (1997), Gestaltung optimaler Anreiverträge.

GILLENKIRCH, ROBERT M. (2000), Prinzipal-Agent-Theorie und empirische Ergebnisse zur Erfolgsabhänggkeit der Managerentlohnung, in: Wirtschaftswissenschaftliches Studium, 29. Jg., S. 347–349.

GÖX, ROBERT F./BUDDE, JÖRG/SCHÖNDUBE, JENS R. (2002), Das lineare Agency-Modell bei asymmetrischer Information über den Agentennutzen, in: Zeitschrift für Betriebswirtschaft, 54. Jg., S. 65–79.

GÖX, ROBERT F./WUNSCH, JOHANNES T. (2003), Cost oder Profit Center? Eine informationsökonomische Untersuchung der relativen Vorteilhaftigkeit dezentraler Organisationsalternativen, in: Die Unternehmung – Schweizerische Zeitschrift für betriebswirtschaftliche Forschung und Praxis, 57. Jg., S. 291–309.

GRAßHOFF, ULRIKE/SCHWALBACH, JOACHIM (1999), Agency-Theorie, Informationskosten und Managervergütung, in: zfbf, 51. Jg., S. 437–453.

HALL, BRIAN J. (2003), Six Challenges in Designing Equity-based Pay, in: Journal of Applied Corporate Finance, Vol. 15, S. 21–33.

HALL, BRIAN J./MURPHY, KEVIN J. (2003), The Trouble With Stock Options, in: Journal of Economic Perspectives, Vol. 17, S. 49–70.

HAUBRICH, JOSEPH G. (1994), Risk Aversion, Performance Pay and The Principal Agent Problem, in: Journal of Political Economy, Vol. 102, S. 258–276.

HEMMER, THOMAS/KIM, OLIVER/VERRECHIA, ROBERT E. (2000), Introducing Convexity Into Optimal Compensation Contracts, in: Journal of Accounting and Economics, Vol. 28, S. 307–327.

HOLMSTRÖM, BENGT (1979), Moral Hazard and Observability, in: Bell Journal of Economics, Vol. 10, S. 74–91.

HOFMANN, CHRISTIAN (2002), Gestaltung von Erfolgsrechnungen zur Steuerung von Verantwortungsbereichen, in: Zeitschrift für Betriebswirtschaft, 72. Jg., S. 1177–1205.

HOFMANN, CHRISTIAN/PFEIFFER, THOMAS (2003), Kongruenz und Divergenz von Erfolgsrechnungen für Planungs- und Steuerungszwecke, in: Wirtschaftswissenschaftliches Studium, 32. Jg., S. 389–393.

JENSEN, MICHAEL C./MURPHY, KEVIN J. (1990a), Performance Pay and Top-Management Performance, in: Journal of Political Economy, Vol. 98, S. 225–264.

JENSEN, MICHAEL C./MURPHY, KEVIN J. (1990b), CEO Incentives-It's Not How Much You Pay, But How, in: Harvard Business Review, Vol. 68, S. 138–149.

JENSEN, MICHAEL C. (2001), The Corporate Budgeting is Broken – Let's Fix it, in: Harvard Business Review, Vol. 79, S. 95–101.

KÜRSTEN, WOLFGANG (2000), „Shareholder Value" Grundelemente und Schieflagen einer politökonomischen Diskussion aus finanzierungstheoretischer Sicht, in: Zeitschrift für Betriebswirtschaft, 70. Jg., S. 359–381.

KÜRSTEN, WOLFGANG (2001), Stock Options, Managerentscheidungen und (eigentliches) Aktionärsinteresse, in: Zeitschrift für Betriebswirtschaft, 71. Jg., S. 249–270

KUNZ, ALEXIS/PFAFF, DIETER (2002), Agency Theory, Performance Evaluation, and the Hypothetical Construct of Intrinsic Motivation, in: Accounting, Organizations and Society, Vol. 27, S. 275–295.

MACHO-STADLER, INÉS/PÉRES-CASTRILLO, DAVID J. (2001), An Introduction to the Economics of Information, 2. Aufl.

MAUG, ERNST (2000), The Relative Performance Puzzle, in: sbr, Vol. 52, S. 3–24.

MILGROM, PAUL/ROBERTS, JOHN (1992), Economics, Organization and Management.

PERRY, TOD/ZENNER, MARC (2001), Pay for Performance? Government Regulation and the Structure of Compensation Contracts, in: Journal of Financial Economics, Vol. 62, S. 453–488.

RAPPAPORT, ALFRED (1981), Selecting strategies that create Shareholder Value, in: Harvard Business Review, Vol. 59, S. 1391–1349.

RAPPAPORT, ALFRED (1986), Creating Shareholder Value.

RAPPAPORT, ALFRED (1999), New Thinking on How to Link Executive Pay with Performance, in: Harvard Business Review, Vol. 77, S. 91–101.

RICHTER, RUDOLF/FUROBOTN, EIRIK G. (2003), Neue Institutionenökonomik, 3. Aufl.

ROSE, NANCY L./WOLFRAM, CATHERINE (2002), Regulating Executive Pay: Using the Tax Code to Influence Chief Executive Officer Compensation, in: Journal of Labor Economics, Vol. 20, S. 138–175.

SCHWALBACH, JOACHIM/GRAßHOFF, ULRIKE (1997), Managervergütung und Unternehmenserfolg, in: Zeitschrift für Betriebswirtschaft, 67. Jg., S. 203–217.

SCHWALBACH, JOACHIM (1999), Entwicklung der Managervergütung, in: Betriebswirtschaftliche Forschung und Praxis, S. 592–602.

SPREMANN, KLAUS (1987), Agent and Principal, in: BAMBERG, GUNTER/SPREMANN, KLAUS (Hrsg.), Agency-Theory, Information, and Incentives, S. 3–37.

SYDSŒTER, KNUT/STROM, ARNE/BERCK, PETER (2000): Economists' Mathematical Manual, 3. Aufl.

WAGENHOFER, ALFRED/EWERT, RALF (1993), Linearität und Optimalität in ökonomischen Agency-Modellen, in: Zeitschrift für Betriebswirtschaft, 63. Jg., S. 373–391.

WAGENHOFER, ALFRED/EWERT, RALF (2003), Externe Unternehmensrechnung.

WINTER, STEFAN (1998), Zur Eignung von Aktienoptionsplänen als Motivationsinstrument für Manager, in: zfbf, 50. Jg., S. 1120–1142.

Corporate Corruption: Aktive Bestechung im Auftragshandeln und ihre Einschränkung durch Rechnungslegung

von

JOCHEN HUNDSDOERFER*

Gliederung

* Prof. Dr. JOCHEN HUNDSDOERFER, Lehrstuhl für Betriebswirtschaftslehre, insbesondere Betriebswirtschaftliche Steuerlehre, Ruhr-Universität Bochum, Universitätsstraße 150, D-44780 Bochum. E-Mail: steuerlehre@ruhr-uni-bochum.de.

1 Aktive Bestechung im Auftragshandeln als Untersuchungsgegenstand

1.1 Problemstellung

Anteilseigner von Kapitalgesellschaften als Auftraggeber müssen befürchten, dass die von ihnen Beauftragten entgegen ihren Weisungen und Interessen handeln. Zahlen die Beauftragten aber Bestechungsgelder an Dritte, dann könnte dieses Handeln zwar nicht durch Weisungen gedeckt sein, wohl aber im (finanziellen) Interesse der Anteilseigner liegen. Hier soll untersucht werden, wie solche Verhaltensspielräume der Beauftragten auf die Ausgestaltung des Auftragsverhältnisses und auf die Rechenschaft des Beauftragten wirken. Auf dieser Grundlage können Empfehlungen gegeben werden, auf welche Weise die Vorteilhaftigkeit der Bestechung für den Bestechenden reduziert werden kann.

Bestechung wird hier verstanden als eine Zahlung (oder geldwerte Leistung) an einen Beauftragten mit dem Ziel, ihn zu einem Verhalten zu bewegen oder für ein Verhalten zu belohnen, das den Interessen des Auftraggebers des Zahlungsempfängers auftragswidrig in unlauterer Weise zuwiderläuft und den Zahlenden oder einen Dritten begünstigt[1]. Voraussetzung für eine Bestechung ist damit ein Prinzipal-Agenten-Verhältnis auf Seiten des Zahlungsempfängers, zum Beispiel aufgrund öffentlicher Ämter oder der Trennung von Eigentum und Verfügungsmacht[2]. Für den Zahlungsempfänger ist die ökonomische Theorie der Bestechung bereits intensiv erforscht worden[3]. Hier soll dagegen die *aktive* Bestechung (die *Zahlung* von Bestechungsgeldern) durch beauftragte Manager an Dritte untersucht werden. Diese betrifft also zwei Auftragsverhältnisse (Abbildung 1), das hier zu untersuchende Auftragsverhältnis des bestechenden Beauftragten zu seinem Auftraggeber (A→B) und das des bestochenen Beauftragten zu seinem Auftraggeber (Y→Z), sowie ein Markttauschverhältnis (B↔Z).

Beispiele:

- Mitarbeiter des Speditionsunternehmens *Kühne & Nagel* haben fünf Jahre lang zwei Mitarbeiter der Gelddruckerei *Giesecke & Devrient* mit etwa 600.000 DM bestochen, um Transportaufträge zu erhalten und überhöht abrechnen zu können. Die Druckerei erstattete Anzeige gegen die beteiligten Mitarbeiter, und ihnen wurden die Pensionszusagen gestrichen. Die

1 Ähnlich SCHMIDT (1969), S. 130; SCHMIDT/GARSCHAGEN (1978), S. 565f.; Differenzierter VAN KLAVEREN (1957), S. 289–294; GARDINER (1993), S. 111–124.

2 Vgl. etwa BANFIELD (1975), S. 587–605; ROSE-ACKERMAN (1978), S. 6–10; KLITGAARD (1988), S. 69–74; HOMANN/BLOME-DREES (1992), S. 165f.

3 Für mikroökonomische Erklärungsansätze vgl. ENGERER (1998); NEUGEBAUER (1978), S. 14–133; DIETZ (1998), S. 14–72; ROSE-ACKERMAN (1978); Fallstudien enthält etwa KLITGAARD (1988).

Abbildung 1

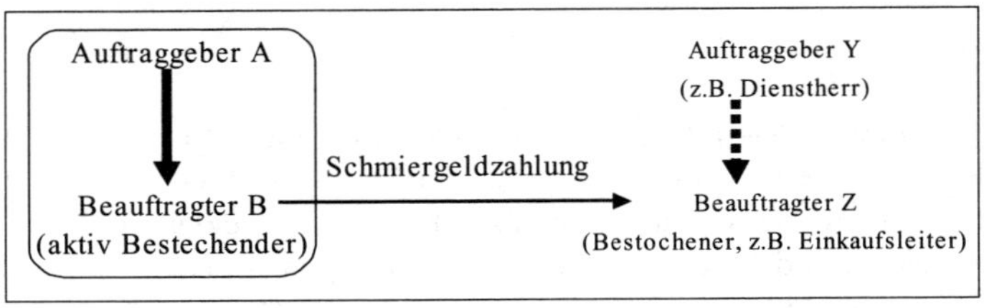

Geschäftsleitung der Spedition verhängte gegen die bestechenden Mitarbeiter dagegen keine Sanktionen[4].

- *Silvio Berlusconi* räumte 1994 ein, Mitarbeiter des von ihm geleiteten *Fininvest*-Konzerns hätten Bestechungsgelder an Steuerbeamte gezahlt. Er erklärte sich selbst jedoch für unschuldig[5].
- Von japanischen Unternehmen wird berichtet, dass die Geschäftsführer die Durchführung aktiver Bestechungen bestimmten untergebenen Mitarbeitern, so genannten „Yogore Yaku", übertragen. Diese haben die Aufgabe, im Aufdeckungsfall die Schuld auf sich zu nehmen und die Unschuld ihrer Vorgesetzten zu bezeugen[6].

Gegenüber anderen unternehmerischen Handlungen an oder jenseits der Grenze zur Illegalität (zum Beispiel Kartellbildung oder Umweltstraftaten) weist die aktive Bestechung aus einzelwirtschaftlicher Sicht Besonderheiten auf, die – gerade im Hinblick auf die Rechenschaft in Auftragsverhältnissen – eine gesonderte Untersuchung aktiver Bestechung im Auftragshandeln rechtfertigen: Erstens findet ein Markttausch zwischen Bestechendem und Bestochenen statt[7]. Dabei wird ein „verbotenes Gut" gehandelt, so dass zumindest der Bestochene versuchen wird, diesen Markttausch vor seinem Auftraggeber zu verheimlichen[8]. Zweitens leistet der Bestechende eine „investive" Zahlung oder zumindest ein – rechtlich regelmäßig nicht bindendes – Zahlungsversprechen, um das verbotene Gut zu erhalten.

Nach einem Überblick über die Strafrechtslage für die aktive Bestechung in Deutschland und einer kurzen wohlfahrtstheoretischen Analyse der Korruption wird untersucht, wie die idealtypischen Governance-Strukturen Shareholder-Konzept und Stakeholder-Konzept die Zahlung von Bestechungsgeldern durch Manager beeinflussen können. Dazu muss auch ermittelt werden, wer den erstrebten Vorteil aus der aktiven Bestechung erhält und wer die Risiken trägt.

4 Vgl. Frankfurter Rundschau vom 20.3.1996, S. 13.
5 Vgl. Microsoft Encarta Enzyklopädie Professional 2003, Stichwort „Berlusconi".
6 Vgl. LAMBSDORFF (1999), S. 83, m.w.N.
7 Vgl. etwa VAN KLAVEREN (1957), S. 290; SCHMIDT (1969), S. 130; HOMANN (1997), S. 193.
8 Vgl. ENGERER (1998), S. 2.

Nach einer Analyse, welchen Wert Informationen über aktive Bestechungen für Auftraggeber haben, werden mögliche Funktionen der Rechnungslegung und der Wirtschaftsprüfung für die Korruptionsbekämpfung untersucht. In diesem Zusammenhang werden auch die Wirkungen des steuerlichen Abzugsverbots für geleistete Bestechungszahlungen erörtert.

1.2 Ausgangspunkt: Internationale Entwicklungen und die strafrechtliche Behandlung der aktiven Bestechung in Deutschland

Im Anschluss an die Watergate-Affäre wurde in den USA aufgedeckt, dass besonders die *Lockheed Aircraft Corporation* weltweit umfangreiche Bestechungsgelder gezahlt hatte. Eine daraufhin vorgenommene Untersuchung der SEC stellte bei 117 der 500 größten US-amerikanischen Unternehmen Bestechungszahlungen an ausländische Amtsträger, Politiker und Parteien fest[9]. In der Folge wurde 1977 der Foreign Corrupt Practices Act (FCPA) verabschiedet[10]: Ein strafbewehrtes Verbot, ausländische Amtsträger zu bestechen (anti-bribery section), wird dabei durch ein Verbot, Bestechungszahlungen in der externen Rechnungslegung zu verschleiern (books and records section), ergänzt[11]. Bei der Festsetzung des Strafmaßes wird der Grad des Verschuldens herangezogen, der wesentlich von den organisatorischen Anstrengungen des Unternehmens im Bereich der Bekämpfung der Bestechung abhängt[12].

Direkt nach Verabschiedung des Foreign Corrupt Practices Act nahm der Umfang US-amerikanischer Geschäftsaktivitäten (etwa Direktinvestitionen, Joint Ventures) in Ländern mit mutmaßlich korrupten Regierungen stark ab[13]. Die Hoffnung der USA, auch andere Industriestaaten für ein international abgestimmtes Vorgehen gegen die Bestechung zu gewinnen[14], erfüllte sich erst in den letzten Jahren durch den Abschluss internationaler Vereinbarungen zur Bestechungsbekämpfung[15]. Hier sind beispielsweise zu nennen[16]:

9 Vgl. JACOBY/NEHEMKIS/EELLS (1977), S. 45–50; SPORKIN (1998), S. 271f.

10 Zur Geschichte des Gesetzes vgl. NOONAN (1984), S. 628–680.

11 Vgl. RUBIN (1982), S. 320 („criminalization approach“ versus „policy of requiring disclosure“); ROSENTHAL (1989), S. 701–715. Im Jahr 1988 wurden die Tatbestandsvoraussetzungen des FCPA etwas enger gefasst, vgl. PIEHL (1991), S. 100–102.

12 Vgl. HOMANN (1997), S. 199.

13 Vgl. HINES (1995), S. 5–21.

14 Vgl. RUBIN (1982), S. 318–322.

15 Vgl. HOMANN (1997), S. 195f.

16 Daneben hat die Europäische Union eine Konvention über den Schutz ihrer finanziellen Interessen verabschiedet, und der Europarat hat 1996 ein Aktionsprogramm gegen Korruption beschlossen. Vgl. WARNER (1999), S. 225–250; LEZERTUA (1999), S. 229f.

- OECD-Übereinkommen 1997 über die Bekämpfung der Bestechung ausländischer Amtsträger im internationalen Geschäftsverkehr[17], inzwischen von 35 Staaten ratifiziert,
- Inter-American Convention Against Corruption 1996 der OAS (Organisation amerikanischer Staaten)[18], von 31 Staaten ratifiziert,
- UN-Konvention gegen Korruption vom 31.10.2003 (noch nicht in Kraft)[19], derzeit von 111 Staaten unterzeichnet.

Nachdem auch Deutschland das OECD-Abkommen sowie eine Konvention über den Schutz der finanziellen Interessen der EU ratifiziert hatte, musste in der Folge jüngst das deutsche Straf- und Steuerrecht an diese Vorgaben angepasst werden[20]. In den letzten Jahren wurde die strafrechtliche Behandlung der Bestechung daher mehrfach und grundlegend geändert[21]. Im deutschen Strafrecht ist die Bestechung inländischer Amtsträger nach § 334 StGB ebenso eine Straftat wie die Vorteilsgewährung (§ 333 StGB). Diese Delikte werden mit Geld- und Freiheitsstrafen, Vermögensstrafen (§ 43a StGB) und erweitertem Verfall (§ 73d StGB) bedroht[22]. Mit dem EU-Bestechungsgesetz und dem Gesetz zur Bekämpfung internationaler Bestechung wurde im Jahre 1998 auch die Bestechung ausländischer Amtsträger zur Straftat[23]. Das Gesetz zur Bekämpfung internationaler Bestechung erfasst auch Zuwendungen an Parlamentarier anderer Staaten im Zusammenhang mit dem internationalen Geschäftsverkehr. Abgeordnete deutscher Parlamente und andere Politiker sind hingegen keine Amtsträger im Sinne von §§ 333, 334 StGB; allerdings stellt der Kauf von Abgeordnetenstimmen nach § 108e StGB eine Straftat dar.

Die Bestechung von Beauftragten der privaten Wirtschaft (Angestellte oder Beauftragte eines geschäftlichen Betriebes, § 299 Abs. 1 StGB) stellt nicht mehr nur eine Ordnungswidrigkeit, sondern eine Straftat dar. Nach § 299 Abs. 2 StGB „wird bestraft, wer im geschäftlichen Verkehr zu Zwecken des Wettbewerbs einem Angestellten oder Beauftragten eines geschäftlichen Betriebes einen Vorteil für diesen oder einen Dritten als Gegenleistung dafür anbietet, verspricht oder gewährt, dass er ihn oder einen anderen bei dem Bezug von

17 Vgl. Sacerdoti (1999), S. 212–227.

18 Vgl. Schroth (2003), S. 319–328.

19 Vgl. zur Entstehung Schroth (2003), S. 324.

20 Zur steuerrechtlichen Behandlung siehe unten Abschnitt 3.3.

21 Zu zivilrechtlichen Wirkungen der Bestechung vgl. etwa Krejci (1981), S. 529–571; Sethe (1999), S. 449–491.

22 Mit dem Verfall (§ 73 StGB) soll der Vermögensvorteil aus einer rechtswidrigen Tat abgeschöpft werden. Für den erweiterten Verfall reicht die gerechtfertigte Annahme aus, Gegenstände seien für rechtswidrige Taten oder aus ihnen erlangt worden. Vgl. Knauß (1995), S. 306–310.

23 Vgl. Zieschang (1999), S. 105–107.

Waren oder gewerblichen Leistungen in unlauterer Weise bevorzuge"[24]. Mit Wirkung ab dem 30.8.2002 wurde dieser Straftatbestand auf den *ausländischen* Wettbewerb, also auf Bestechungszahlungen an ausländische Beauftragte, erweitert[25]. Es handelt sich um ein Antragsdelikt (§ 301 StGB), wenn nicht ausnahmsweise ein besonderes öffentliches Interesse besteht. Diese Delikte sind mit Geld- und Freiheitsstrafen sowie mit Vermögensstrafen und erweitertem Verfall bewehrt. Besonders schwere Fälle (Vorteil großen Ausmaßes oder gewerbsmäßiges oder bandenmäßiges Handeln) werden gemäß § 300 StGB mit Freiheitsstrafen von drei Monaten bis zu fünf Jahren bedroht.

Begeht ein Vertretungsberechtigter einer Personen- oder Kapitalgesellschaft in seiner beruflichen Funktion eine Straftat oder eine Ordnungswidrigkeit und sind dadurch Pflichten des Unternehmens verletzt worden oder ist dadurch das Unternehmen bereichert worden oder sollte es bereichert werden, dann kann nach §§ 30, 130 OWiG eine Geldbuße *gegen das Unternehmen* festgesetzt werden. Die Obergrenze für diese Geldbuße wurde 2002 auf 1 Million € erhöht.

1.3 Allgemeine Wohlfahrtswirkungen der Bestechung

Die Bekämpfung der aktiven Bestechung bedarf als Ziel entweder einer ökonomischen Rechtfertigung, etwa in Form von durch Bestechung verursachten Wohlfahrtsverlusten, oder ist als ethisches Werturteil zu kennzeichnen. Für die Analyse der Wohlfahrtswirkungen der Bestechung ist vor allem auf die Seite des Bestochenen und seines geschädigten Auftraggebers (in *Abbildung 1* sind dies der Auftraggeber Y und der bestochene Beauftragte Z) einzugehen. Diese Wohlfahrtswirkungen hängen wesentlich davon ab, ob der Auftraggeber (Y) des bestochenen Beauftragten (Z) die Bestechung antizipiert[26] und in dem für den Auftrag zugesagten Entgelt berücksichtigt hat. Kennt der Auftraggeber des bestochenen Beauftragten die Wirkung der Bestechung auf seinen Erfolg sowie auf die Zielerreichung des Bestochenen, dann kann er die Höhe der Bestechungszahlungen genau antizipieren und im Dienstvertrag mit dem Beauf-

24 Bestechung ist lediglich im Zusammenhang mit *Beschaffungsgeschäften* des bestochenen Beauftragten strafbewehrt; Absatzgeschäfte und die Bestechung durch Konkurrenten (vgl. KRÄHE (1968), S. 206) werden vom Wortlaut dieser Vorschrift nicht erfasst. So auch SCHÖNKE/LENCKNER (2001), § 299 Rn. 22; anders BANNENBERG (2002), S. 25. Für die Strafrechtspraxis ist diese Einschränkung wohl unproblematisch, weil bei Bestechungen häufig zugleich der Tatbestand der Untreue (§ 266 StGB) erfüllt ist und diese Norm längere Verjährungsfristen und einen höheren Strafrahmen bietet. Untreue kann auch bei Absatzgeschäften des Bestochenen vorliegen, vgl. SCHÖNKE/LENCKNER (2001), § 266 Rn. 35a–40.

25 Vgl. RANDT (2002), S. 2252–2256.

26 Vgl. KLITGAARD (1988), S. 22.

tragten vorab berücksichtigen. Bestechung bleibt hier unter Vernachlässigung von Steuereffekten im Ergebnis wirkungslos[27]. In dieser Modellwelt können Bestechungszahlungen als „Gehaltszahlungen“ des Marktpartners an den bestochenen Beauftragten interpretiert werden. Der Auftraggeber des bestochenen Beauftragten wird seine Zahlungen an diesen entsprechend reduzieren, und der Marktpartner wird Leistung oder Gegenleistung so anpassen, dass er für die verauslagte Zahlung eine Kompensation erhält. Die „Bestechung“ hat dann weder Entscheidungs- noch Verteilungswirkungen. Dieser Fall ist den Trinkgeldern im Gastronomiegewerbe ähnlich[28]. Zwischen dem regelmäßig legalen Trinkgeld und der illegalen Bestechung liegen beispielsweise Rückvergütungen von Fernsehsendern an Werbemakler.

Die genannte vollständige Antizipierbarkeit der Bestechlichkeit seiner Beauftragten hilft dem Auftraggeber aber nur dann, wenn er finanzielle Ziele verfolgt. Dagegen wird die Erreichung nichtfinanzieller Ziele eines Auftraggebers (zum Beispiel das Ziel einer Behörde, die Einhaltung von Sicherheitsvorschriften im Straßenverkehr zu gewährleisten) auch durch vollständig antizipierbare Bestechlichkeit der Beauftragten gefährdet.

Dem Auftraggeber wird es jedoch in der Regel nicht möglich sein, die Bestechlichkeit eines Beauftragten auch nur halbwegs genau zu antizipieren. Gerade aus diesem Grund ist die Bestechung volkswirtschaftlich schädlich: Weiß der Auftraggeber über sein Nichtwissen oder lernt er aus Erfahrung, dass eine Antizipation der Bestechlichkeit seiner Beauftragten besonders schwierig ist, dann wird er tendenziell weniger delegieren[29]. Gesamtwirtschaftlich und aus Sicht der Beteiligten wünschenswerte Arbeitsteilung wird so durch Bestechlichkeit reduziert. Erscheint Delegation trotz der Gefahr, dass der Beauftragte sich bestechen lässt, für den Auftraggeber noch vorteilhaft oder ist Delegation unumgänglich, dann wird er häufig Überwachungsmaßnahmen ergreifen, die zu zusätzlichen Kosten führen.

Daneben entstehen dem Bestechenden und dem bestochenen Beauftragten regelmäßig Kosten für die Verschleierung vor dem Auftraggeber des Bestochenen. Durch die Verschleierung leidet die Transparenz des Wettbewerbs; den Konkurrenten des Bestechenden wird erschwert, die Kosten dieses Wettbewer-

27 Ähnlich Gillenkirch (2003) für die Entscheidung der Zentrale zwischen Zentralisation und Dezentralisation bei vollständiger Projektinformation des Managers. Nach Homann/Blome-Drees (1992), S. 165f., hat dagegen der Prinzipal „ein ebenso vitales Interesse daran, der Bestechung ein Ende zu bereiten wie die [Bestechungszahlungen leistenden, J.H.] Unternehmen, denn auch er wird durch die Korruption geschädigt.“

28 Allerdings kann durch erfolgs- und leistungsabhängige Trinkgelder der insgesamt verteilbare Erfolg erhöht werden, weil der Prinzipal die Festlegung dieses Lohnbestandteils auf den Gast überträgt und so seine Kosten für die Überwachung des Beauftragten bzw. die Erfolgsmessung reduziert.

29 Vgl. Homann (1997), S. 193–195.

bers abzuschätzen[30]. Auch die Transparenz auf dem Arbeitsmarkt des bestochenen Beauftragten kann beeinträchtigt werden. Mögliche zusätzliche Kontrollkosten für den Auftraggeber des *Zahlenden* werden unten (Teil 2.1) thematisiert.

Ein gesamtwirtschaftlicher Schaden durch Bestechung setzt weiterhin voraus, dass die im Interesse des Auftraggebers vertragsgemäße Tätigkeit des nicht bestochenen Beauftragten legitim ist[31] und keine negativen externen Effekte bewirkt[32]. Anderenfalls entstehen hier Second-Best-Probleme: Eine durch Bestechung bewirkte Handlungsänderung des Beauftragten kann gesamtwirtschaftlich negative externe Effekte reduzieren[33], aber auch erhöhen. Ein häufig genanntes Beispiel für die vermutete Reduktion negativer externer Effekte ist die Bestechung von Amtsträgern in Diktaturen oder in staatlich überregulierten Entwicklungsländern[34]. Auch ist der Umfang der Bestechung, der die gesamtwirtschaftliche Wohlfahrt maximiert, wegen der gesamtwirtschaftlichen Kosten der Korruptionsbekämpfung größer als Null[35]. Weiterhin kann ein Exportland, dessen Unternehmen Bestechungsgelder zum Beispiel an ausländische Amtsträger zahlen, so – auch auf längere Sicht – Vorteile erlangen. Hier liegt auch keine Analogie zum Gefangenendilemma vor[36], da sich nicht *alle* Spieler durch eine glaubwürdige Bindung an kooperative Strategien verbessern können: Würde die Bestechung reduziert, könnten wohl „weltwirtschaftlich“ Wohlfahrtsgewinne erzielt werden, doch würde davon das Ausland profitieren, während für das Exportland regelmäßig (kleinere) Wohlfahrtsverluste entstehen würden, die vom Ausland vermutlich nicht entschädigt würden.

30 Vgl. zu Wirkungen einer solchen Kostenintransparenz etwa TIROLE (1999), S. 803–810. Hinzu können intersektorale Verzerrungen kommen, da Investitionen von den Entscheidungsträgern bevorzugt in Branchen mit guten „Geheimhaltungsmöglichkeiten“ gelenkt werden; vgl. SHLEIFER/VISHNY (1993), S. 611–615.

31 Diese Voraussetzung wäre zum Beispiel nicht gegeben, wenn Bestechungsgelder an Gefängnisaufseher eines Unrechtsregimes gezahlt werden, um politische Gefangene freizukaufen.

32 Analog argumentiert SCHNEIDER, dass (auch gesetzwidrige) Steuervermeidung als ethisch legitim angesehen werden kann, wenn die Annahme eines wohlwollenden Diktators nicht erfüllt ist, vgl. SCHNEIDER (1997b), S. 690–692; SCHNEIDER (1997c), S. 487 f.

33 Vgl. BAYLEY (1966), S. 724–730; LEFF (1964), S. 8–14; NYE (1967), S. 417–427. Differenziert KLITGAARD (1988), S. 30–36; KURER (1993), S. 259–273. Kritisch HOMANN (1997), S. 192–196; PRITZL/SCHNEIDER (1999), S. 311 f., 321–323.

34 Vgl. etwa LEYS (1965), S. 219–221. Im Umkehrschluss kann Bestechung dann besonders schädlich sein, wenn die für den Prinzipal ausgeübte Tätigkeit mit positiven externen Effekten verbunden ist.

35 Vgl. KLITGAARD (1988), S. 24–30; allgemein KUNZ (1993), S. 200–202 mit weiteren Nachweisen.

36 Anders LAMBSDORFF (1995), S. 323.

Demnach kann Bestechung aus gesamtwirtschaftlicher Sicht die Wohlfahrt sowohl steigern als auch senken, wobei aber Wohlfahrtserhöhungen durch Bestechungen wohl die Ausnahme darstellen[37]. Auch fehlt eine allgemeine ethische Legitimation für die erzwungene vertragswidrige Umverteilung zu Gunsten des Bestochenen und zu Lasten seines Auftraggebers. Insoweit erscheint die Bekämpfung der aktiven Bestechung als ethische Wertung gerechtfertigt.

2 Wechselwirkungen zwischen Unternehmensführung und aktiver Bestechung im Auftragshandeln

2.1 Entscheidungswirkungen der aktiven Bestechung durch Beauftragte

Für eine Bestechung ist, gerade wenn die Gegenleistung nicht unmittelbar anschließend erfolgt, Vertrauen zwischen dem Bestechenden und dem Bestochenem notwendig, das sich insbesondere in längerfristigen Beziehungen entwickeln kann. Darum werden viele Bestechungsvereinbarungen, die für Zahlenden wie auch Zahlungsempfänger vorteilhaft wären, nicht zustande kommen. Entsprechend wird vermutet, dass „Transaktionskosten erheblich mehr zur Einschränkung der Korruption beitragen als Strafen und Anreize“[38]. Der Empfänger einer Bestechungszahlung wird wegen der Verletzung der Interessen seines Auftraggebers darauf bestehen, dass die Transaktion heimlich und beleglos[39] durchgeführt wird[40].

Da das Bestechungsgeld aber aus Mitteln des Auftraggebers gezahlt wird, muss der Beauftragte planen, ob und wie diese Zahlungen in Buchhaltung und Jahresabschluss behandelt werden sollen. Hierfür bestehen zwei Möglichkeiten: Entweder werden gezahlte Bestechungsgelder in den laufenden Aufwendungen oder in aktivierungspflichtigen Ausgaben „versteckt“ oder sie werden aus Mitteln bezahlt, die nicht im Jahresabschluss abgebildet werden („schwarze Kassen“[41]).

37 Vgl. Klitgaard (1988), S. 36–38; Pritzl/Schneider (1999), S. 310f., 321–323; Andvig/Fjeldstad/Amundsen/Sissener/Søreide (2000), S. 91–102, jeweils m.w.N.

38 Lambsdorff (1999), S. 58. Indessen beeinflussen Strafandrohungen regelmäßig die Höhe der Transaktionskosten.

39 Lambsdorff (1999), S. 68. Auch der Zahlende hat kaum Anreize, einen Zahlungsbeleg zu fordern: Selbst wenn er die Zahlung nachweisen kann, so hat er doch keinen Rechtsanspruch auf die erstrebte Gegenleistung.

40 Fließen die Zahlungen zunächst quittiert an andere, ggf. spezialisierte Beauftragte, dann verschiebt sich das Problem nur um eine Stufe auf das Auftragsverhältnis zwischen dem Manager und diesem Beauftragten.

41 Vgl. Colombo (1999), S. 148–156.

Diese Notwendigkeit der Verschleierung der Bestechung bewirkt zugleich, dass dem Auftraggeber *des Zahlenden* die Kontrolle erschwert wird: Erstens schafft ein Manager durch die Zahlung von Bestechungsgeld einen zusätzlichen Handlungsspielraum, da klare Vorgaben und eine effektive Erfolgskontrolle für den Auftraggeber in diesem Bereich kaum möglich sind. Zweitens könnte der Manager behaupten, bestimmte Zahlungen ohne Beleg zu Bestechungszwecken eingesetzt zu haben, während diese Mittel tatsächlich für andere Zwecke – zum Beispiel für privaten Konsum des Managers – veruntreut wurden. Für diese Problematik lassen sich auch in Rechtsprechung und Schrifttum Belege finden:

- Durch Scheinrechnungen belegte Beträge „abzüglich der Vergütung für die Rechnungsaussteller verwandte der Geschäftsführer der Klägerin *nach seinen Angaben* zu ca. 70% zur Zahlung von Schwarzlöhnen an eigene Arbeitnehmer und zu ca. 30% zur Zahlung von Schmiergeldern an Arbeitnehmer von Auftraggebern“[42].
- "The ... clients ... came to me [dem Lobbyisten, J.H.] with the idea that we had to do something under the table or something dirty to get what they wanted. ... Such persons are often taken in by unscrupulous lobbyists who probably pocket the money they have been given to bribe officials"[43].

Selbst dem Auftraggeber, der um Gelegenheiten des Beauftragten zur aktiven Bestechung weiß, wird es schwer fallen, zwischen „ehrlichen“ und „unehrlichen“ Bestechenden zu unterscheiden.

Andererseits kann es sich für einen am Erfolg beteiligten Beauftragten sogar lohnen, Bestechungsgelder aus seinem Privatvermögen zu leisten[44]: Die Rendite solcher Investitionen kann im Einzelfall so hoch sein, dass selbst eine niedrige Erfolgsbeteiligung noch für einen direkten finanziellen Vorteil ausreicht. Hinzu kommen dann noch weitere Vorteile wie eine aus einer gesunkenen Insolvenzwahrscheinlichkeit folgende höhere Arbeitsplatzsicherheit. Der Auftraggeber wird regelmäßig aber kaum in der Lage sein, zu verhindern oder auch nur zu erfahren, dass der Beauftragte eigenes Geld für Bestechungszahlungen einsetzt.

Es wird vermutet, dass aktive Bestechung beauftragten Managern ermöglicht, Spielräume zu schaffen, um ihr Anstrengungsniveau zu reduzieren[45]: Der Unternehmenserfolg aus der erfolgreichen aktiven Bestechung würde dann den Unternehmenserfolg aus eigenen (legalen) Anstrengungen ersetzen. Dahinter steht wohl folgende Argumentation: Kann der Beauftragte seine Ziele

42 BFH-Urteil vom 16.2.1996, I R 73/95, BStBl. II 1996, 592, Hervorhebung: J.H.

43 Zitat bei Milbrath (1963), S. 282. Weitere Beispiele bei McCloy/Pearson/Matthews (1976), S. 216; Lambsdorff (1999), S. 66.

44 So auch Krähe (1968), S. 205.

45 Vgl. Xun (2002), S. 6.

(beispielsweise Tantiemen oder Status) auch durch aktive Bestechung erreichen, dann ermöglicht ihm das, seine Anstrengungen für legale Aktivitäten und damit sein Anstrengungsleid zu reduzieren. Dagegen spricht: Die Argumentation unterstellt eine Satisfizierungsstrategie des Beauftragten. Je lohnender aber Bestechungen sind, desto höher ist aus Sicht des allein an finanziellen Zielen interessierten Auftraggebers die optimale Erfolgsbeteiligung des Beauftragten, wenn der Auftraggeber von dieser „Investitionsgelegenheit“ weiß: Der Auftraggeber kann auf diesem Weg den Beauftragten motivieren, diese Gelegenheit tatsächlich auch zu nutzen. Eine höhere Erfolgsbeteiligung führt aber zugleich zu einem höheren optimalen Anstrengungsniveau des Beauftragten, zumindest wenn der finanzielle Nutzen des Beauftragten und das Anstrengungsleid separabel sind. Hinzu kommt, dass Beauftragte durch aktive Bestechungen, die ohne Wissen ihrer Auftraggeber vorgenommen werden, bei gegebener Erfolgsbeteiligung „Bestechungsrenten“ generieren könnten. Um ihren Arbeitsvertrag und damit diese Renten zu sichern, könnten sie – analog zur Effizienzlohnthese – ihr legales Anstrengungsniveau steigern. Also kann die Gelegenheit des Beauftragten zur aktiven Bestechung seine legalen Anstrengungen sehr wohl auch erhöhen.

Aktiv bestechen können sowohl Manager der obersten Managementebene, die im Auftrag der Anteilseigner handeln[46], als auch Manager der unteren Managementebenen, die von der Geschäftsführung beauftragt werden. Regelmäßig werden Auftraggeber die Möglichkeiten ihrer Beauftragten zu aktiver Bestechung nicht vollständig kennen. Dabei werden Anteilseigner Bestechungsmöglichkeiten der Geschäftsführung nur in geringem Maß antizipieren können, wohingegen der Geschäftsführung wohl eher Kenntnis der Bestechungsgelegenheiten auf unteren Managementebenen unterstellt werden kann.

Hat der Beauftragte einen Informationsvorsprung über die Bestechungsmöglichkeiten, dann werden im Zeitablauf die Erwartungen des Auftraggebers über den Erfolg übertroffen werden. Daher könnte der Auftraggeber mit der Zeit lernen, dass der Beauftragte (wie auch immer) einen höheren Erfolg erzielen kann als erwartet. Auch kann dem Auftraggeber anlässlich von Aufdeckungen Wissen über aktive Bestechungen seines Beauftragten zugehen.

2.2 Verteilung der erhofften Vorteile und der möglichen Nachteile aus aktiver Bestechung

Im Folgenden soll die Verteilung der erhofften Vorteile und der – gerade im Aufdeckungsfall – möglichen Nachteile aus aktiver Bestechung zwischen den

46 Dazwischen könnte noch der Aufsichtsrat berücksichtigt werden. Vgl. zu den Prinzipal-Agenten-Strukturen des Aufsichtsrats etwa FALLGATTER (2003), S. 704–707.

Anspruchsgruppen (Anteilseigner, Manager, übrige Stakeholder) näher untersucht werden. Die erfolgreiche und nicht aufgedeckte aktive Bestechung durch angestellte Manager verbessert die Ertrags-, Vermögens- und Finanzlage des Unternehmens, senkt die Insolvenzwahrscheinlichkeit und kann so die Manager und weitere Arbeitnehmer, den Staat, Lieferanten, andere Kunden und weitere Stakeholder ebenso begünstigen wie die Anteilseigner. Primär werden die Vorteile aber den Inhabern von Restbetragsansprüchen zukommen:

- Anteilseigner erhalten über ihre Restbetragsansprüche einen Teil des finanziellen Vorteils aus der aktiven Bestechung[47], und zwar auch dann, wenn sie nichts von den Bestechungsmöglichkeiten und -zahlungen wissen. Je stärker jedoch Restbetragsansprüche beschnitten werden, etwa durch Thesaurierungsgebote innerhalb eines Stakeholder-Konzepts in Verbindung mit einer aus Sicht der Anteilseigner suboptimalen Reinvestition, desto geringer sind die Vorteile der Anteilseigner aus Bestechungszahlungen.
- Auch die bestechenden Manager können aus Erfolgsbeteiligungen Restbetragsansprüche innehaben. Ein höherer Erfolg kann Managern darüber hinaus Reputation auf dem Arbeitsmarkt und gegebenenfalls einen höheren Status und eine bessere Ressourcenausstattung im Unternehmen verschaffen. Besitzen die Auftraggeber Informationen über Möglichkeiten der Beauftragten, aktiv zu bestechen, dann kann dies wiederum Auswirkungen auf die Konditionen des Auftragsverhältnisses, speziell auf den Umfang der Erfolgsbeteiligung, haben (siehe oben Abschnitt 2.1).

Andere Stakeholder können zwar von den Vorteilen indirekt insoweit profitieren, als die Existenz oder Zahlungsfähigkeit des Unternehmens gesichert werden. Doch sind dies allgemeine Wirkungen und nicht spezifisch für aktive Bestechung, denn jede Änderung der ökonomischen Situation eines Unternehmens kann auf diesem Weg die Interessen der Stakeholder betreffen.

Wissen die Beauftragten, dass sie bei mehreren Auftraggebern die Möglichkeit zur aktiven Bestechung haben, dann kann der Arbeitsmarkt insoweit beeinflusst werden, als ihr Mindestnutzen (Reservationsnutzen) steigt. So würden von der Möglichkeit zur Bestechung auch Beauftragte profitieren, die diese Möglichkeit in ihrem Auftragsverhältnis überhaupt nicht haben oder die – etwa aus intrinsischer Motivation heraus – nicht bestechen.

47 Anders Xun (2002), S. 7: „... the opportunity of bribery practices should be avoided or minimized to protect the interests of the owners or shareholders"; sowie Heimann/Mohn (1999), S. 542: „Auslandskorruption läuft dem Eigeninteresse von Unternehmen zuwider, denn eine Duldung der Bestechung ausländischer Amtsträger hat einen schleichenden Verfall der Sitten im eigenen Unternehmen zur Folge."

Nachteile durch Bestechungszahlungen aus dem Unternehmensvermögen können für das Unternehmen erstens durch eine letztendlich erfolglose Leistung von Bestechungszahlungen entstehen. Hier kann weiter unterteilt werden zwischen der Nichterbringung der erhofften Gegenleistung und unerwarteten Verlusten aus Geschäften, die durch aktive Bestechungen zustande gekommen sind. Zweitens kann die Aufdeckung einer Bestechung staatliche Sanktionen auslösen. Drittens sind marktliche „Sanktionen" möglich, weil das Unternehmen von potentiellen Marktpartnern durch die Verweigerung beiderseitig vorteilhaft scheinender Geschäfte bewusst „bestraft" werden soll, oder weil potentielle Marktpartner den Bestand und die Zahlungsfähigkeit des Unternehmens durch Bestechungszahlungen gefährdet sehen oder um ihren eigenen Ruf fürchten (Reputationsverluste)[48]. Ein Eintrag des Unternehmens in Korruptionsregister kann als Mischform zwischen staatlichen und marktlichen Sanktionen den temporären Ausschluss von öffentlichen Aufträgen bewirken[49]. Diese Nachteile treffen gerade die Anteilseigner als Inhaber von Restbetragsansprüchen. Hinzu können für Anteilseigner psychische Belastungen aus der Verletzung eigener ethischer Normen kommen. Auch Manager können direkt von ökonomischen Nachteilen betroffen sein:

- Insoweit Manager über erfolgsabhängige Entlohnungsbestandteile Inhaber von Restbetragsansprüchen sind, tragen auch sie einen Teil des Risikos.
- Die strafrechtliche Verantwortung für Straftaten im Zusammenhang mit gezahlten Bestechungsgeldern liegt nach deutschem Recht nicht beim Unternehmen, sondern bei den handelnden Personen, also den Managern.
- Nicht nur durch strafrechtliche Sanktionen, sondern bereits durch das Bekanntwerden solcher Verdachtsmomente gegen Manager kann ihr Leumund auf dem für sie relevanten Arbeitsmarkt beschädigt werden. Freilich ist auch eine Erhöhung der Verdienstmöglichkeiten denkbar, da Erfahrung mit der Zahlung von Bestechungsgeldern aus Sicht bestimmter Arbeitgeber auch als besondere Qualifikation gewertet werden könnte.
- Es ist möglich, dass für derartige Verfehlungen von Managern Vertragsstrafen vorgesehen sind, die an das Unternehmen zu zahlen sind. Daneben können dem Unternehmen zivilrechtliche Schadensersatzansprüche zustehen.

48 Vgl. Ballwieser/Dobler (2003), S. 450. Reputationsverluste entstehen nicht nur bei dem betroffenen Unternehmen, sondern auch bei den verhinderten Marktpartnern, insoweit sie sich für eine eigentlich unterlegene Alternative (beispielsweise Beschaffung minderer Qualität bei einem anderen Lieferanten zum gleichen Preis) entscheiden.

49 Vgl. Wiehen (1999), S. 510f.

Ökonomische Nachteile, die dem Unternehmen aus der Leistung von Bestechungszahlungen entstehen, können – ebenso wie die Vorteile – die ökonomische Position anderer Stakeholder ändern. So könnte die Aufdeckung der Zahlung von Bestechungsgeldern ein Unternehmen in seinem Fortbestand ernsthaft bedrohen und damit auch den Wert der Ansprüche von Gläubigerbanken oder Arbeitnehmern beeinträchtigen. Dabei handelt es sich aber wieder um allgemeine Effekte, die durch jeden das Unternehmen belastenden ökonomischen Nachteil entstehen können.

Insgesamt werden die erhofften Vorteile aus erfolgreicher, nicht sanktionierter, aktiver Bestechung grundsätzlich anders verteilt als die möglichen Nachteile aus Sanktionen, Reputationsverlusten oder vergeblichen Bestechungszahlungen. Da der Umfang dieser Asymmetrie vom Rechtssystem und von den Gegebenheiten des Einzelfalls abhängt, können für das deutsche Recht zusammenfassend nur allgemeine Tendenzen genannt werden:

- Werden Reputationsverluste ausgeblendet und allein gesetzliche Sanktionen betrachtet, dann scheint die Verteilung der Vor- und Nachteile beziehungsweise Chancen und Risiken aus der aktiven Bestechung aus Sicht der Anteilseigner tendenziell recht günstig zu sein: Während die Anteilseigner regelmäßig einen großen Teil der Vorteile erhalten, halten sich für sie die drohenden Nachteile beziehungsweise Risiken in Grenzen.
- Im Fall einer Aufdeckung und Bestrafung unterliegen die Anteilseigner lediglich einem Vermögensrisiko; ihr Ruf wird hingegen regelmäßig nicht beeinträchtigt. Nur im Ausnahmefall, etwa bei Allein- oder Großaktionären, könnten Vermutungen über eine Mitwisserschaft oder gar Anstiftung das Ansehen der Aktionäre belasten.
- Allerdings kann das Unternehmen im Fall der Aufdeckung in Verruf kommen. Die daraus möglichen finanziellen Reputationsverluste sind in Entstehung und Höhe nur schwer kalkulierbar. Sie treffen primär Inhaber von Restbetragsansprüchen, also gerade die Anteilseigner.

Sind Vor- und Nachteile beziehungsweise Chancen und Risiken aus aktiven Bestechungen asymmetrisch zu Gunsten beauftragter Manager verteilt, dann steigen damit die Anreize für Manager, solche Bestechungen durchzuführen. Durch eine aktive Bestechung wird dann gegebenenfalls nicht nur der Auftraggeber des Bestochenen geschädigt: Werden aus Sicht des Auftraggebers des Bestechenden die ökonomischen Vorteile der Bestechung durch ihre Nachteile überkompensiert, dann hat auch er einen ökonomischen Anreiz, Korruption zu verhindern. Geht die Verteilung der Chancen und Risiken aus aktiven Bestechungen aber zu Lasten der Manager, dann reduziert dies bereits ihren Anreiz zur Bestechung. Daraus folgen für zu setzende Regeln zwei Ansatzpunkte: Die Nachteile und Risiken der Bestechung können für Anteilseigner oder für bestechende Manager erhöht werden.

2.3 Einfluss der Governance-Struktur auf die aktive Bestechung durch Manager: Shareholder-Konzept versus Stakeholder-Konzept

Es ist zu vermuten, dass die Governance-Struktur Einfluss darauf nimmt, ob und in welchem Umfang Manager Bestechungsgelder zahlen. Hier werden zwei idealtypische Strukturen analysiert[50]:

- das Shareholder-Konzept[51] als Verpflichtung der Manager auf die Maximierung des Unternehmenswerts aus Sicht der Anteilseigner und
- das Stakeholder-Konzept[52] im Sinne einer Verpflichtung des Managements auf die Abwägung und Wahrung der Interessen aller Anspruchsinhaber (Stakeholder). Der Kreis der Stakeholder ist unbestimmt; genannt werden etwa alle Gruppen mit Interessen bezüglich des Unternehmens (vor allem Kapitalgeber, Lieferanten, Kunden, Arbeitnehmer, Nachbarn)[53] oder – gemäß institutionenökonomischer Argumentation – allein die Anspruchsinhaber, die dem Unternehmen durch spezifische Investitionen verbunden sind[54].

Das Problem der Governance-Struktur entsteht erst aus der Delegation von Entscheidungen an angestellte Manager. Daher bestehen Handlungsspielräume, die beauftragte Manager auch für die Zahlung von Bestechungsgeldern nutzen können, grundsätzlich in beiden Konzepten.

Der Leistungsdruck, dem Manager unterliegen, ist typischerweise von dem verfolgten Konzept abhängig. Es wird gerade als besondere Eigenschaft und Vorteil des Shareholder-Konzepts hervorgehoben, dass Manager hier einem höheren Druck zu Leistungen, die die Zielerreichung der Anteilseigner verbessern sollen, ausgesetzt sind[55]. Einige Manager könnten die gesetzten Leistungsziele auch durch illegale Maßnahmen zu erreichen versuchen[56]. Ist der Leistungsdruck in Stakeholder-orientierten Unternehmen niedriger, dann wer-

50 Den Einfluss der Wirtschaftsverfassung auf Bestechung untersucht Streissler (1981), S. 299–328.

51 Vgl. etwa Wenger/Knoll (1999), S. 433–454.

52 Für einen Überblick vgl. Donaldson/Preston (1995), S. 65–91. Kritisch etwa Bühner/Tuschke (1997), S. 504; Wagner (1997), S. 478–491; Wenger (1987), S. 221 f., 231 f.; Wenger/Knoll (1999), S. 448.

53 Hier bestehen enge Verbindungen zur Entwicklung insbesondere der Rechtsprechung der Weimarer Republik, der Aktiengesellschaft eigene Interessen zuzusprechen, die denen der Aktionäre vorgehen. Vgl. Dorpalen (1936), S. 1–4; Laux (1998), S. 59–123.

54 Durch eine Unternehmensführung nach dem Stakeholder-Konzept können für Stakeholder Anreize gesetzt werden, solche spezifischen Investitionen zu tätigen. Vgl. Schmidt/Weiß (2003), S. 115–123; Wenger/Knoll (1999), S. 439–441.

55 Vgl. Wenger/Knoll (1999), S. 437.

56 Vgl. Banfield (1975), S. 594.

den nach dieser Argumentation Manager solcher Unternehmen eher gesetzmäßig handeln.

Ein wesentliches Instrument des Shareholder-Konzepts ist die Angleichung der Managerziele mit den Eigentümerzielen über Anreizsysteme, gerade in Form von Erfolgsbeteiligungen. Sowohl bei am bilanziellen Gewinn ansetzenden Erfolgsbeteiligungen als auch bei Aktienoptionsprogrammen bewirken lohnende Bestechungszahlungen grundsätzlich eine Verbesserung der Managerposition (siehe oben Teil 2.2). Daher erhöht die Ausstattung von Managern mit Restbetragsansprüchen den Anreiz dieser Manager, Bestechungszahlungen zu leisten: Manager in Shareholder-orientierten Unternehmen werden demnach tendenziell höhere Bestechungszahlungen leisten als Manager in Unternehmen, in denen das Stakeholder-Konzept angewandt wird.

Manager solcher Unternehmen, in denen das Shareholder-Konzept angewandt wird, könnten sich für unerlaubte Handlungen im Hinblick auf ihre Pflicht zur Mehrung des Wohlstands ihrer Auftraggeber tendenziell eher exkulpieren. Im Stakeholder-Konzept steht einem Manager dagegen nur die „Ausrede" zur Verfügung, er habe Delikte zum Wohl des Unternehmens begehen müssen. Es ist allerdings unklar, ob die Möglichkeit zu solchen Ausreden Managerverhalten beeinflussen kann.

Insgesamt spricht einiges dafür, dass aktive Bestechung für Manager in Unternehmen, in denen das Shareholder-Konzept angewandt wird, regelmäßig attraktiver sein wird als in Unternehmen, in denen eher das Stakeholder-Konzept zur Anwendung kommt. Umgekehrt werden in einem nach dem Shareholder-Konzept geleiteten Unternehmen sowohl die Vorteile *als auch die Risiken* aus Bestechungszahlungen (siehe oben Teil 2.2) tendenziell stärker den Anteilseignern und den am Erfolg beteiligten Managern zuzuordnen sein als bei einer Unternehmensführung gemäß dem Stakeholder-Konzept. Damit erleichtert das Shareholder-Konzept – gerade wenn die Vorteile und Risiken aus aktiver Bestechung asymmetrisch verteilt sind – auch die *Bekämpfung* der aktiven Bestechung.

2.4 Korrespondieren Sanktionsdrohungen gegen Unternehmen mit dem Stakeholder-Konzept?

In den USA werden Unternehmen, deren Mitarbeiter Dritte bestochen haben, mit strafrechtlichen Folgen in Form von Geldstrafen bedroht. Die Höhe dieser Strafen ist abhängig von nachgewiesenen Bemühungen zur Bestechungsbekämpfung[57]. Indessen kann so das Entstehen einer Doppelmoral in

57 Diesen Weg, der durch die FEDERAL SENTENCING GUIDELINES 1991 beschritten wurde, empfiehlt HOMANN auch für Deutschland, vgl. HOMANN (1997), S. 198–204; PRITZL/SCHNEIDER (1999), S. 328.

Unternehmen gefördert werden[58]; offiziell und nachweisbar könnte Korruption verurteilt und – freilich erfolglos – bekämpft werden, während inoffiziell weiterhin Bestechungsgelder gezahlt würden. Die Nachweispflicht könnte Ethikberater begünstigen, da ihre Bemühungen – durch Rechnungen belegt – dokumentieren, dass ein Unternehmen versucht hat, Bestechungen zu bekämpfen.

Nach deutschem Strafrecht tragen Unternehmen als juristische Personen keine strafrechtliche Verantwortung; strafbare Delikte können nach deutschem Rechtsverständnis allein natürliche Personen begehen[59]. Unternehmen werden aber mit einem in der Höhe begrenzten Bußgeld bedroht, wobei die Begrenzung zuletzt stark angehoben wurde und nun bei 1 Million € liegt (siehe oben Teil 1.2).

Sanktionen gegen das Unternehmen selbst scheinen auf den ersten Blick direkt mit dem Stakeholder-Konzept vereinbar zu sein. Wird ein Unternehmen als „größeres Ganzes" gesehen, in dessen Verantwortung die Manager des Unternehmens handeln[60], dann scheint es nur konsequent, unerlaubte Managerhandlungen dem „Unternehmen an sich" zuzurechnen und dieses selbst zu belangen. Es verwundert dann nur, dass in Deutschland, trotz der langen Tradition und umfangreichen Wirkung des Stakeholder-Konzepts, Unternehmen strafrechtlich nicht verantwortlich sind.

Allerdings sind Sanktionsdrohungen gegen Unternehmen weit enger mit dem Shareholder-Konzept verknüpft, als dies auf den ersten Blick erscheint. Eine Strafandrohung gegen „das Unternehmen" setzt zunächst für keinen Entscheidungsträger einen *direkten* Anreiz[61]. Eine solche Vorgehensweise verspricht nur dann Erfolg (in Form einer Unterlassung des strafbewehrten Delikts), wenn die Sanktion in die Zielfunktion eines Entscheidungsträgers überführt wird. Dies kann eine Unternehmensführung nach dem Shareholder-Konzept grundsätzlich leisten. In einem Unternehmen, in dem das Stakeholder-Konzept angewandt wird, ist die finanzielle Wirkung einer Geldstrafe gegen das Unternehmen dagegen zunächst unbestimmt. Nur wenn die Sanktionen auf anderem Wege in die Zielfunktion des verantwortlichen Managers gelangen, etwa indem sie als Gehaltsabzug weiterbelastet werden oder der Manager durch die Strafe eine Rufschädigung erleidet oder geringere Möglichkeiten hat, Unternehmensressourcen für seine Zwecke einzusetzen, ist auch im Stakeholder-Konzept eine Verhaltenswirkung der Strafandrohung gegen das „Unternehmen an sich" zu erwarten.

58 Vgl. WATERS (1978), S. 8f.

59 Kritisch zur Korruptionsbekämpfung durch Unternehmensstrafbarkeit BANNENBERG (2002), S. 409–421.

60 Vgl. LAUX (1998), S. 59–123.

61 Anders HOMANN (1997), S. 202.

Demnach hängen die Wirkungsweise und der Erfolg eines „Unternehmensstrafrechts“ auch von der Governance-Struktur ab: Je wichtiger finanzielle Ziele der Anteilseigner in der „unternehmerischen Zielfunktion“ sind, desto eher führen Geldstrafen gegen das Unternehmen zu einer Verhaltensanpassung durch Abschreckungswirkung.

Ist freilich die Höhe der Strafe aus übergeordneten rechtsstaatlichen Erwägungen begrenzt, dann ist zu fragen, ob diese Strafe eher den Anteilseignern (beziehungsweise dem Unternehmen) oder den Managern auferlegt werden sollte. Manager können sich gegen eine mögliche Bestrafung wohl schlechter versichern als Anteilseigner, denen regelmäßig bessere Möglichkeiten zur Risikodiversifikation offen stehen. Damit bewirkt eine Strafe in gegebener Höhe bei Managern tendenziell eine höhere Abschreckung als bei den Anteilseignern. Dies spricht dafür, Strafen eher Managern aufzuerlegen.

3 Rechnungslegung als Mittel der Korruptionsbekämpfung

3.1 Zum Wert von Informationen über aktive Bestechungen durch Beauftragte für die Auftraggeber

„Eine ungleiche Verteilung der Informationen zwischen Unternehmensleitung und Aktionär ... eröffnet Verhaltensspielräume auf Seiten der Unternehmensleitung, die diese zu Lasten der Aktionäre nutzen kann“[62]. Durch aktive Bestechungen können Manager diese Verhaltensspielräume indessen *zu Gunsten* der Anteilseigner nutzen. Anteilseigner hätten durchaus Möglichkeiten, solche Informationsasymmetrien zumindest teilweise abzubauen. Wissen über die Zahlung von Bestechungsgeldern durch einen beauftragten Manager kann für die Auftraggeber einen Wert haben:

- Der beauftragte Manager glaubt, durch Bestechungszahlungen das Verhalten anderer Beauftragter ändern zu können. Auch sind für den Manager die psychischen Belastungen der Bestechung so niedrig, dass für ihn die Zahlung von Bestechungsgeld noch lohnt. Dies kann Rückschlüsse über die Bestechlichkeit des Managers erlauben[63]. Wer behauptet, dass jeder käuflich sei, macht damit zugleich eine Aussage über die eigene Käuflichkeit.
- Die Risikoneigung dieses Managers kann genauer eingeschätzt werden, denn sehr risikoscheue Manager werden in der Regel keine Bestechungsgelder zahlen.

62 Hachmeister (2002), S. 487f.
63 Vgl. Banfield (1975), S. 593.

- Auch kann die Zahlung von Bestechungsgeldern Hinweise auf die Identifikation des Managers mit den Unternehmenszielen geben.
- Die Möglichkeiten beauftragter Manager zur Zahlung von Bestechungsgeldern und die damit erzielbaren Erträge sind in einem weiteren Sinne Teil der Produktionstechnologie. Je genauer der Auftraggeber diesen Teil der Technologie kennt, desto leichter wird es ihm fallen, anreizkompatible Verträge mit den Managern abzuschließen und die erwarteten Erträge wunschgemäß aufzuteilen.

Jedoch könnte es den Anteilseignern auch schaden, wenn sie um solche illegalen oder zumindest illegitimen Handlungen wüssten, deren Erfolgsbeiträge ihnen ganz oder teilweise zugute kommen:

- Aus der Mitwisserschaft könnte eine juristische Verantwortung entstehen, wobei es weniger auf die tatsächliche Rechtslage als vielmehr auf die aus der subjektiven Sicht der Anteilseigner befürchteten rechtlichen Risiken ankommt.
- Gehen die Informationen nicht nur den Anteilseignern als Auftraggebern zu, sondern auch Marktpartnern, dann drohen dem Unternehmen Reputationsverluste.
- Aus der Verletzung der eigenen Moralstandards können den Anteilseignern psychische Belastungen erwachsen.

Für die These, dass Anteilseigner als Auftraggeber wenig Interesse an konkreten Informationen über die Zahlung von Bestechungsgeldern durch ihre beauftragten Manager haben, gibt es Belege[64]. Gleiches dürfte innerhalb von Unternehmenshierarchien im Verhältnis zwischen Geschäftsführung und unterstellten Managern gelten[65].

Daraus wurde geschlossen, dass solche Informationen für die Aktionäre einen negativen Wert hätten[66]. Eine solche Folgerung ist jedoch nicht allgemein zulässig; sie gilt nur, wenn psychische Belastungen in die Betrachtung einbezogen werden. Für Sanktionen gilt dagegen, dass nicht die *Information,* hier verstanden als Wissen über in der Vergangenheit durchgeführte Beste-

64 Vgl. Jacoby/Nehemkis/Eells (1977), S. 51–57. Auf S. 57 heißt es dort (mit Verweis auf den Yale Law Report, Bd. 23, Nr. 1, Herbst 1976, S. 4–5): "One large multinational corporation that had disclosed some questionable payments conducted a stockholder vote to determine whether it should disclose all foreign payments and political contributions. Ninety-nine percent of the stockholders voted no – they didn't want to see it."

65 Vgl. Lambsdorff (1999), S. 83, der dies als „Einbau organisatorischer Sollbruchstellen" bezeichnet. Dadurch entstehen auch Einflüsse auf die Unternehmensgröße: Bei Auslagerung von Aktivitäten, die im Zusammenhang mit der Zahlung von Bestechungsgeldern stehen, an andere Unternehmen ist die Exkulpierung leichter.

66 Vgl. Rose-Ackerman (1978), S. 192.

chungshandlungen, einen negativen Wert hat, sondern die nachweisbare Tatsache, dass einer Person diese Information zugegangen ist.

3.2 Korruptionsbekämpfung durch Ausweis geleisteter Bestechungszahlungen im Jahresabschluss

Im Fall der Aufdeckung einer aus dem Unternehmensvermögen geleisteten Bestechungszahlung liegt es für Auftraggeber nahe, sich auf ihr Nichtwissen zu berufen. Dies gilt sowohl für Anteilseigner beziehungsweise den Aufsichtsrat im Verhältnis zur Geschäftsführung als auch für die Geschäftsführung im Verhältnis zu unterstellten Managern. Aus Sicht der Auftraggeber wird dies häufig wahrheitsgemäß sein, auch weil der Auftraggeber – wie oben erörtert – kein Interesse am nachweisbaren Zugang eines solchen Wissens haben muss. Verfolgt der Gesetzgeber (beziehungsweise allgemein eine Normen setzende Institution) das Ziel, Zahl und Umfang von Bestechungen zu vermindern, dann verspricht neben direkten Strafen die Strategie Erfolg, durch Offenlegungspflichten gezielt Nichtwissen der Auftraggeber über Bestechungszahlungen aus ihrem Unternehmen abzubauen. Auftraggebern kann so die Mitverantwortung für solche Delikte übertragen werden. Ob der Anreiz für Auftraggeber, Bestechungsdelikte einzuschränken, dann auf intrinsischer Motivation, auf Furcht vor staatlichen Sanktionen oder auf dem Ziel der Ansehenswahrung beruht, kann dahingestellt bleiben.

Auch bleibt die ethische Würdigung des Verhaltens von Aktionären gegenüber der aktiven Bestechung so lange von eher akademischem Interesse, wie die Aktionäre nicht wissen (können), ob aus dem Vermögen ihres Unternehmens Bestechungszahlungen geleistet wurden. Die Pflicht zu einer expliziten Offenlegung gezahlter Bestechungsgelder in der Rechnungslegung hat auch die Funktion, Aktionäre in die Verantwortung zu bringen und „vorsätzliches Nichtwissen" zu vermeiden.

Zur Gewährleistung dieser Informationsübermittlung an die Auftraggeber kann ein neues Instrument geschaffen werden oder bestehende Instrumente können genutzt werden. Der US-amerikanische Foreign Corrupt Practices Act (siehe oben Teil 1.2) wählt hierfür den Jahresabschluss als Teil der Rechnungslegung[67]. Die Grundsätze der Bilanzwahrheit und der Vollständigkeit werden betont und so ausgelegt, dass der falsche oder fehlende Ausweis von Bestechungszahlungen als Verstoß gegen diese Grundsätze zu verstehen ist.

67 Diese Idee geht zurück auf STANLEY SPORKIN, der als damaliger *director of enforcement* der SEC wesentlich an der Schaffung des FCPA beteiligt war; vgl. SPORKIN (1998), S. 274–277; vgl. auch SCHROTH (2003), S. 318–325.

Ein Manager, der Bestechungsgelder zahlen möchte, kann die Zahlung aus buchhalterisch erfasstem Unternehmensvermögen oder aus „schwarzen Kassen" leisten (siehe oben Teil 2.1)[68]. Die schwarzen Kassen können direkt aus dem Unternehmensvermögen gespeist werden (etwa indem eine Auslandsgesellschaft im Eigentum von Managern dem Unternehmen fiktive Dienstleistungen in Rechnung stellt), oder es können Mittel von Marktpartnern des Unternehmens in die Kasse umgeleitet werden (zum Beispiel indem Lieferanten gebeten werden, Jahresboni auf Manager-Auslandskonten zu überweisen). Je nach Methode wirken sich geleistete Bestechungszahlungen und ihre buchhalterische Tarnung unterschiedlich auf den Jahresabschluss aus. So bleiben Jahresergebnis und Aufwandsstruktur grundsätzlich unbeeinflusst, wenn anstelle „sonstiger Aufwendungen" für Bestechung „sonstige Aufwendungen" für Dienstleistungen an die genannte Auslandsgesellschaft ausgewiesen werden. Anders sind die Wirkungen auf Jahresergebnis und Aufwandsstruktur, wenn an Stelle der Bestechungsaufwendungen in Fortführung des obigen Beispiels niedrigere Jahresboni ausgewiesen werden[69]. Der Ansatz des Foreign Corrupt Practices Act wirkt jedoch nur dann, wenn Bestechungszahlungen im Jahresabschluss falsch ausgewiesen sind und hierdurch der Informationsgehalt des Abschlusses leidet. Weist ein Unternehmen aber Bestechungszahlungen korrekt aus, beispielsweise als (freilich illegale) Provisionsaufwendungen, dann verstößt es zumindest nicht gegen die „books and records section" des Foreign Corrupt Practices Act.

Daher soll einen Schritt weiter gegangen werden: Als Maßnahme gegen Bestechungszahlungen aus dem Vermögen publizitätspflichtiger Unternehmen wird hier eine Pflicht zum *gesonderten* Ausweis der Höhe gezahlter Bestechungsgelder vorgeschlagen. Geleistete Bestechungszahlungen sollten separat, entweder in der Gewinn- und Verlustrechnung oder im Anhang, offen gelegt werden. Ein gesonderter Ausweis geleisteter Bestechungszahlungen in der Gewinn- und Verlustrechnung ist weniger ratsam, weil der Offenlegung dann über eine Bilanzierung ausgewichen werden könnte: Stellt die erwartete Gegenleistung einen Vorteil dar, der über den Abschlussstichtag hinaus genutzt werden kann, dann ist eine Aktivierung zu prüfen. Denkbar wäre beispielsweise nach IAS ein Ansatz als immaterieller Vermögenswert. Nach HGB-Bilanzrecht könnten Ingangsetzungsaufwendungen im Sinne von § 269 HGB vorliegen. Bestechungsaufwendungen könnten auch Anschaffungsnebenkosten darstellen oder als Teil der Herstellungskosten selbst erstellter Vermögens-

68 Vgl. Brooks (1999), S. 394–398. Eine dritte Möglichkeit ist die Zahlung aus dem Privatvermögen des Managers (siehe oben Abschnitt 2.1), wobei hier die Abgrenzung zu „schwarzen Kassen" schwierig ist.

69 Die bilanzielle Behandlung der Boni ist nicht unstrittig. Die aufgezeigte Folge gilt aber sowohl für den Ausweis der Boni als sonstigen betrieblichen Ertrag als auch für die Behandlung als Anschaffungspreisminderungen.

gegenstände zu aktivieren sein. Dies spricht für eine *Offenlegungspflicht im Anhang.*

Auch bei der vorgeschlagenen Pflicht zur Offenlegung geleisteter Bestechungszahlungen im Anhang wäre die Periode des Ausweises festzulegen. Der Zeitpunkt des „Vertragsabschlusses" oder der Zeitpunkt/-raum der Gegenleistung ist wohl noch schwieriger zu ermitteln als der Zahlungszeitpunkt von Bestechungsgeldern. Daher sollte der Zeitpunkt der Bestechungszahlung (beziehungsweise der Sachleistung) die Ausweisperiode bestimmen. Sind nach Auffassung der Geschäftsführung keinerlei Bestechungszahlungen aus dem Unternehmensvermögen geleistet worden, dann sollte auch dies – vom Abschlussprüfer geprüft[70] – im Anhang explizit angegeben werden.

Die Nutzung des Instruments Rechnungslegung für die Offenlegung der Information über geleistete Bestechungszahlungen hat mehrere Vorteile:

1. Im Verhältnis zwischen Anteilseigner und Geschäftsführung hat die Rechnungslegung auch die Funktion der Rechenschaft über die Verwendung der anvertrauten Mittel. Werden aber aus dem Unternehmensvermögen Bestechungszahlungen geleistet, dann ist die Rechenschaftsfunktion ohne eine solche Information unvollständig. Anteilseigner erfahren dann nicht, dass ihr Geld für illegale Investitionen verwendet wurde.

Demnach gehört die Information über geleistete Bestechungszahlungen eigentlich auch ohne besondere Bestimmungen zu den Aufgaben der Rechnungslegung, so dass die Betonung der Ausweispflicht lediglich eine „Konkretisierung" und keine systemfremde Erweiterung der Aufgaben der Rechnungslegung darstellt. Hiergegen könnte vorgebracht werden, dass kleinere Bestechungszahlungen schon wegen des Grundsatzes der Wesentlichkeit (*materiality*) nicht explizit ausgewiesen werden müssten. Im Zusammenhang mit geleisteten Bestechungszahlungen ist für die Interpretation des Wesentlichkeitsgrundsatzes freilich auf seinen Zweck zu rekurrieren[71]: Eine Information ist für den Abschlussadressat wesentlich, wenn sie geeignet ist, seine Entscheidungen (etwa über die Veräußerung seiner Anteile oder über die Entlastung der Beauftragten) typischerweise zu beeinflussen. Geschäftsvorfälle können aber sowohl durch ihren Umfang – relativ zum übrigen Geschäft – als auch aus anderen Gründen wesentlich sein[72]; letzteres trifft für Bestechungszahlungen zu: Der gesonderte Ausweis von Bestechungszahlungen kann zeigen, welche Teile der erwarteten Umsätze durch Aufdeckungen, Rechtsänderungen, Änderungen in

70 Eine solche Prüfung könnte in Anlehnung an IDW Prüfungsstandard 210: Zur Aufdeckung von Unregelmäßigkeiten im Rahmen der Abschlussprüfung, WPg 2003, S. 655–663, durchgeführt werden.

71 Vgl. Sporkin (1998), S. 274f.

72 Vgl. etwa IDW PS 250: Wesentlichkeit im Rahmen der Abschlussprüfung, WPg 2003, S. 944–946, Tz. 7, 11. Nach Wolz (2004), S. 122–145, dominieren in der Praxis freilich quantitative Kriterien.

der personellen Struktur der Kunden, Regierungswechsel oder ähnliche Ereignisse stark gefährdet sind; auch diese Information ist für die Adressaten des Jahresabschlusses wesentlich. Also kann bereits nach geltendem Recht der Wesentlichkeitsgrundsatz nicht herangezogen werden, um den falschen oder fehlenden Ausweis von Bestechungszahlungen im Jahresabschluss zu rechtfertigen.

2. Zahlen Mitarbeiter des Unternehmens aus „schwarzen Kassen" oder aus eigenen Mitteln Bestechungsgelder, dann stehen den Auftraggebern auch hierüber Informationen zu: „Schwarze Kassen" gehören zum Unternehmensvermögen und sind im Jahresabschluss auszuweisen, auch wenn sie *ex definitione* rechtswidrig nicht ausgewiesen werden. Bestechungszahlungen der Mitarbeiter aus ihrem Privatvermögen sind betrieblich veranlassten Geldgeschenken an das Unternehmen, die direkt wieder verausgabt werden, zumindest vergleichbar. Der Vorteil aus dem „Geschenk" in Gestalt zusätzlicher Aufträge kommt dem Unternehmen zugute. Da Unternehmen erhaltene Geldgeschenke im Abschluss auszuweisen haben, muss dies auch für Bestechungszahlungen gelten, die aus dem Privatvermögen der Mitarbeiter entrichtet werden. Schließlich bedrohen auch die Risiken aus solchen Bestechungen (beispielsweise Reputationsverluste oder Auftragssperren) das Unternehmen; Auftraggeber haben das Recht, hierüber informiert zu werden.

3. Rechenschaft dient auch dazu, Unterschlagungen durch beauftragte Manager zu vermeiden[73]. Da Bestechung regelmäßig beleglos stattfindet, können Unterschlagungen als Bestechungszahlungen getarnt werden (siehe oben Teil 2.1). Die Rechnungslegung kann diese Rechenschaftsfunktion eher erfüllen, wenn Bestechungszahlungen *als solche* ausgewiesen und nicht unter anderen Positionen versteckt werden.

4. Gegenüber der Geschäftsführung können unterstellte Manager auf unterschiedliche Weise Rechenschaft ablegen. Auch hier bietet sich die Rechnungslegung an, denn sie gewährleistet Dokumentation und Überprüfbarkeit, die Regeln werden nicht vom Unternehmen selbst definiert und Manager der obersten Ebene können für den Inhalt des Jahresabschlusses leichter verantwortlich gemacht werden[74].

Durch diesen Ansatz, für gezahlte Bestechungsgelder explizit eine Offenlegung im Jahresabschluss zu fordern, erhält der Bestechende neue „Gegenspieler":

73 Vgl. Schneider (1997a), S. 10, 26–30.

74 Vgl. zu weiteren Verbesserungsmöglichkeiten in diesem Bereich Ballwieser/Dobler (2003), S. 457f.

- Durch die Prüfung des Jahresabschlusses wird der Abschlussprüfer zum „Gegenspieler" des Bestechenden[75]. Wollen Beauftragte (Geschäftsführung beziehungsweise unterstellte Manager) die Auftraggeber (Anteilseigner beziehungsweise Geschäftsführung) über geleistete Bestechungszahlungen täuschen, so müssten sie zusätzlich die Abschlussprüfer irreführen (oder ebenfalls bestechen). Sowohl die Deklaration einer Bestechungszahlung als legale Zahlung als auch ihr vollständiges Heraushalten aus dem Abschluss durch Einsatz „schwarzer Kassen" sind potentiell gefährdet, durch die Abschlussprüfung aufgedeckt zu werden[76]. Selbst bei Nichtaufdeckung verbleiben zusätzliche „Verschleierungskosten".
- Wird eine Zahlung im Jahresabschluss als legal (beispielsweise als Provision) deklariert, dann muss sie, damit Konsistenz gewährleistet ist und sie nicht auffällt, auch ertragsteuerlich als abzugsfähige Betriebsausgabe geltend gemacht werden. Das erfüllt wegen des steuerlichen Abzugsverbots regelmäßig den Tatbestand der Steuerhinterziehung, verbunden mit einer Information der Strafverfolgungsbehörden durch die Finanzbehörden im Aufdeckungsfall. Damit wird auch der Fiskus zum Gegenspieler des Bestechenden.

Auch die Grenzen dieses Ansatzes sollen erörtert werden. Erstens drohen bei der dargestellten Rechtslage Sanktionen und steuerliche Nachteile durch die – bei Ausweis im Jahresabschluss quasi zwangsläufige – Aufdeckung. Demnach könnte argumentiert werden, dass die vorgeschlagene zusätzliche Pflicht nur „einen Gesetzesverstoß mehr" für den Bestechenden bedeutet und folglich kaum zusätzliche abschreckende Wirkung wird entfalten können. Dies würde wohl auch gelten, wenn Aktionäre und alle Manager die gleichen Interessen und Informationen hätten. Jedoch greift der vorgeschlagene Ansatz in die Informations- und Verantwortlichkeitsverteilung ein: Die Geschäftsführung eines bestechenden Unternehmens wird dazu gezwungen, sich selbst[77] und den Aktionären Informationen über Bestechungszahlungen, die aus dem Unternehmensvermögen geleistet wurden, zu verschaffen. Damit wird die Be-

75 Nicht weiter untersucht wird die Fragestellung, inwieweit die Zahlung von Bestechungsgeldern Objekt des (nach § 317 Abs. 4 HGB zu prüfenden) Risikomanagements sein sollte. Vgl. zum Risikomanagement und zu seiner Prüfung etwa WALL (2003), S. 457–471.

76 Vgl. HEIMANN/MOHN (1999), S. 547.

77 Alternativ können dem hier nicht untersuchten internen Rechnungswesen und der internen Revision Funktionen bei der Bestechungsbekämpfung zukommen, vgl. KLITGAARD (1988), S. 82f.; SCHROTH (2003), S. 318–322. Zur Wirkung des FCPA auf interne Kontrollsysteme vgl. LACEY/GEORGE (1998), S. 119–131. Für den Deutschen Corporate Governance Kodex (vgl. dort Tz. 4.3.2) wird hierzu eine Erweiterung vorgeschlagen (Transparency International, Vorschläge zur Fortschreibung des Deutschen Corporate Governance Kodex, Köln, 12.8.2003).

weislast anders verteilt; für Manager der obersten Ebene wird es schwerer, sich auf Unwissen über geleistete Bestechungszahlungen zu berufen. Diese Wirkung wird durch die Abschlussprüfung verstärkt. Auf diesem Weg könnte die Geschäftsführung als dritter Gegenspieler eines bestechenden unterstellten Managers eingeführt werden, beziehungsweise die Anreize für die Geschäftsführung, diese Funktion ernsthaft zu erfüllen, können erhöht werden[78].

Ein weiterer möglicher Einwand lautet, dass die Überprüfung solcher Aufwendungen durch den Abschlussprüfer wegen der Belegproblematik wohl relativ schwierig sein wird. Es könnte als unangemessen angesehen werden, dem Abschlussprüfer jetzt auch noch die Verantwortung für die Aufdeckung raffinierter Bestechungskonstruktionen zuzuweisen[79] und ihn gegebenenfalls neuen Haftungsrisiken auszusetzen. Dies gilt besonders, wenn auch Zahlungen an Dritte einbezogen werden sollen, die im Wissen geleistet werden, dass der Dritte diese Zahlungen als Bestechungszahlungen weiterleitet. Indessen zeigen sowohl die obigen Ausführungen zum Wesentlichkeitsprinzip als auch der Regelungsgedanke von § 321 Abs. 1 Satz 3 HGB (Berichtspflicht des Abschlussprüfers gegenüber den Adressaten des Prüfberichts bei schwer wiegenden Gesetzesverstößen der gesetzlichen Vertreter oder von Arbeitnehmern[80]), dass die vorgeschlagene Regelung nur eine graduelle Verschiebung der Aufgaben des Abschlussprüfers bedeutet[81]. Dem Gesetzgeber und den Zivilgerichten muss jedoch klar sein, dass auch vom Abschlussprüfer keine „Detektivarbeit" verlangt werden kann[82].

An der Wirksamkeit des Strafrechts als Mittel der Korruptionsbekämpfung werden Zweifel geäußert[83]. Der Vorschlag, geleistete Bestechungszahlungen im Anhang offen zu legen, ist jedoch nicht als Ersatz strafrechtlicher Maßnahmen zu sehen; er schließt staatliche Sanktionen gegen Bestechungen keineswegs aus. Dies zeigt bereits der Ansatz des Foreign Corrupt Practices Act mit einer (strafrechtliche Sanktionen enthaltenden) „anti-bribery section" und einer „books and records section". Daneben erfordert ein Rechnungslegungsrecht seinerseits Sanktionen. Dies gilt auch und gerade für die vorgeschlagene Offenlegung von Bestechungszahlungen im Anhang, da die Auftraggeber häufig selbst kein Interesse an den fraglichen Informationen haben werden. Hinzu kommt,

78 Bereits heute kann – abhängig vom Strafrecht des Standorts – ein Haftungsrisiko für die Unternehmensleitung bestehen, vgl. THOMAS (1999), S. 524.

79 Zu den Ermittlungsproblemen der Strafverfolgung vgl. BANNENBERG (2002), S. 435–437.

80 Vgl. BOLSENKÖTTER (2002), S. 30f.

81 Dazu SCHRUFF (2003), S. 911: „Der heute vorherrschende Prüfungsansatz ist allerdings zu ergänzen um eine explizite Beurteilung des Risikos von Top-Management-Fraud."

82 Ähnlich zur forensischen Prüfung SCHRUFF (2003), S. 901–905. Vgl. aber zur Unterschlagungsprüfung etwa MEYER ZU LÖSEBECK (2002), Sp. 2452–2455.

83 Vgl. MAYER-MALY (1981), S. 492–498.

dass die propagierte Offenlegungspflicht ein Auftragsverhältnis oder mindestens Publizitätspflicht voraussetzt. Auf Sanktionen gegen Bestechende kann bei der Bestechungsbekämpfung schon deshalb nicht verzichtet werden, weil zahlreiche Unternehmen nicht der Abschlusspublizität und -prüfung unterliegen. So wären die Wirkungen des Vorschlags für mittelständische Personenunternehmen, die von den Gesellschaftern selbst geführt werden, gering.

Die hier empfohlene Offenlegung kann entweder als gesetzliche Pflicht ausgestaltet oder in andere Normensysteme (zum Beispiel Deutscher Corporate Governance Kodex) integriert werden. Der Deutsche Corporate Governance Kodex scheint auch darum geeignet zu sein, weil er bereits Korruptionsverbote enthält (Ziffer 4.1.3: Pflicht zur Einhaltung der gesetzlichen Bestimmungen, Ziffer 4.3.2: Verbot der Bestechlichkeit und der Bestechung, auch für Mitarbeiter)[84]. Gegen eine Aufnahme in den Deutschen Corporate Governance Kodex spricht jedoch, dass die enthaltenen Korruptionsverbote als Wiedergabe gesetzlicher Pflichten rein deklaratorisch sind (§ 161 AktG), dass die Anwendung des Kodexes auch börsennotierten Aktiengesellschaften frei steht, dass der faktische Druck, den Kodex anzuwenden, von der Börsennotierung abhängt und dass wirksame rechtliche Sanktionen fehlen. Aus diesen Gründen sollte die Offenlegung die Form einer gesetzlichen Verpflichtung haben.

Die Grenzen des vorgeschlagenen Offenlegungsansatzes liegen auf der Hand; er kann Bestechung selbstredend nicht vollständig verhindern. Jedoch vermag er es, die bereits hohen Kosten solcher Transaktionen weiter zu steigern, sowohl für den Bestechenden als auch für seine Auftraggeber. Damit verliert die „Investition“ Bestechung einen Teil ihrer Attraktivität. Ob dies freilich für eine Rangfolgeumkehr ausreicht, hängt weiterhin vom Einzelfall ab.

3.3 Zur Funktion des ertragsteuerlichen Abzugsverbots für die Korruptionsbekämpfung

Zwischen 1998 und 2001 haben Australien, Österreich, Belgien, Kanada, Tschechien, Dänemark, Frankreich, Island, Luxemburg, Portugal, Schweden und die Schweiz die ertragsteuerliche Abzugsfähigkeit von Bestechungsgeldern abgeschafft[85]. Auch in Deutschland wurde die steuerliche Behandlung gezahlter Bestechungsgelder in den letzten Jahren fundamental geändert. Bis 1995 war ein Abzug grundsätzlich möglich[86]. Die von einem Unternehmen geleisteten Bestechungszahlungen sind bei betrieblicher Veranlassung dem

84 Der DCGK wird insoweit als unzureichend angesehen von TRANSPARENCY INTERNATIONAL (2003).

85 Vgl. SCHROTH (2003), S. 316.

86 Beim Empfänger sind erhaltene Bestechungszahlungen regelmäßig steuerpflichtig, unabhängig von der Rechtmäßigkeit und der steuerlichen Behandlung beim Zahlenden.

Grunde nach Betriebsausgaben; nach § 40 AO ist es gleichgültig, ob die Zahlung rechtswidrig ist (Wertneutralität des Steuersystems). Bereits vor 1996 war der den Abzug von Bestechungszahlungen begehrende Steuerpflichtige auf Nachfrage zur Empfängerbenennung verpflichtet (§ 160 AO). Zweck dieser Regelung war allein die Sicherung der Besteuerung beim Zahlungsempfänger. Wurde glaubhaft gemacht, dass der Empfänger in Deutschland nicht steuerpflichtig war, dann wurden Zahlungen gewöhnlich auch ohne Empfängerbenennung anerkannt.

Ab 1996 wurde die steuerliche Abzugsfähigkeit von Bestechungsgeldern in mehreren Schritten fast vollständig abgeschafft. 1996 wurde für Bestechungszahlungen in § 4 Abs. 5 Satz 1 Nr. 10 EStG bei Vorliegen einer rechtskräftigen Verurteilung des Zuwendenden oder Empfängers oder einer Einstellung eines Strafverfahrens (nach §§ 153 ff. StPO, beispielsweise Bagatellsachen) der Abzug als Betriebsausgabe untersagt. Bereits durch das StEntlG 1999/2000/2002 vom 24.3.1999 wurde § 4 Abs. 5 Satz 1 Nr. 10 EStG nochmals verschärft. Seitdem ist das Abzugsverbot nicht mehr an den Ausgang eines Verfahrens gebunden, sondern tritt bereits dann ein, wenn die Vorteilszuwendung nach Auffassung der Finanzverwaltung ein mit Strafe oder Geldbuße bedrohtes Delikt darstellt. Zusätzlich wurde das Abzugsverbot auf bestimmte Bestechungszahlungen an ausländische Amtsträger erweitert. Die oben dargestellte strafrechtliche Erweiterung der Straftatbestände wirkt über § 4 Abs. 5 Satz 1 Nr. 10 EStG auch auf das Steuerrecht[87]. Zahlt ein beauftragter Manager Bestechungsgelder aus eigener Tasche, beispielsweise an Kunden des Unternehmens, dann ist ein Abzug als Werbungskosten bei den Einkünften aus nichtselbständiger Arbeit seit 1999 wegen des Verweises von § 9 Abs. 5 EStG auf § 4 Abs. 5 Satz 1 Nr. 10 EStG regelmäßig nicht mehr zulässig.

Da der Finanzbehörde die Ermittlung und Feststellung des Tatbestands einer Bestechung allein häufig nicht gelingen wird, sind Gerichte, Staatsanwaltschaft und Verwaltungsbehörden im Fall eines hinreichenden Verdachts eines Bestechungsdelikts zur Amtshilfe durch Mitteilung an das zuständige Finanzamt verpflichtet. Umgekehrt wurde das Steuergeheimnis insoweit eingeschränkt, als die Finanzbehörde den Verdacht einer Bestechungsstraftat den Strafverfolgungsbehörden mitteilen muss. Wegen des Verbots der Selbstbelastung soll diese Informationspflicht jedoch – analog zu § 393 Abs. 2 Satz 1 AO – nur dann greifen, wenn der Steuerpflichtige die geleisteten Bestechungszahlungen falsch (nämlich als abziehbare Betriebsausgaben) deklariert hat[88].

87 Vgl. BURCHERT (2003), S. 265, wonach bei Abzug der Aufwendungen zugleich der Tatbestand der Steuerhinterziehung verwirklicht würde.

88 Vgl. JOECKS (1997), S. 1030; abweichend BURCHERT (2003), S. 263, nach dessen Auffassung eine Mitteilung bereits geboten sein könne, wenn „der Steuerpflichtige in seiner Steuererklärung eine nicht abzugsfähige Betriebsausgabe ausdrücklich als solche nach § 4 Abs. 5 S. 1 Nr. 10 EStG bezeichnet."

Begründet wird das ertragsteuerliche Abzugsverbot damit, dass sonst der Fiskus Bestechungszahlungen durch die Abzugsfähigkeit steuerlich fördern würde[89]. Diese Begründung ist nicht zu halten:

- Die Steuerpflicht rechtswidrig erlangter Einkünfte (zum Beispiel aus Hehlerei) gemäß § 40 AO ist unbestritten, auch weil gerade solche Einkünfte nicht privilegiert werden sollen. Daraus wird eine Wertneutralität der Besteuerung abgeleitet, gegen die das Abzugsverbot für Bestechungszahlungen verstößt: Wenn der Staat gezahlte Bestechungsgelder nicht zum Abzug zulässt, dann dürfe er auch rechtswidrig erlangte Einkünfte nicht besteuern[90].
- Das Abzugsverbot widerspricht dem steuerlichen Nettoprinzip, das auf das Leistungsfähigkeitsprinzip zurückgeht[91]. Damit werden zwei Steuerpflichtige in gleicher wirtschaftlicher Lage und mit gleicher steuerlicher Leistungsfähigkeit unterschiedlich besteuert, wenn der eine legale Provisionsausgaben getätigt hat, der andere dagegen illegale Bestechungsausgaben in gleicher Höhe. Im Übrigen mindern realisierte Reputationsverluste aus aufgedeckten Bestechungen den steuerpflichtigen Gewinn in vollem Umfang; für diese gilt also das Nettoprinzip.
- Die Wirkungen des Abzugsverbots sind zudem abhängig vom System der Unternehmensbesteuerung, da nichtabziehbare Betriebsausgaben das Ausschüttungspotential mindern und damit Wirkungen auf die Einkommensteuer des Anteilseigners entfalten: Im körperschaftsteuerlichen Anrechnungsverfahren betrug die Nach-Steuer-Belastung einer natürlichen, voll steuerpflichtigen Person als Anteilseigner durch 1 GE nichtabziehbare Betriebsausgabe der Kapitalgesellschaft unter der Annahme der Vollausschüttung $(1-s_e)/(1-s_k)$ GE (mit s_e:= Einkommensteuersatz, s_k:= Körperschaftsteuersatz; der Solidaritätszuschlag wird vernachlässigt). Im Halbeinkünfteverfahren wird dieser Anteilseigner dagegen mit $1 \cdot (1-s_e/2)$ belastet, denn die ausschüttbare und hälftig einkommensteuerpflichtige Dividende sinkt[92]. Durch diesen Systembruch wirkt sich die nichtabziehbare Be-

89 Vgl. etwa RÜGEMER (1996), S. 60–67; SPORKIN (1998), S. 269; SACERDOTI (1999), S. 214; HEIMANN/MOHN (1999), S. 545. Kritisch MÜLLER-FRANKEN (1997), S. 18.

90 Vgl. RUPPE (1981), S. 594–600; OFFERHAUS (1995), S. 36–41; SALZBERGER/THEISEN (1996), S. 398; im Ergebnis auch MÜLLER-FRANKEN (1997), S. 19.

91 Vgl. OFFERHAUS (1995), S. 34–36; SALZBERGER/THEISEN (1996), S. 398; JOECKS (1999), S. 378.

92 Da die Höhe der Gewerbesteuerbelastung durch die nichtabziehbare Betriebsausgabe nicht verändert wird, ist die Gewerbesteuer in diesen Sätzen nicht enthalten. Beispiel (Halbeinkünfteverfahren) mit Gewinn vor Gewerbesteuer = 120, Hebesatz = 400%, Körperschaftsteuersatz = 25%, voller Einkommensteuersatz = 40%, kein Solidaritätszuschlag: Bei Vollausschüttung erhält der Aktionär nach Einkommensteuer 75 – 15 = 60. Wird nun zusätzlich eine nichtabziehbare Betriebsausgabe von 10 getä-

triebsausgabe *auf Ebene des Anteilseigners* damit nicht anders aus als eine abziehbare.

- Damit nimmt auch die Rechtsform Einfluss auf die Nettobelastung durch eine geleistete Bestechungszahlung. Bei Personenunternehmen ist – anders als bei Kapitalgesellschaften – die Belastung (Minderung des Nach-Steuer-Einkommens) des Eigentümers durch eine nichtabziehbare Bestechungszahlung in Höhe von 1 GE genau 1 GE.
- Der Nachteil aus der Nichtabzugsfähigkeit ist progressionsabhängig, denn er liegt in den nicht erstatteten Ertragsteuern auf die Bestechungszahlung[93]. Für Steuerpflichtige, die durch Verluste oder wegen geringer Einkünfte keine Ertragsteuern bezahlen, entsteht keinerlei Nachteil.

Eine andere Begründung des Abzugsverbots für geleistete Bestechungszahlungen ist eher tragfähig: Da das Ziel des Abzugsverbots eine Verhaltenssteuerung ist, handelt es sich um eine Lenkungsnorm[94]. Für Lenkungsnormen ist aber das Nettoprinzip nicht einschlägig; vielmehr ist der Lenkungszweck begründungsbedürftig. Als Begründung bieten sich die regelmäßig negativen externen Effekte der Bestechung auf die Position des geschädigten Auftraggebers des bestochenen Beauftragten und die oben (Teil 1.3) dargestellten Wohlfahrtswirkungen der Bestechung an. Demnach kann das Abzugsverbot wie eine Pigou-Steuer[95] auf Bestechung interpretiert werden, durch die negative externe Effekte der Bestechung internalisiert werden sollen.

Die Zielgenauigkeit dieser Pigou-Steuer ist jedoch recht gering: Einerseits ist die Höhe des negativen externen Effekts nicht bekannt. Andererseits wurde eben gezeigt, dass die Höhe dieser Pigou-Steuer rechtsform- und progressionsabhängig ist. Gerade für Unternehmen in Verlustsituationen, die besonders geneigt sein könnten, Bestechungszahlungen zu leisten, reduziert das Abzugsverbot gewöhnlich nur den steuerlichen Verlustvortrag, so dass für diese Unternehmen der Nachteil aus dem Abzugsverbot besonders gering ist.

Die eigentliche Bedeutung des Abzugsverbots für geleistete Bestechungszahlungen für die Korruptionsbekämpfung liegt auf einer anderen Ebene: Der Finanzverwaltung werden Anreize zur Aufdeckung von Bestechungen gesetzt, und sie hat Zugriff auf unternehmensinterne Informationen, die eine Aufdeckung ermöglichen können. So gesehen ist die Einschränkung des Steuergeheimnisses beim Verdacht einer Bestechungsstraftat notwendig, damit das Abzugsverbot seine Funktion erfüllen kann. Der Bestechende erhält auf diesem Weg einen weiteren Gegenspieler: Er muss nicht nur den Wirtschaftsprüfer

tigt, erhält der Aktionär nach Einkommensteuer 65 – 13 = 52. Sein Nachteil durch die nichtabziehbare Betriebsausgabe von 10 beträgt also $8 = 10 \cdot (1 - s_e/2)$.

93 Vgl. MÜLLER-FRANKEN (1997), S. 23.

94 Vgl. MÜLLER-FRANKEN (1997), S. 16.

95 Vgl. PIGOU (1912), S. 164f.

und gegebenenfalls seinen Auftraggeber täuschen, sondern auch den Fiskus. Wegen der dadurch steigenden Kosten der Bestechungstransaktion wird sich Bestechung in manchen Fällen nicht mehr lohnen. Damit fügt sich das ertragsteuerliche Abzugsverbot in die aktive Bestechungen bekämpfenden Normen der Rechnungslegung.

4 Zusammenfassung

Korruption ist aus gesamtwirtschaftlicher Sicht regelmäßig schädlich. In Auftragsverhältnissen bewirkt die Möglichkeit des Beauftragten zu aktiver Bestechung, dass ein zusätzlicher Handlungsspielraum entsteht und dem Auftraggeber die Kontrolle erschwert wird. Die daraus abgeleitete These, dass der Beauftragte seine Anstrengungen zur legalen Gewinnerzielung durch aktive Bestechungen substituieren wird, lässt sich so allgemein nicht aufrecht erhalten.

Die Vorteile aus aktiver Bestechung durch beauftragte Manager werden anders auf die Stakeholder verteilt als die Risiken dieser Handlungen. Dabei hängt die genaue Verteilung wesentlich davon ab, ob das Unternehmen mit dem Ziel der Maximierung des Shareholder Value oder gemäß einem Stakeholder-Konzept geführt wird. Eine Unternehmensführung nach dem Shareholder-Konzept setzt für beauftragte Manager tendenziell stärkere Anreize, aktiv zu bestechen, als eine Unternehmensführung nach dem Stakeholder-Konzept. Andererseits erleichtert das Shareholder-Konzept die Bekämpfung aktiver Bestechung, weil Sanktionen gegen das Unternehmen eher auch die Zielgrößen der Entscheidungsträger reduzieren.

Für Anteilseigner oder Vorgesetzte als Auftraggeber können zwar Informationen über aktive Bestechungen der von ihnen beauftragten Manager wertvoll sein. Jedoch gibt es sowohl Argumente als auch Belege dafür, dass Auftraggeber auf solche Informationen lieber verzichten. Auch hier kann Korruptionsbekämpfung ansetzen: Auftraggeber (Anteilseigner, Aufsichtsrat, Geschäftsführung) können gezielt und stärker als heute verpflichtet werden, sich über aktive Bestechungsdelikte ihrer Beauftragten zu informieren; Beauftragte können verpflichtet werden, solche Informationen zu übermitteln. Auftraggebern kann auf diesem Wege die Mitverantwortung für solche Delikte übertragen werden. Dies setzt Anreize für Auftraggeber, aktiv zu vermeiden, dass ihre Beauftragten Bestechungsgelder zahlen.

Zu diesem Zweck wird hier eine Offenlegungspflicht im Jahresabschluss vorgeschlagen: Die Höhe aus dem Unternehmensvermögen geleisteter Bestechungszahlungen sollte im Anhang separat ausgewiesen werden. Sind nach Auffassung der Geschäftsführung keine Zahlungen geleistet worden, dann sollte auch darüber im Anhang informiert werden. Diese Information sollte im Rahmen der Jahresabschlussprüfung geprüft werden, so dass der Bestechende im Abschlussprüfer einen zusätzlichen Gegenspieler erhält. Eine solche Offenlegungspflicht erschwert es beauftragten Managern auch, Unterschlagungen durch behauptete Bestechungszahlungen zu tarnen.

Die ertragsteuerliche Abziehbarkeit geleisteter Bestechungszahlungen wurde in den letzten Jahren auf internationalen Druck hin fast vollständig abgeschafft, und das Steuergeheimnis wurde für entsprechende Delikte eingeschränkt. Dieses Abzugsverbot verstößt gegen das Nettoprinzip und das Leistungsfähigkeitsprinzip, bewirkt unsystematische Progressionseffekte und führt zu einer Ungleichbehandlung von Personenunternehmen und Kapitalgesellschaften. Eingeschränkt rechtfertigen lässt sich das Abzugsverbot als Lenkungsnorm. Vor allem setzt es Anreize für den mit besonderen Befugnissen zur Erlangung von Informationen ausgestatteten Fiskus, Korruption zu bekämpfen.

Literaturverzeichnis

ANDVIG, JENS C./FJELDSTAD, ODD-HELGE/AMUNDSEN, INGE/SISSENER, TONE K./SØREIDE, TINA (2000), Research on Corruption – A Policy Oriented Survey, Diskussionspapier, Norwegian Institute of International Affairs.

BALLWIESER, WOLFGANG/DOBLER, MICHAEL (2003), Bilanzdelikte: Konsequenzen, Ursachen und Maßnahmen zu ihrer Vermeidung, in: Die Unternehmung, 57. Jg., S. 449–469.

BANFIELD, EDWARD C. (1975), Corruption as a Feature of Governmental Organization, in: The Journal of Law and Economics, Vol. 18, S. 587–605.

BANNENBERG, BRITTA (2002), Korruption in Deutschland und ihre strafrechtliche Kontrolle. Eine kriminologisch-strafrechtliche Analyse.

BAYLEY, DAVID H. (1966), The Effects of Corruption in a Developing Nation, in: Western Political Quarterly, Vol. 19, S. 719–732.

BOLSENKÖTTER, HEINZ (2002), Die Prüfung der Ordnungsmäßigkeit der Geschäftsführung, in: WYSOCKI, KLAUS VON/SCHULZE-OSTERLOH, JOACHIM (Hrsg.), Handbuch des Jahresabschlusses in Einzeldarstellungen, Abt. VI/8.

BROOKS, JERMYN (1999), The Role of Auditors in the Fight Against Corrupt Behaviour, in: PIETH, MARK/EIGEN, PETER (Hrsg.), Korruption im internationalen Geschäftsverkehr: Bestandsaufnahme, Bekämpfung, Prävention, S. 393–410.

BÜHNER, ROLF/TUSCHKE, ANJA (1997), Zur Kritik am Shareholder Value – eine ökonomische Analyse, in: Betriebswirtschaftliche Forschung und Praxis, 49. Jg., S. 499–516.

BURCHERT, BERND (2003), Das Abzugsverbot für Bestechungs- und Schmiergelder i.S. des § 4 Abs. 5 S. 1 Nr. 10 EStG – Erläuterungen zum BMF-Schreiben vom 10.10.2002, IV A 6 – S2145 – 35/02, in: Die Information über Steuer und Wirtschaft, 57. Jg., S. 260–266.

COLOMBO, GHERARDO (1999), Die Rolle der schwarzen Kassen in der Vorbereitung eines Bestechungssystems, in: PIETH, MARK/EIGEN, PETER (Hrsg.), Korruption im internationalen Geschäftsverkehr: Bestandsaufnahme, Bekämpfung, Prävention, S. 148–156.

DIETZ, MARKUS (1998), Korruption – eine institutionenökonomische Analyse.

DONALDSON, THOMAS/PRESTON, LEE E. (1995), The Stakeholder Theory of the Corporation: Concepts, Evidence, Implications, in: Academy of Management Review, Vol. 20, S. 65–91.

DORPALEN, ANDREAS (1936), Die Treuepflicht des Aktionärs, in: Zeitschrift für das gesamte Handelsrecht und Wirtschaftsrecht, 99. Jg., S. 1–32.

ENGERER, HELLA (1998), Ursachen, Folgen und Bekämpfung von Korruption: Liefern ökonomische Ansätze bestechende Argumente?, DIW-Diskussionspapier Nr. 161.

FALLGATTER, MICHAEL J. (2003), Variable Vergütung von Mitgliedern des Aufsichtsrates: Resultiert eine verbesserte Unternehmensüberwachung?, in: Die Betriebswirtschaft, 63. Jg., S. 703–713.

GARDINER, JOHN A. (1993), Defining Corruption, in: Corruption and Reform, Vol. 7, S. 111–124.

GILLENKIRCH, ROBERT M. (2003), Renditevorgaben und Kapitalkosten in der wertorientierten Investitionssteuerung, Manuskript, Frankfurt a.M.

HACHMEISTER, DIRK (2002), Corporate Governance, in: BALLWIESER, WOLFGANG/COENENBERG, ADOLF GERHARD/WYSOCKI, KLAUS VON (Hrsg.), Handwörterbuch der Rechnungslegung und Prüfung, 3. Aufl., Sp. 487f.

HEIMANN, FRITZ F./MOHN, CAREL (1999), Die Rolle der Privatwirtschaft bei der Bekämpfung der Korruption, in: PIETH, MARK/EIGEN, PETER (Hrsg.), Korruption im internationalen Geschäftsverkehr: Bestandsaufnahme, Bekämpfung, Prävention, S. 531–550.

HINES, JAMES R. JR. (1995), Forbidden Payment: Foreign Bribery and American Business After 1977, NBER Working Paper 5266.

HOMANN, KARL (1997), Unternehmensethik und Korruption, in: zfbf, 49. Jg., S. 187–209.

HOMANN, KARL/BLOME-DREES, FRANZ (1992), Wirtschafts- und Unternehmensethik.

JACOBY, NEIL/NEHEMKIS, PETER/EELLS, RICHARD (1977), Bribery and Extortion in World Business.

JOECKS, WOLFGANG (1997), Abzugsverbot für Bestechungs- und Schmiergelder – Korruptionsbekämpfung durch Steuerrecht?, in: Deutsches Steuerrecht, 35. Jg., S. 1025–1032.

JOECKS, WOLFGANG (1999), Steuerrechtliche Behandlung der Bestechung, in: PIETH, MARK/EIGEN, PETER (Hrsg.), Korruption im internationalen Geschäftsverkehr: Bestandsaufnahme, Bekämpfung, Prävention, S. 373–390.

KLITGAARD, ROBERT (1988), Controlling Corruption.

KNAUß, INA (1995), Rechtliche Rahmenbedingungen der Korruption, in: VAHLENKAMP, WOLFGANG/KNAUß, INA (Hrsg.), Korruption – ein unscharfes Phänomen als Gegenstand zielgerichteter Prävention, S. 251–330.

KRÄHE, WALTER (1968), Aktive und passive Bestechung in betriebswirtschaftlicher Sicht, in: zfbf, 20. Jg., S. 202–213.

KREJCI, HEINZ (1981), Privatrechtliche Aspekte des Schmiergeldphänomens, in: BRÜNNER, CHRISTIAN (Hrsg.), Korruption und Kontrolle, S. 529–571.

KUNZ, HARALD (1993), Kriminalität, in: RAMB, BERND-THOMAS/TIETZEL, MANFRED (Hrsg.), Ökonomische Verhaltenstheorie, S. 181–206.

KURER, OSKAR (1993), Clientelism, Corruption, and the Allocation of Resources, in: Public Choice, Vol. 107, S. 259–273.

LACEY, KATHLEEN A./GEORGE, BARBARA C. (1998), Expansion of SEC Authority Into Internal Corporate Governance: The Accounting Provisions of the Foreign Corrupt Practices Act (A Twentieth Anniversary Review), in: The Journal of Transnational Law and Policy, Vol. 7, S. 119–155.

LAMBSDORFF, JOHANN GRAF (1995), Korruption im Außenhandel, in: Wirtschaftsdienst, 75. Jg., S. 320–326.

LAMBSDORFF, JOHANN GRAF (1999), Korruption als mühseliges Geschäft – eine Transaktionskostenanalyse, in: PIETH, MARK/EIGEN, PETER (Hrsg.), Korruption im internationalen Geschäftsverkehr: Bestandsaufnahme, Bekämpfung, Prävention, S. 56–87.

LAUX, FRANK (1998), Die Lehre vom Unternehmen an sich. Wather Rathenau und die aktienrechtliche Diskussion in der Weimarer Republik.

LEFF, NATHANIEL H. (1964), Economic Development Through Bureaucratic Corruption, in: American Behavioural Scientist, Vol. 8, S. 8–14.

LEYS, COLIN (1965), What is the Problem About Corruption?, in: The Journal of Modern African Studies, Vol. 3, S. 215–230.

LEZERTUA, MANUEL (1999), Council of Europe: An Overview of Anti-Corruption Activities from 1994 to 1998, in: PIETH, MARK/EIGEN, PETER (Hrsg.), Korruption im internationalen Geschäftsverkehr: Bestandsaufnahme, Bekämpfung, Prävention, S. 228–236.

MAYER-MALY, THEO (1981), Grundsätzliche Überlegungen zur Wirksamkeit des Rechts bei der Bekämpfung von Korruption, in: BRÜNNER, CRISTIAN (Hrsg.), Korruption und Kontrolle, S. 491–507.

MCCLOY, JOHN J./PEARSON, NATHAN W./MATTHEWS, BEVERLEY (1976), The Great Oil Spill. The Inside Report: Gulf Oil's Bribery and Political Chicanery.

MEYER ZU LÖSEBECK, HEINER (2002), Unterschlagung und Veruntreuung, in: BALLWIESER, WOLFGANG/COENENBERG, ADOLF GERHARD/WYSOCKI, KLAUS VON (Hrsg.), Handwörterbuch der Rechnungslegung und Prüfung, 3. Aufl., Sp. 2445–2456.

Microsoft Encarta Enzyklopädie Professional 2003.

MILBRATH, LESTER W. (1963), The Washington Lobbyists.

MÜLLER-FRANKEN, SEBASTIAN (1996), Das Verbot des Abzugs der „Zuwendung von Vorteilen" nach dem Jahressteuergesetz 1996: Verfassungsprobleme einer Durchbrechung des objektiven Nettoprinzips, in: Steuer und Wirtschaft, 73. Jg., S. 3–23.

NEUGEBAUER, GREGORY (1978), Grundzüge einer ökonomischen Theorie der Korruption. Eine Studie über die Bestechung.

NOONAN, JOHN THOMAS (1984), Bribes.

NYE, JOSEPH S. (1967), Corruption and Political Development: A Cost Benefit Analysis, in: American Political Science Review, Vol. 61, S. 417–427.

O.V. (1996), Schmiergeld als ‚Ausrutscher', in: Frankfurter Rundschau vom 20.3.1996, S. 13.

OFFERHAUS, KLAUS (1995), Moral im Steuerrecht?, in: Harzburger Steuerprotokoll, 34. Jg., S. 29–43.

PIEHL, HANSJÖRG (1991), Bestechungsgelder im internationalen Wirtschaftsverkehr: Korruption in Schuldverträgen mit Auslandsberührung.

PIGOU, ARTHUR C. (1912), Wealth and Welfare.

PRITZL, RUPERT F. J./SCHNEIDER, FRIEDRICH (1999), Korruption, in: KORFF, WILHELM U.A. (Hrsg.), Handbuch der Wirtschaftsethik, Band 4, S. 310–333.

RANDT, KARSTEN (2002), Abermals Neues zur Korruptionsbekämpfung: Die Ausdehnung der Angestelltenbestechung des § 299 StGB auf den Weltmarkt, in: Betriebs-Berater, 57. Jg., S. 2252–2256.

ROSE-ACKERMAN, SUSAN (1978), Corruption – A Study in Political Economy.

ROSENTHAL, MARK (1989), An American Attempt to Control International Corruption, in: HEIDENHEIMER, ARNOLD J./JOHNSTON, MICHAEL/LEVINE, VICTOR T. (Hrsg.), Political Corruption – A Handbook, S. 701–715.

RUBIN, S. (1982), International Aspects of the Control of Illicit Payments, in: The Syracuse Journal of International Law and Commerce, Vol. 9, S. 315–323.

RÜGEMER, WERNER (1996), Wirtschaften ohne Korruption?

RUPPE, HANS G. (1981), Korruption und Steuerrecht, in: BRÜNNER, CRISTIAN (Hrsg.), Korruption und Kontrolle, S. 593–609.

SACERDOTI, GIORGIO (1999), Das OECD-Übereinkommen 1997 über die Bekämpfung der Bestechung ausländischer Amtsträger im internationalen Geschäftsverkehr, in: PIETH, MARK/EIGEN, PETER (Hrsg.), Korruption im internationalen Geschäftsverkehr: Bestandsaufnahme, Bekämpfung, Prävention, S. 212–227.

SALZBERGER, WOLFGANG/THEISEN, MANUEL R. (1996), Jahressteuergesetz 1996: Steuerliche Beschränkung der Abzugsfähigkeit von Schmiergeldzahlungen – Ein Windei, in: Der Betrieb, 49. Jg., S. 396–399.

SCHMIDT, KURT (1969), Zur Ökonomik der Korruption, in: Schmollers Jahrbuch, S. 129–149.

SCHMIDT, KURT/GARSCHAGEN, CHRISTINE (1978), Korruption, in: ALBERS, WILLI U.A. (Hrsg.), Handwörterbuch der Wirtschaftswissenschaft, Vierter Band, S. 565–573.

SCHMIDT, REINHARD H./WEIß, MARCO (2003), Shareholder vs. Stakeholder: Ökonomische Fragestellungen, in: HOMMELHOFF, PETER/HOPT, KLAUS J., WERDER, AXEL VON (Hrsg.), Handbuch Corporate Governance, 2003, S. 107–127.

SCHNEIDER, DIETER (1997a), Betriebswirtschaftslehre. Band 2: Rechnungswesen, 2. Aufl.

SCHNEIDER, DIETER (1997b), Betriebswirtschaftslehre. Band 3: Theorie der Unternehmung.

SCHNEIDER, DIETER (1997c), Steuervermeidung – Ein Kavaliersdelikt?, in: Der Betrieb, 50. Jg., S. 485–490.

SCHÖNKE, ADOLF/LENCKNER, THEODOR (2001), Strafgesetzbuch. Kommentar, 26. Aufl.

SCHROTH, PETER W. (2003), Fostering Informed and Responsible Management: The Failure of the Corruption Treaties' Provisions on Accounting and Control, in: BATTEN, JONATHAN A./FETHERSTON, THOMAS A. (Hrsg.): Social Responsibility: Corporate Governance Issues, S. 311–335.

SCHRUFF, WIENAND (2003), Zur Aufdeckung von Top-Management-Fraud durch den Wirtschaftsprüfer im Rahmen der Jahresabschlussprüfung, in: Die Wirtschaftsprüfung, 56. Jg., S. 901–911.

SETHE, ROLF (1999), Die zivilrechtlichen Folgen nationaler und transnationaler Bestechung, in: PIETH, MARK/EIGEN, PETER (Hrsg.), Korruption im internationalen Geschäftsverkehr: Bestandsaufnahme, Bekämpfung, Prävention, S. 449–491.

SHLEIFER, ANDREI/VISHNY, ROBERT W. (1993), Corruption, in: Quarterly Journal of Economics, Vol. 108, S. 599–617.

SPORKIN, STANLEY (1998), The Worldwide Banning of Schmiergeld: A Look at the Foreign Corrupt Practices Act on its Twentieth Birthday, in: Northwestern Journal of International Law and Business, Vol. 19, S. 269–281.

STREISSLER, ERICH (1981), Zum Zusammenhang zwischen Korruption und Wirtschaftsverfassung, in: BRÜNNER, CRISTIAN (Hrsg.), Korruption und Kontrolle, S. 299–328.

THOMAS, JÜRGEN (1999), Korruptionsbekämpfung – Herausforderung für das Management?, in: PIETH, MARK/EIGEN, PETER (Hrsg.), Korruption im internationalen Geschäftsverkehr: Bestandsaufnahme, Bekämpfung, Prävention, S. 523–529.

TIROLE, JEAN (1999), Industrieökonomik, 2. Aufl.

TRANSPARENCY INTERNATIONAL, DEUTSCHES CHAPTER E.V. (2003), Vorschläge zur Fortschreibung des Deutschen Corporate Governance Kodex, 12.8.2003.

VAN KLAVEREN, JACOB (1957), Die historische Erscheinung der Korruption, in ihrem Zusammenhang mit der Staats- und Gesellschaftsstruktur betrachtet, in: Vierteljahresschrift der Sozial- und Wirtschaftsgeschichte, 44. Jg., 4. Ausgabe, Dezember, S. 289–324.

WAGNER, FRANZ W. (1997), Shareholder Value: Eine neue Runde im Konflikt zwischen Kapitalmarkt und Unternehmensinteresse, in: Betriebswirtschaftliche Forschung und Praxis, 49. Jg., S. 473–498.

WALL, FRIEDERIKE (2003), Kompatibilität des betriebswirtschaftlichen Risikomanagement mit den gesetzlichen Anforderungen? Eine Analyse mit Blick auf die Abschlussprüfung, in: Die Wirtschaftsprüfung, 56. Jg., S. 457–471.

WARNER, CAROLYN M. (1999), Institutionen der Korruption oder Korruption der Institutionen? Betrug in der Europäischen Union. Jahrbuch für Europa- und Nordamerika-Studien, Bd. 3, S. 225–250

WATERS, JAMES A. (1978), Catch 20.5: Corporate Morality as an Organizational Phenomenon, in: Organizational Dynamics, Vol. 6, Spring, S. 3–19.

WENGER, EKKEHARD (1987), Managementanreize und Kapitalallokation, in: Jahrbuch für Neue Politische Ökonomie, 6. Jg., S. 217–240.

WENGER, EKKEHARD/ KNOLL, LEONHARD (1999), Shareholder Value, in: KORFF, WILHELM U.A. (Hrsg.), Handbuch der Wirtschaftsethik. Band 4, Gütersloh 1999, S. 433–454.

WIEHEN, MICHAEL H. (1999), Auftragsvergabe, in: PIETH, MARK/EIGEN, PETER (Hrsg.), Korruption im internationalen Geschäftsverkehr: Bestandsaufnahme, Bekämpfung, Prävention, S. 492–518.

WOLZ, MATTHIAS (2004), Die Festlegung von Wesentlichkeitsgrenzen in der deutschen Wirtschaftsprüfungspraxis, in: zfbf, 56. Jg., S. 122–145.

XUN, WU (2002), Corporate Governance and Corruption – A Cross Country Analysis, Nationaluniversität Singapur, Manuskript.

ZIESCHANG, FRANK (1999), Das EU-Bestechungsgesetz und das Gesetz zur Bekämpfung internationaler Bestechung, in: Neue Juristische Wochenschrift, 52. Jg., S. 105–107.

Entwicklungsperspektiven unternehmenswert-orientierter Steuerungssysteme

von

HANS DIRRIGL*

Gliederung

* Prof. Dr. HANS DIRRIGL, Lehrstuhl für Betriebswirtschaftslehre, insb. Controlling, Ruhr-Universität Bochum, Universitätsstraße 150, D-44780 Bochum.
E-Mail: controlling@ruhr-uni-bochum.de.

1 Problemstellung

Obwohl programmatisch bereits seit längerer Zeit eine Orientierung am Unternehmenswert für die Ausgestaltung von Steuerungssystemen gefordert wird, ist dieser Ausrichtung bislang weder in der Entwicklung theoretischer Konzepte, noch in der praktischen Umsetzung ein größerer Erfolg beschieden gewesen.

Ein zentraler Grund für die Lücke zwischen Wunsch und Wirklichkeit könnte sein, dass die derzeit existierenden methodischen Ansätze der Unternehmensbewertung für Anwendungsbereiche einer wertorientierten Steuerung nur unzulänglich geeignet sind.

Der vorliegende Beitrag verfolgt demnach ein zweifaches Anliegen:

Zum einen soll im zweiten Abschnitt eine Methodik der Unternehmensbewertung entwickelt werden, die aufgrund ihrer leistungswirtschaftlichen Orientierung sowie ihres expliziten Risikobezugs in der Lage ist, den Anforderungen für die wertorientierte Steuerung von Bereichen zu genügen.

Auf dieser Basis wird dann im dritten Abschnitt untersucht, wie die Unternehmenswert-Orientierung in den Teilsystemen zur strategischen Planung, der Performancemessung und der Bereitstellung von Bemessungsgrundlagen für die variable Managementvergütung umgesetzt werden kann.

2 Unternehmenswert-Orientierung von Steuerungssystemen und Methoden der Unternehmensbewertung

2.1 Integration von Steuerungssystemen auf Basis der Unternehmensbewertung

2.1.1 Aktualität und Notwendigkeit der Unternehmenswert-Orientierung von Steuerungssystemen

Die Unternehmenswert-Orientierung ist inzwischen für die Gestaltung von Steuerungssystemen nicht nur aus theoretischer Sicht von höchster Aktualität, da das Wissen zu den Methoden der Unternehmensbewertung weit verbreitet ist – diese also eine „Popularisierung“ erfahren haben – und die früher häufig zu findende Auffassung, dass der Economic Value Added (EVA) – als wertorientierte Spitzenkennzahl – ein richtiges Signal für die Zielsetzung der Steigerung des Unternehmenswerts liefern könne, jedenfalls aus theoretischer Sicht als nicht haltbar erkannt wurde.

Galten Methoden der Unternehmensbewertung früher als Geheimwissenschaft, mit der sich nur wenige Experten im Vorfeld einer Eigentumstransaktion beschäftigen mussten, wenn ein Unternehmenswert als sog. Entscheidungswert zu ermitteln war, so hat sich inzwischen das potenzielle Anwendungsfeld für Methoden der Unternehmensbewertung über transaktionsbezogene Anlässe hinaus stark erweitert. Dabei ist auch an Aufgaben im Bereich der Rechnungslegung wie dem Impairment(-Test) zu denken. Stichworte dafür sind SFAS 141, SFAS 142 und IAS 36. Die Methoden der Unternehmensbewertung haben eine „Komplexitätsreduktion" erfahren, wie man sie sich früher hätte nicht vorstellen können, wozu sicher Rappaport mit seinem Werttreiber-Modell zur Bestimmung der Free Cash Flows[1] einen nicht unwesentlichen Beitrag geleistet hat.

Wertorientierung[2] wurde früher oftmals mit der wohl bekanntesten Wertbeitragskennzahl[3], dem Economic Value Added, gleichgesetzt. Geschicktem Marketing von Beratungsgesellschaften ist es zuzuschreiben, dass heute EVA, wie auch die dazu in Konkurrenz stehende Wertbeitragskennzahl des Cash Value Added[4], weltweit bekannt sind. Für die weite Verbreitung von EVA war sicherlich auch ein günstiger Umstand, dass EVA rechnungswesennah[5] konzipiert ist. Auch ist zunächst die Hoffnung propagiert worden, dass mit EVA das geleistet werden könnte, was nur auf Basis einer Unternehmensbewertung möglich ist, nämlich den „Value Added" im Sinne einer Veränderung des Unternehmenswerts zu bestimmen. Bis auch die „hässlichen" Seiten von EVA bemerkt und zur Kenntnis genommen wurden, hat es relativ lange gedauert: „Das Schöne, das Unattraktive und das Hässliche an EVA & Co", so lautet der bemerkenswerte Titel eines Beitrags aus dem Jahre 2000[6], und *Dieter Schneider* hat 2001 seine Charakterisierung des EVA-Kozepts unter die Überschrift: „Oh, EVA, EVA, schlimmes Weib: Zur Fragwürdigkeit einer Zielvorgabe-Kennzahl nach Steuern im Konzerncontrolling"[7] gestellt. Inzwischen ist die Aufmerksamkeit in Theorie und Praxis auf „Möglichkeiten zur Ermittlung periodischer Erfolgsgrößen in Kompatibilität zum Unternehmenswert"[8] gerichtet worden.

Aus der Gesamtsicht dieser Entwicklungen in den letzten Jahren erscheint die Zeit dafür reif zu sein, die Unternehmenswert-Orientierung als Leitidee für die Ausgestaltung wertorientiert-integrierter Steuerungssysteme auf breiter Front umzusetzen. In den drei zentralen Teilsystemen einer unternehmens-

1 Vgl. RAPPAPORT (1995); zu einer Würdigung vgl. DRUKARCZYK (1997).
2 Zu einem Vergleich ausgewählter Konzepte der wertorientierten Unternehmenssteuerung vgl. PFAFF/BÄRTL (1999).
3 Zu EVA vgl. STEWART (1991); HESSE (1996); EHRBAR (1998); YOUNG/O'BYRNE (2001).
4 Zu einem Vergleich vgl. SCHAEFER (2002).
5 Zur „Konvergenz" von Unternehmensrechnung und Performancemaßen vgl. DIRRIGL (1998b) und HENSELMANN (1999).
6 Vgl. RICHTER/HONOLD (2000).
7 SCHNEIDER (2001), S. 2509; zu den Problemen einer „marktwertorientierten" Unternehmensrechnung vgl. SCHNEIDER (1998).
8 Arbeitskreis „Wertorientierte Führung in mittelständischen Unternehmen" der Schmalenbach-Gesellschaft (2004).

wert-orientierten Steuerung, der (a) Strategieplanung, (b) Performancemessung und (c) variablen Managementvergütung erlangt die Methodik der Unternehmensbewertung Relevanz für die Evaluierung von Strategiealternativen, die Bestimmung wertorientierter Performancegrößen und die daran anknüpfende Bereitstellung von Bemessungsgrundlagen für die variable Managervergütung.

Somit kann die Unternehmenswert-Orientierung zum verbindenden Element aller Teilsysteme des Value Based Management-Systems[9] werden, die Integration von wertorientierten Ansätzen zu einem konsistenten Gesamtkonzept vollzogen werden. Integration ist zunächst ein Anspruch an die Unternehmensbewertung zur Erstellung integrierter Prognoserechnungen und die Verbindung der Erfolgsprognose mit einer adäquat ausgestalteten Methodik zur Berücksichtigung der Unsicherheit.

Auch für die Verbindung der Teilsysteme ist eine Integration auf der Basis von Unternehmenswerten erforderlich. Die Heranziehung von Unternehmenswerten wird auf relativ wenige Bedenken im Bereich der strategischen Planung stoßen, weil diese per se prospektiv ausgerichtet ist und somit der einer jeden Unternehmensbewertung immanenten Zukunftsorientierung entspricht. Dagegen ist mit Widerständen von praktischer Seite zu rechnen, von der gegen die Berücksichtigung von Unternehmenswerten bei der wertorientierten Performancemessung eingewandt wird, dass Unternehmenswerte zum Großteil auf dem sog. Restwert basieren und dieser als höchst unsicher einzustufen sei[10].

Von der theoretischen Seite her gesehen, dürften die Bedenken und Widerstände gegen die Berücksichtigung von Unternehmenswerten nicht mehr sehr groß, jedenfalls überwindbar sein, nachdem das Konzept des Earned Economic Income (EEI) als überlegenes Performancemaß erkannt wurde und propagiert wird[11]. Vom Projektbezug des EEI, der bislang in der Literatur üblich ist[12], zur bereichsbezogenen Anwendung dieses Performancemaßes ist nur ein kleiner Schritt zu gehen[13]. Das EEI-Konzept hat sich inzwischen auch im Bereich der – projektbezogenen – Managementvergütung durchsetzen und etablieren können[14].

Ob im Bereich der variablen Managementvergütung solche Bemessungsgrundlagen, die auf Unternehmenswerten basieren, auf Akzeptanz stoßen,

9 Zum VBM und dessen Umsetzung vgl. ADERS/HEBERTINGER/WIEDEMANN (2003) und ADERS/HEBERTINGER/SCHAFFER/WIEDEMANN (2003).

10 Vgl. DINTER/SWOBODA (2003), S. 243f.

11 Vgl. dazu ROGERSON (1997), BALDENIUS/FUHRMANN/REICHELSTEIN (1999), PFAFF/BÄRTL (1999), GILLENKIRCH/SCHABEL (2001).

12 Vgl. etwa CRASSELT (2004).

13 Vgl. dazu DIRRIGL (2003), S. 178ff.

14 Vgl. etwa REICHELSTEIN (2000), HACHMEISTER (2003), PFAFF/STEFANI (2003), PFEIFFER (2003), CRASSELT (2004).

könnte zweifelhaft sein. Zwar wird auch die Börsenkapitalisierung einer Unternehmung als „fundamentaler Unternehmenswert" interpretiert und von daher gefolgert werden können, dass es widersprüchlich wäre, zwar aktienbasierte Anreizsysteme zu akzeptieren, nicht aber „echte" Unternehmenswerte, die auf der gleichen – prospektiven – Bewertungslogik basieren. Es ist allerdings der Einwand zu erwarten, dass aus interner Perspektive ermittelten Unternehmenswerten die Bestätigung und Objektivierung durch den Markt fehle. Ob es allerdings zweckmäßig sein kann, eine zwar „falsche", aber objektivierte Marktgröße einem im Prinzip „richtigen" Unternehmenswert als Bemessungsgrundlage vorzuziehen, ist zweifelhaft. Lassen sich Mechanismen finden, mit denen aus interner Perspektive ermittelte Unternehmenswerte einem Objektivierungsprozess unterzogen werden können, so sollte auch diesen Unternehmenswerten die Brauchbarkeit als Bemessungsgrundlage für die variable Managementvergütung attestiert werden können.

2.1.2 Methoden der Unternehmensbewertung im Kontext wertorientierter Steuerungssysteme

Die Anwendungsbereiche der Unternehmensbewertung und das mit ihnen verbundene Integrationspotential bei der wertorientiert ausgerichteten Steuerung haben eine geeignete Methodik der Unternehmensbewertung zur zentralen Voraussetzung. Die Brauchbarkeit von Unternehmenswerten ist in Frage zu stellen, wenn solche auf konzeptionellen Ansätzen basieren, die aus theoretischer Perspektive Mängel aufweisen. Die Zweckeignung von Methoden der Unternehmensbewertung im Bereich des Value Based Management kann nicht damit zu begründen versucht werden, dass bestimmte Ansätze, angesprochen sind damit derzeit die DCF-orientierten Methodiken, eine weite empirische Verbreitung aufweisen und so den „Eignungstest" bestanden hätten. Eine pauschale Anerkennung einer bestimmten Methodik der Unternehmensbewertung für Zwecke des Value Based Management kann es so lange nicht geben, als nicht innerhalb der verschiedenen Ausrichtungen für den jeweils spezifischen Zweck eine Eignung bejaht werden kann. Insofern sind Defizite im Bereich der Forschung zu konstatieren.

Zunächst ist die Methodik der Unternehmensbewertung bei der wertorientierten Strategieplanung verwendbar geworden[15]. In diesem Bereich scheint sich eine Vorgehensweise durchgesetzt zu haben, die bei der Ergebnisprognose auf das Werttreibermodell von *Rappaport* zurückgreift und bei der Bewertung die WACC-Variante der DCF-Ansätze übernimmt. Man könnte inso-

15 Vgl. dazu Abschnitt 3.1.

weit von einem „Minimalprogramm" der Unternehmensbewertung sprechen. Zwar sind seit jeher die Prämissen des CAPM als theoretische Basis der DCF-Methoden auf Kritik gestoßen[16], doch ist das Methoden-Gewissen, das sich bei manchem Anwender dieser Methodik geregt hat, damit beruhigt und besänftigt worden, dass es derzeit keine „praktikablere" und gleichermaßen „theoretisch fundierte" Methode gäbe, die DCF-Methodik im Hinblick auf die Lösung des Unsicherheitsproblems also alternativlos sei.

Im Rahmen der DCF-Methodik wurden Modifikationen vorgeschlagen, die sich auf den Bereich der Erfolgsprognose beziehen, indem eine Residualgewinn-Struktur propagiert wurde[17]. Die als Residual Income-Methode (RIM) bezeichnete Vorgehensweise kann jedoch den Status einer originären „Methode" so lange nicht beanspruchen, als das Bewertungsergebnis mit dem übereinstimmt, das auf der Basis von Free Cash Flows abgeleitet wird. Da die RIM für das Unsicherheitsproblem keinen eigenständigen Lösungsvorschlag bereitstellt, ist sie auch allen Einwendungen ausgesetzt, die gegen CAPM-gestützte Bewertungskonzepte vorzubringen sind[18].

Zur „richtigen" Methodik der Unternehmensbewertung gibt es eine lange Diskussion. Sie ist zunächst in Form der Gegenüberstellung von Ertragswert-Methodik und Substanzwert-Ermittlung (oder Mischverfahren) geführt und zugunsten der Ertragswert-Methodik entschieden worden. Nach der Propagierung der DCF-Ansätze aus der Finance-Richtung hat sich die Diskussion zunächst auf die verschiedenen Varianten dieser Methodik konzentriert[19]. Inzwischen werden zugunsten einer residualgewinn-orientierten Unternehmensbewertung Argumente vorgebracht, die auf den Restwert und somit die Prämissen für den Zeitraum nach der Detailprognosephase zielen. Wie bekannt, kommt dem sog. „Restwert" für das Ergebnis einer Unternehmensbewertung ein besonderes Gewicht zu. Dies überhaupt und die Möglichkeit, diesen relativ willkürlich zu bestimmen, wird für bedenklich gehalten[20]. Helfen könnte insoweit eine Prämisse, die bei der Bestimmung des Restwerts die Berücksichtigung von Übergewinnen „verbietet"[21].

Die aus der Restwert-Phase resultierende Wertkomponente hängt in erster Linie davon ab, welche Prämissen hinsichtlich der Profitabilität für diesen Zeitraum gesetzt werden. Dazu ist in der Literatur eine Normalgewinn-Hypothese zu finden, womit gemeint ist, dass sich „auf Dauer" nur ein Erfolg in Höhe

16 Vgl. etwa SCHNEIDER (2001), S. 2513.

17 Vgl. COENENBERG/SCHULTZE (2002); SCHULTZE (2003); COENENBERG/SCHULTZE (2003); PROKOP (2004).

18 Zur Kritik am CAPM vgl. etwa TIMMRECK (2002).

19 Vgl. dazu etwa DINSTUHL (2003).

20 Vgl. DINTER/SWOBODA (2003), S. 243f.

21 Zur Problematik einer pauschalen Nichtberücksichtigung von Übergewinnen nach der Detailprognosephase vgl. Abschnitt 3.1.

einer „Normalverzinsung“ auf das eingesetzte Kapital erzielen lasse[22]. Eine Normalgewinn-Hypothese als Profitabilitäts-Prämisse für den Zeitraum nach der Detailprognosephase wirft verschiedene Probleme auf:

(a) Prognose-Probleme: Wie ist die „Normalverzinsung“ zu bestimmen?
(b) Wie lange dauert die der eigentlichen Restwert- vorgeschaltete Ramping-Phase[23] und welche Trendannahmen werden für diese Phase gesetzt[24]?
(c) Probleme der strategietheoretischen Fundierung: Ist eine Normalgewinn-Hypothese mit dem „state of the art“ der Strategie-Theorie kompatibel? Der Normalgewinn-Hypothese liegt das strategietheoretische Gedankengut des market based view zugrunde, die heute in Konkurrenz zum resource based view steht[25].

Die Frage nach der „richtigen“ Methode der Unternehmensbewertung wird heute nicht mehr pauschal, sondern zweck-differenziert untersucht. Im hier vorliegenden Kontext könnten die drei Aufgaben: Planungszwecke bei der Evaluierung von Strategiealternativen, Performancemessung sowie Zwecke, die mit der Bestimmung von Bemessungsgrundlagen für Anreizsysteme zusammenhängen, jeweils ein spezifisches Konzept der Unternehmensbewertung verlangen und im Ergebnis zu unterschiedlichen Unternehmenswerten führen.

In der Literatur sind die Methoden der Unternehmensbewertung auf ihre Eignung bezüglich der Aufgaben aus dem Spektrum des VBM-Systems untersucht worden: Bei Aufgabenstellungen der Strategieevaluierung dominiert das Rappaport-Werttreiber-Modell. Dieses wird als Grundmodell verwendet, an dem (Markt-)Module angekoppelt werden[26]. Aufgabenstellungen der Performancemessung und des Monitoring sind in der Literatur bisher eher selten mit der Unternehmensbewertung in Verbindung gebracht worden[27].

Nach Spezifikation des Anforderungsprofils können zunächst die existierenden Ansätze Ertragswertmethode, DCF-Methoden und residualgewinnorientierte Verfahren daraufhin analysiert werden, ob Kalkülstrukturen und Erfolgs(prognose)größen für Anwendungsbereiche im Kontext wertorientierter

22 Vgl. Lewis (1994).

23 Mit Günther kann dabei von einer „Ramping-Phase“ gesprochen werden; vgl. Günther (1997), S. 147ff.

24 Es liegen in der Literatur verschiedene Vorschläge vor, wie ein Ramping modelltechnisch umgesetzt werden kann; vgl. Günther (1997), S. 147ff; Dinstuhl (2003), S. 134ff; Dolny (2003), S. 196ff.

25 Eine Untersuchung solcher Probleme kann nur im Kontext der jeweiligen Aufgabenstellung erfolgen; vgl. dazu Abschnitt 3. 1.

26 Vgl. Peschke (1997), S. 127ff.

27 Eine Ausnahme bilden die Vorschläge von Drukarczyk/Schüler (2000).

Steuerungssysteme in Betracht kommen. Ausgangsbasis ist die Grundformel der Unternehmensbewertung:

$$UW_0 = \sum_{t=1}^{\infty} Z_t \, (1+i)^{-t}.$$

wobei Z_t die (Zahlungs-)Überschussgröße der Periode t und i einen Kalkulationszinsfuß symbolisieren. Zum Standard der Unternehmensbewertung gehört heute eine Phasendifferenzierung für die Erfolgsprognose, wobei mindestens zwischen einer I. Phase, der sog. Detailprognosephase, und einer sich anschließenden II. Phase, der Restwert-Phase, zu differenzieren ist. In der Detailprognosephase werden für jede einzelne Periode t mehr oder weniger detaillierte Prognosen zu den Erfolgs(bestimmungs)größen vorgenommen und diese somit nicht über Trendfunktionen der Art

$$Z_t = f(Z_{t-1})$$

gekoppelt. Eine solche Verknüpfung ist typisch für die Restwertphase, wobei diese weiter unterteilt werden kann. Unabhängig davon, wie viele Phasen bei der Erfolgsprognose abgegrenzt werden, ob man also ein Zwei-Phasen-Modell oder ein Drei-Phasen-Modell bevorzugt[28], stellt sich als zentrales Problem die Definition der Überschussgröße Z_t. Im Kontext DCF-orientierter Ansätze der Unternehmensbewertung ist es üblich geworden, eine unternehmensbezogene Zahlungsüberschussgröße zu definieren, die als „Free Cashflow" (FCF) bezeichnet wird. In dieser Größe sollen alle finanziellen Konsequenzen des leistungswirtschaftlichen („operativen") Bereichs eines Bewertungsobjekts vor Berücksichtigung von Konsequenzen aus der Finanzierungssphäre zusammengefasst werden.

Bei den DCF-orientierten Ansätzen der Unternehmensbewertung basiert die Wertbestimmung auf den Free Cashflows und damit auf Zahlungsstromgrößen, ohne das Problem der anteilseignerorientierten Ausschüttungsplanung zu thematisieren. Auf Zahlungen basierend sind keine Periodisierungsprobleme zu lösen, wie sie sich etwa im Zusammenhang mit der Verteilung der Anschaffungsauszahlungen langlebiger, abnutzbarer Anlagegegenstände ergeben. Solche Periodenabgrenzungen („Accruals") bergen ein hohes Problempotenzial bei der Bestimmung aller Gewinngrößen, die im Kontext einer Unternehmensbewertung aber für die Prognose ertragsteuerlicher Bemessungsgrundlagen[29] relevant werden. Periodisierte Überschussgrößen könnten bei einer Unternehmensbewertung eine weitere Funktion haben, wenn die Wertbestimmung auf periodisierten (Residual-)Gewinngrößen basiert. In der Literatur wird (vereinzelt) die Ertragswertmethode so interpretiert, dass sie den Ertragsüberschuss

28 Vgl. Dirrigl (1998a), S. 12ff.

29 Vgl. dazu Dirrigl (1988).

als Erfolgsgröße zugrunde legt[30]. Bei einer solchen Interpretation ist es dann nahe liegend, die Ertragswertmethode in einen Zusammenhang mit sog. residualgewinnorientierten Ansätzen der Unternehmensbewertung zu bringen.

Als Prototyp einer Residualgewinngröße kann heute der Economic Value Added (EVA) gelten, der definiert wird als:

$$EVA_t = NOPAT_t - k \cdot IC_{t-1}.$$

Dabei bezeichnet NOPAT als „Net Operating Profit After Taxes" eine aus dem Bereich der externen Rechnungslegung abgeleitete Periodengewinngröße, von der eine Capital Charge subtrahiert wird. Eine solche Größe hat Gemeinsamkeiten mit dem kurzfristigen Betriebserfolg der Kostenrechnung, in dem über die „kalkulatorischen Zinsen" ebenfalls eine Berücksichtigung des gesamten Kapitaleinsatzes als „Kostenfaktor" erfolgt. Neben der Gewinn-Basierung in den NOPAT kommt die Rechnungslegungs-Welt auch bei der Bestimmung der Capital Charge zum Zuge, wenn das „Invested Capital" (IC_t) aufgrund bilanzieller Bestandsgrößen bestimmt wird.

Im folgenden Abschnitt wird das Konzept einer leistungswirtschaftlich orientierten Unternehmensbewertung entwickelt, das für die Erfolgsprognose auch Jahresabschlussgrößen beinhaltet; solche sind bereits dann zu bestimmen, wenn steuerliche Konsequenzen bei der bereichsbezogenen Unternehmensbewertung berücksichtigt werden sollen.

2.2 Leistungswirtschaftliche Unternehmensbewertung

2.2.1 Leistungswirtschaftlich-orientierte integrierte Ergebnisprognose

Für Zwecke des Value Based Management und des unternehmenswertorientierten Controlling wird in der Literatur oft das Werttreiber-Modell von *Rappaport* empfohlen bzw. als Ausgangsbasis für daran anknüpfende Modifizierungen und Erweiterungen herangezogen[31]. Solche erscheinen geboten, da aufgrund der von *Rappaport* intendierten Zielsetzungen[32] verschiedene Prognosegrößen nicht Gegenstand des Wertgeneratoren-Modells sind, die in einem integrierten Value Based Management-System relevant werden könnten: So verzichtet *Rappaport* auf die Gewinnprognose und die dazu erforderlichen Erfolgs-Periodisierungen, wie auch auf die Prognose von bilanziellen Bestandsgrößen.

30 Vgl. etwa RIEDL (2000), S. 225.

31 Vgl. etwa DIRRIGL (1994), S. 415 ff.; GÜNTHER (1997), S. 144 ff.

32 Hinzuweisen ist dabei insbesondere auf die strenge Abgrenzung zur Accounting-Welt; vgl. RAPPAPORT (1999), S. 15 ff.

Eine Relevanz der Gewinnplanung könnte sich bereits dann ergeben, wenn die steuerlichen Konsequenzen mit größerer Detailgenauigkeit und Realitätsnähe prognostiziert werden sollen[33]. Im Kontext der Performance-Prognose könnten auch Residualgewinne relevant werden, die eine Gewinn- und Bilanzplanung voraussetzen, wenn auf bilanziellen Bestandsgrößen basierende kalkulatorische Zinsen berücksichtigt werden sollen. Differenzen bilanzieller Bestandsgrößen lassen sich auch als auf indirekte Art und Weise ermittelte (Des-)Investitionen interpretieren.

Das Wertgeneratoren-Modell von *Rappaport* gehört zur Klasse der umsatzgetriebenen Ergebnisprognose-Modelle und erfüllt damit eine Anforderung an Prognosemodelle, die einen Strategiebezug aufweisen. In der Literatur ist anhand einer Beispielsrechnung zur integrierten Unternehmensplanung demonstriert worden, wie auf denkbar einfache Art und Weise eine Erfolgsprognose für die Detailprognosephase einer Unternehmensbewertung durchgeführt werden kann, die zwar an dem von *Rappaport* vorgeschlagenen Grundtyp eines Value Driver-Modells anknüpft, aber darüber hinausgehend eine integrierte Erfolgs-, Bilanz- und Finanzplanung beinhaltet[34]. Statt Umsatzgrößen als Anknüpfungspunkte für (Zusatz-)Investitionen heranzuziehen, wurde eine Erweiterung in der Weise vorgenommen, dass die Gesamtleistung einer Periode als Bezugsbasis für die Prognose von Erfolgskomponenten, die mit dem Einsatz der verschiedenen Produktionsfaktoren zusammenhängen[35], verwendet wird.

Neben den Umsätzen ist in die Gesamtleistung einer Periode auch die Entwicklung der Bestände an Fertigerzeugnissen in die integrierte Unternehmensplanung einzubeziehen[36]. In besonders einfacher Art und Weise lassen sich als Komponenten des Net Working Capital (NWC) der Bestand an Fertigerzeugnissen, wie auch die Bestände an Roh-, Hilfs- und Betriebsstoffen, Forderungen aus Lieferungen und Leistungen sowie die kurzfristigen Verbindlichkeiten aus Lieferungen und Leistungen als Quoten des Planumsatzes einer Periode modellieren[37].

Dieses Modell zu einer integrierten Unternehmensplanung erscheint auch für die hier vorliegenden Untersuchungsziele von seiner Grundstruktur her geeignet. In der komprimierten Struktur des Ergebnisprognosemodells, wie es mit den zentralen Input- und Output-Größen in *Tabelle 1* dargestellt ist, wird eine Erweiterung bezüglich der Unsicherheits-Dimension ermöglicht, ohne

33 Vgl. dazu Dirrigl (1988).
34 Vgl. Henselmann (1999), S. 511–521.
35 Vgl. zu einem solchen Vorschlag Henselmann (1999), S. 514.
36 Vgl. dazu Dirrigl (1988), S. 219ff.
37 Vgl. Henselmann (1999), S. 514.

Tabelle 1: Integrierte Ergebnisprognose

			0	1	2	3	4	5
1	Umsatz-Wachstumsrate	uw		6%	10%	8%	6%	4%
2	Umsatz	U	11.812,00	12.520,72	13.772,79	14.874,62	15.767,09	16.397,78
3	Bestandsfaktor FE	f^{BFE}		0,10	0,10	0,10	0,10	0,10
4	Bestandsveränderung FE	BVFE		-46,93	125,21	110,18	89,25	63,07
5	Gesamtleistung	GL		12.473,79	13.898,00	14.984,80	15.856,34	16.460,84
6	Faktor d. lauf. Auszahlungen	f^{AZ}		0,87	0,86	0,86	0,86	0,86
7	Auszahlungen	AZ		10.852,20	11.952,28	12.886,93	13.636,45	14.156,33
8	Gewinn vor ZI u. ABS	GVZA		1.621,59	1.945,72	2.097,87	2.219,89	2.304,52
9	Abschreibung	ABS		400,00	450,00	450,00	400,00	400,00
10	Zinsen auf Fremdkapital	ZI	0,10	314,70	314,70	314,70	314,70	314,70
11	Gewinn	G		906,89	1.181,02	1.333,17	1.505,19	1.589,82
12	operativer Zahlungsüberschuss	ZVF		1.555,21	1.620,18	1.811,40	1.987,84	2.140,54
13	Investition Sachanlagen	ISA		400,00	800,00	500,00	400,00	400,00
14	Desinvestition Sachanlagen	DSA		40,00	40,00	40,00	40,00	40,00
15	Sachanlagen	SA	3.662,00	3.622,00	3.932,00	3.942,00	3.902,00	3.862,00
16	Bestandsfaktor NWC	f^{NWC}		0,26	0,26	0,26	0,26	0,26
17	Net Working Capital	NWC	3.189,00	3.255,39	3.580,93	3.867,40	4.099,44	4.263,42
18	Bestand Fertigerzeugnisse	BFE	1.299,00	1.252,07	1.377,28	1.487,46	1.576,71	1.639,78
19	Fremdkapital	FK	3.147,00	3.147,00	3.147,00	3.147,00	3.147,00	3.147,00
20	Eigenkapital	EK	3.704,00	3.730,39	4.365,93	4.662,40	4.854,44	4.978,42
21	**Zahlungsüberschuss**	**ZF**		**880,51**	**545,48**	**1.036,70**	**1.313,14**	**1.465,84**

dass deswegen die Übersichtlichkeit und Transparenz der Prognose und daran anknüpfenden Bewertung übermäßig in Mitleidenschaft gezogen wird[38].

Diese Grundstruktur kann aufgabenspezifisch im Hinblick auf verschiedene Prognosegrößen erweitert werden. Im Folgenden wird die Prognose der Kapitalbindung thematisiert.

2.2.2 Prognose der Kapitalbindung

Im Standard-Ergebnisprognosemodell werden bilanzielle Bestandsgrößen auf der Aktivseite mit dem abnutzbaren Anlagevermögen und verschiedenen Positionen des Umlaufvermögens (Fertigerzeugnisse, Bestand an Roh-, Hilfs- und Betriebsstoffen, Forderungen aus Lieferungen und Leistungen) und auf der Passivseite mit den Verbindlichkeiten aus Lieferungen und Leistungen berechnet. In die obige Beispielsrechnung wurde das langfristige, verzinsliche Fremdkapital dagegen nicht mit periodischen Veränderungen einbezogen. Diesem wird in der DCF-Methodik der Unternehmensbewertung besondere Aufmerksamkeit geschenkt, wobei für die Entwicklung des Fremdkapitals zwei Finanzierungsprämissen unterschieden werden, die „autonome" und die „wertabhängige" Finanzierungspolitik[39]. Während bei „wertabhängiger" Finanzierungspolitik die Höhe des Fremdkapitals in Abhängigkeit vom Unternehmenswert der jeweiligen Periode determiniert werden soll, wird bei „autonomer" Finanzierungspolitik der Fremdkapitalbestand periodendifferenziert exogen vorgegeben.

38 Vgl. dazu 2.2.3.

39 Vgl. dazu DINSTUHL (2003), S. 32ff.

Die Fremdkapitalbindung in den einzelnen Perioden des Prognosezeitraums wird bewertungsrelevant für die Höhe der Zinszahlungen und für damit im Zusammenhang stehende steuerliche Konsequenzen. Prämissen zur Höhe des Fremdkapitalbestands können sich einmal an der Aufnahme von Fremdkapital und zum anderen an dessen Rückzahlung orientieren. Bezüglich der Aufnahme(-möglichkeiten) von Fremdkapital sind Überlegungen anzustellen, die sich unternehmensintern am geplanten Investitionsvolumen und unternehmensextern an den vermuteten Verhaltensweisen der Fremdkapitalgeber orientieren müssen[40].

In der DCF-orientierten Literatur zur Unternehmensbewertung ist den Wechselbeziehungen zwischen Finanzierungsbedarf, Fremdfinanzierungspotenzial und Konditionen der Kapitalüberlassung erstaunlich wenig Aufmerksamkeit gewidmet worden. Das Finanzierungsproblem (Volumen und Struktur der Kapitalquellen) wird DCF-orientiert vermutlich deshalb nicht zum Gegenstand vertiefter Überlegungen, weil die Kapitalaufbringung durch Fremd- und Eigenkapitalgeber insgesamt als jederzeit möglich und in der (vollkommenen) *Modigliani/Miller*-Welt die Strukturierung als „irrelevant" interpretiert wird. Zwar erfordert die Bestimmung des WACC eine Festlegung der Finanzierungsstruktur, da jedoch die Höhe des Eigenkapitals nicht buchwert-orientiert, sondern unternehmenswert-orientiert in die Gewichtung eingeht, wird die Eigenkapitalbindung nicht als spezifisches Prognoseproblem identifiziert.

Als Variante der DCF-orientierten Unternehmensbewertung ist in der Literatur in jüngster Zeit die Residual-Income-Methode (RIM) propagiert worden[41]. Innerhalb eines solchen Ansatzes wird die Kapitalbindung für die Bestimmung der Capital Charge in den einzelnen Perioden zwar prognoserelevant, jedoch nicht als besonderes Problem erkannt, weil die Bestimmung des „eingesetzten Kapitals" mit Hilfe der Buchwerte vorgenommen wird. In der Entwicklung der Restbuchwerte für abnutzbare Anlagen spiegelt sich die Abschreibungspolitik, die mit ihren steuerlichen Konsequenzen in einem integriert ausgestalteten Ergebnisprognosemodell zu berücksichtigen ist. Dabei kann insbesondere die geometrisch-degressive Abschreibungsverrechnung mit Übergang zur linearen Restabschreibung einbezogen werden[42].

Mit der Abschreibungsverrechnung sind, von den damit im Zusammenhang stehenden steuerlichen Sekundäreffekten abgesehen, keine direkten finanziellen Konsequenzen verbunden. Ohne gleichzeitigen Zahlungsmittelabfluss führt die Abschreibungsverrechnung demnach nicht zu einer Veränderung der Kapitalbindung im abnutzbaren Anlagevermögen, so dass es erstaunlich ist, wenn

40 Zu einem System von Finanzierungsrestriktionen bei der Erfolgsprognose im Rahmen der Ertragswertmethode vgl. DIRRIGL (1988), S. 199ff.

41 Vgl. COENENBERG/SCHULTZE (2003); PROKOP (2004).

42 Vgl. dazu DIRRIGL (1988), S. 453ff.

(Rest-)Buchwerte als Messgrößen für das „eingesetzte Kapital“ in Residualgewinnkonzepten verwendet werden.

Soll der zeitliche Verlauf der Kapitalbindung prognostiziert werden, so werden explizite Prämissen benötigt, die verschieden ausgestaltet sein können. An typischen Mustern im Zusammenhang mit der Tilgung von Fremdkapital orientiert, könnte eine Raten-Struktur oder eine Annuitäten-Struktur in Betracht gezogen werden. Solche Muster sind insofern als starr zu bezeichnen, als dabei die finanzielle Tragfähigkeit und Belastbarkeit einer Periode nicht berücksichtigt wird: Das Kapitaldienst-Potenzial ist vom Zahlungsmittelüberschuss aus dem leistungswirtschaftlichen Bereich (sog. Innenfinanzierung) abhängig, der bei starrer Tilgungsstruktur nicht als Bestimmungsfaktor berücksichtigt wird. Orientiert man sich bezüglich des Kapitaldienstes jedoch am Cashflow-Profil, so kann ein flexibler Tilgungs- und Finanzierungsplan bestimmt werden.

An der obigen Beispielsrechnung anknüpfend, könnte als Modifikation unterstellt werden, dass wegen des hohen zusätzlichen Finanzierungsbedarfs in der Periode 2 aufgrund der Erweiterungsinvestitionen in Höhe von 400 eine zusätzliche Fremdkapitalaufnahme geplant wird und diese gemäß Cashflow-Tragfähigkeit zu tilgen ist. Als Verteilungsstruktur für die Bestimmung der Kapitaldienste kommt die Entwicklung der operativen Zahlungsmittelüberschüsse ZVF_t in Betracht, die in den restlichen drei Perioden t = 3, 4, und 5 der Detailprognosephase in folgender Höhe geplant werden (vgl. Zeile 12 in *Tabelle 1*):

t	**3**	**4**	**5**
ZVF_t	1.811,40	1.987,84	2.140,54

Der mit dem Fremdkapitalzinssatz von k=10% berechnete Barwert dieses finanziellen Potenzials beträgt 4.897,79. Setzt man den Fremdkapitalbetrag ΔFK_2 von 400 dazu in Relation, so ergibt sich ein Kapitaldienstfaktor kdf von:

$$kdf = \frac{\Delta FK_2}{\sum_{t=3}^{5} ZVF_t (1+k)^{-(t-2)}} = \frac{400}{4.897,79} = 8,167\%.$$

Dementsprechend resultiert für die zusätzliche Fremdkapitalaufnahme folgender Kapitaldienst- und Kapitalbindungsplan (*Tabelle 2*).

In den finanzmathematischen Strukturen ergibt sich eine Übereinstimmung mit den Überlegungen, wie sie im Zusammenhang mit dem Performancemaß des „Earned Economic Income“ (EEI) angestellt werden[43]. Die Zahlungsstruktur-Charakteristik dieses Performancemaßes ist hier zunächst – wie literaturüb-

43 Vgl. dazu HEBERTINGER (2002), S. 142f., m.w.N.

Tabelle 2: Kapitaldienst und Kapitalbindung bei zusätzlicher Fremdkapitalaufnahme

	t	2	3	4	5
(1)	ZVF_t		1.811,40	1.987,84	2.140,54
(2)	$kdf \cdot ZVF_t$		147,94	162,35	174,82
(3)	Verzinsung		40,00	29,21	15,89
(4)	Tilgung		107,94	133,14	158,93
(5)	Fremdkapitalbindung	400,00	292,06	158,92	0,00

lich – in einem projektbezogenen Anwendungsbereich genutzt worden. Im Bereichsbezug mit einer Multi-Asset-Struktur eingesetzt, erfordert die Bestimmung von EEI-orientierten Plangrößen entsprechende Anpassungen. Wie in der Literatur bereits gezeigt, kann im Kontext einer bereichsbezogenen Unternehmensbewertung die EEI-Struktur für Zwecke der Performancemessung fruchtbar gemacht werden[44].

Es soll deshalb hier, wiederum an der obigen Beispielsrechnung anknüpfend, gezeigt werden, wie sich die EEI-Struktur auch bereichsbezogen zur Prognose der Kapitalbindung einsetzen lässt. Dabei ist von der Multi-Asset-Struktur auszugehen, die im Detailprognosezeitraum durch die geplanten Investitionsauszahlungen für abnutzbare Sachanlagen ISA_t in der folgenden Struktur repräsentiert wird (vgl. Zeile 13 in *Tabelle 1*):

t	**1**	**2**	**3**	**4**	**5**
ISA_t	400	800	500	400	400

Die Investitionsauszahlungen einer Periode lassen sich insoweit als „Projekte“ interpretieren, denen die EEI-Struktur zur Berechnung von Kapitaldienst und verbleibender Kapitalbindung zugrunde gelegt werden kann. Das Cashflow-Profil als Ausdruck der finanziellen Tragfähigkeit kann durch die Entwicklung des Umsatzes (Vektor des Umsatzwachstums uw_t) abgebildet werden. Exemplarisch auf die Investitionsauszahlung in t = 1 in Höhe von 400 bezogen, ergeben sich in der EEI-Struktur die in *Tabelle 3* zusammengestellten Größen, wenn eine Verteilung der Investitionsauszahlung über eine Amortisationsdauer von n = 4 Perioden unterstellt und zur Diskontierung ein Zinssatz in Höhe von 5% angenommen wird.

44 Vgl. dazu Dirrigl (2003), S. 162ff. sowie beispielhaft S. 178ff.

Tabelle 3: Kapitaldienst und Kapitalbindung gemäß EEI-Struktur

	t	2	3	4	5
(1)	uw_t	10%	8%	6%	4%
(2)	$Strukturfaktor_t$	1	1,08	1,08 · 1,06	1,08 · 1,06 · 1,04
(3)	$Kapitaldienst_t$	102,55	110,76	117,40	122,10
(4)	$Verzinsung_t$	20	15,87	11,13	5,81
(5)	$Amortisation_t$	82,55	94,89	106,28	116,29
(6)	$Kapitalbindung_t$	317,45	222,56	116,29	0

Die in Zeile (2) ausgewiesenen Strukturfaktoren sf_t ergeben sich aus der Multiplikation der Wachstumsfaktoren, wobei Periode 2 mit dem Faktor 1 normiert ist. Analog zur obigen Berechnung wird ein Kapitaldienstfaktor kdf berechnet, für den sich bei einem Diskontierungszinsfuß von i = 5% ergibt:

$$kdf = \frac{ISA_1}{\sum_{t=2}^{5} sf_t (1+i)^{-(t-1)}} = \frac{400}{3,9} = 102,55.$$

Wendet man diese „Technik" auch auf die weiteren „Investitionsjahrgänge" ISA_2, ISA_3, ISA_4 an, so ergeben sich beispielsweise für die Periode t = 5 zum Ende der Detailprognosephase die folgenden Beträge für die Kapitalbindung aus den einzelnen Investitionsjahrgängen:

t	1	2	3	4	Σ
Kapitalbindung	0	225,98	267,65	308,82	802,45

Unter Berücksichtigung der Investitionsauszahlung am Ende der Periode 5 von ISA_5 = 400 lässt sich die Summe des Amortisationskapitals SAK_5 in Höhe von 1002,45 bestimmen. In analoger Weise ergibt sich das Amortisationskapital für alle Perioden in der Detailprognosephase, wenn zusätzlich Annahmen zur Kapitalbindung der bereits zum Bewertungsstichtag in t = 0 vorhandenen Anlagen(kollektive) gesetzt werden. Für die Perioden jenseits des Detailprognosehorizonts ist zunächst eine Übergangsphase zu berücksichtigen, bevor aufgrund der Prämisse des ausgeglichenen Anlagenbestands der „eingeschwungene Zustand" auf konstantem Niveau im restlichen Prognosezeitraum erreicht wird[45].

45 Vgl. dazu Dirrigl (2003), S. 169.

2.2.3 Berücksichtigung der Unsicherheit in der bereichsbezogenen Unternehmensbewertung

Die DCF-orientierte Bewertungsmethodik hat auch deshalb eine so breite Aufmerksamkeit gefunden, weil sie mit der CAPM-gestützten Berechnung der Eigenkapitalkosten eine höchst einfache Lösung des leidigen Unsicherheitsproblems in Aussicht stellt und offeriert. Diese Chance wird gerne genutzt, weil man sich wegen der breiten Akzeptanz – sogar Gerichte haben diese Art der Risikoerfassung bei der Abfindungsbemessung akzeptiert[46] – auf der „sicheren Seite" wähnt. Für die an dieser Vorgehensweise vorzubringende Kritik gibt es zwei unterschiedliche Anknüpfungspunkte, einmal die theoretische Fundierung des CAPM und zum anderen die Frage einer Übertragbarkeit des Ansatzes auf Bewertungsobjekte, die nicht börsennotiert sind, weshalb für diese auch keine empirischen Untersuchungen zum „Beta" vorgenommen werden können. Die Kritik grundsätzlicher Art am CAPM und den „Betas" braucht hier nicht im Einzelnen referiert zu werden, ebenso wenig wie die Ergebnisse empirischer Untersuchungen zur „fairen" Bewertung von Wertpapieren, also die Effizienzmarkthypothese.

Wenn bereits das Fundament schwach und nicht tragfähig erscheint, sollten darauf auch keine behelfsmäßigen Konstrukte zur Berechnung von Betas für nicht börsennotierte Unternehmen und segmentspezifische Kapitalkosten – unter den Stichworten „Analogieansätze" oder „Analysemethoden"[47] – errichtet werden. Die Bestimmung sog. segmentspezifischer Kapitalkosten läuft praktisch darauf hinaus, dass mit Hilfe eines Scoring-Verfahrens eine segmentspezifische „Anpassung" eines Unternehmens-Betas vorgenommen wird[48].

Alle diese „Krücken" erscheinen wenig überzeugend[49], nutzen vor allem nicht das bereichsbezogen vorhandene Prognosewissen zur künftigen Entwicklung der Erfolgsfaktoren und die damit implizierte Risikostruktur. Es wird deshalb hier vorgeschlagen, die Risikostruktur von Bereichen, deren Risikoprofil, explizit transparent zu machen und eine Bewertung mit Hilfe der Sicherheitsäquivalentmethode vorzunehmen. Von wesentlicher Bedeutung dabei ist die Offenlegung der Risikostruktur mit Hilfe einer (Standard-)Wahrscheinlichkeitsverteilung. Eine solche sollte verschiedenen Anforderungen genügen, die in ihrer Gesamtheit widersprüchlich erscheinen mögen, wenn einerseits verlangt wird, dass solche Wahrscheinlichkeitsverteilungen flexibel einsetzbar, andererseits aber auch einfach, intuitiv plausibel und durchschaubar sein sollten.

46 Vgl. dazu MAUL (2003), S. 279f.

47 Vgl. HACHMEISTER (2000), S. 195ff.; HENSELMANN (1999), S. 149ff.; NOWAK (2000), S. 103ff.; DINSTUHL (2003), S. 232ff.

48 Vgl. auch Arbeitskreis „Finanzierung" der Schmalenbach-Gesellschaft (1996), S. 550f.

49 Vgl. dazu auch DIRRIGL (2003), S. 152.

Für die Erfolgspotenzialrechnung hat *Breid* den Vorschlag unterbreitet, zur Abbildung der bereichsbezogenen Risikostruktur die standardisierte Beta-Verteilung heranzuziehen[50]. Diese hat verschiedene Vorzüge, aber auch einige Nachteile, die bei alternativen Wahrscheinlichkeitsverteilungen mit vergleichbaren Charakteristika vermieden werden können. Vorteilhaft an der Beta-Verteilung ist, dass mit ihr flexibel ein breites Spektrum von denkbaren Wahrscheinlichkeitsverteilungen für Bereiche abgedeckt werden kann, weil dafür nur 3 Parameter, der untere Wert und der obere Wert des Intervalls, sowie ein dazwischen liegender (Modal-)Wert angegeben werden müssen. Insoweit könnte man von „Drei-Punkt-Verteilungen" sprechen, wenn dies nicht deshalb missverständlich wäre, weil die Beta-Verteilung eine stetige, und keine diskrete Wahrscheinlichkeitsverteilung darstellt. Ihre flexiblen Einsatzmöglichkeiten ergeben sich daraus, dass sowohl symmetrische, als auch (links- bzw. rechts-)schiefe Verteilungen erfasst werden können.

Als Nachteil der Beta-Verteilung ist zu nennen, dass die drei Basis-Parameter nicht direkt in der Dichte- und Verteilungsfunktion verwendet werden, sondern erst in die Funktions-Parameter α und β transformiert werden müssen. Dadurch geht der Zusammenhang mit dem intuitiven Denken in Szenarios mit einem „worst case", „base case" und „best case" verloren, wie sie in den drei Basis-Parametern zum Ausdruck kommen. Weiterer Nachteil der Beta-Verteilung könnte sein, dass die Ausprägungen der Zufallsvariablen um den base case herum konzentriert sind und die Randbereiche zum worst und best case nur ein sehr geringes Gewicht in der Wahrscheinlichkeitsverteilung haben.

Mit einer vergleichbaren Wahrscheinlichkeitsverteilung, die ebenfalls auf den 3 Basis-Parametern aufbaut, lassen sich diese Nachteile der Beta-Verteilung beseitigen. Angesprochen ist die Dreiecksverteilung, ein „Klassiker" unter den Standard-Wahrscheinlichkeitsverteilungen, die sowohl in einer symmetrischen, als auch der allgemeinen Struktur, mit beliebiger Schiefe flexibel verwendet werden kann. In der allgemeinen Form gilt für eine Verteilung der Zufallsvariablen z, mit dem kleinsten Wert a und dem größten Wert b, die Dichtefunktion im Intervall zwischen

der niedrigsten Ausprägung a und dem Modalwert H:

$$f(z) = \frac{2}{b-a} \cdot \frac{z-a}{H-a}$$

im oberen Teilintervall zwischen H und b:

$$f(z) = \frac{2}{b-a} \cdot \frac{b-z}{b-H}$$

50 Vgl. Breid (1994), S. 167.

Für die Verteilungsfunktion P(z) ergibt sich daraus

im unteren Intervall $z \leq H$:

$$P(z) = \frac{(z-a)^2}{(b-a)\,(H-a)}$$

im oberen Intervall $z > H$:

$$P(z) = 1 - \frac{(b-z)^2}{(b-a)\,(b-H)}\,.$$

Der Erwartungswert E(z) beträgt:

$$E(z) = \frac{1}{3}(a+b+H).$$

Für die Varianz Var(z) folgt:

$$Var(z) = \frac{1}{18}[(b-a)^2 - (b-a)(H-a) + (H-a)^2],$$

wofür auch ein vereinfachter Ausdruck angegeben werden kann:

$$Var(z) = \frac{1}{18}[(b-a)(b-H) + (H-a)^2].$$

Anwendungsmöglichkeiten für die Dreiecksverteilung sind einmal denkbar bei der (Monte-Carlo-)Risikosimulation, die nicht nur bei projektbezogenen Risikoanalysen verwendet werden kann, sondern auch im Rahmen einer Unternehmensbewertung oder einer „integrierten Unternehmenswertrechnung"[51]. Im Rahmen einer Risikosimulation werden für die einzelnen Einflussgrößen (Inputvariablen eines Corporate Models)[52] jeweils spezifische Wahrscheinlichkeitsverteilungen gewählt, wobei oftmals die Dreiecksverteilung neben anderen stetigen Verteilungstypen (Normalverteilung, Gleichverteilung, Rechteckverteilung) eingesetzt wird[53]. Solche Wahrscheinlichkeitsverteilungen können aber auch für die Erfassung des Risikoprofils von Ergebnisgrößen wie den Free Cashflows einer Periode verwendet werden.

Im Folgenden soll gezeigt werden, wie sich die Dreiecksverteilung im Rahmen einer bereichsbezogenen Unternehmensbewertung flexibel einsetzen lässt. Zunächst wird sie in die Detailprognosephase einbezogen, anschließend eine Verwendungsmöglichkeit in der Trendprognosephase aufgezeigt.

In der Detailprognosephase besteht das Prognoseziel in der Bestimmung von Risikoprofilen für periodenbezogene Zahlungsüberschüsse, die dann über die Sicherheitsäquivalentmethodik bewertet werden[54]. Von zentraler Bedeu-

51 Zur Konzeption und den Auswertungsmöglichkeiten einer solchen Rechnung vgl. Dolny (2003), S. 157–251.

52 Vgl. Dirrigl (1988), S. 174 ff.

53 Vgl. dazu Dolny (2003), S. 207.

54 Vgl. dazu Dirrigl (2003), S. 149 ff.

tung sind die Wachstumsprämissen bezüglich der Umsatzgrößen, welche die eigentlichen Werttreiber darstellen. Da Umsatzwachstumsraten als mit großer Unsicherheit behaftet angesehen werden müssen, ist es nahe liegend, für diese in den einzelnen Perioden jeweils Wahrscheinlichkeitsverteilungen auf Basis der Dreiecksverteilung zu formulieren.

In Anknüpfung an das obige Modell einer integrierten Ergebnisprognoserechnung ist in *Tabelle 4* eine umsatzbezogene Stochastifizierung vorgenommen worden, die zu einer Drei-Dimensionalität des Prognosemodells führt, da für jede Periodenergebnis-Struktur auch die Zeitstruktur und nun auch die Risikostruktur zu berücksichtigen sind. Die Vorzüge einer Ergebnisprognose mit Hilfe komprimierter Cashflow-Treiber kommen nun voll zur Geltung, wie die in *Tabelle 4* dargestellten Ergebnisse zeigen.

Tabelle 4: Risikostruktur der Erfolgsprognose in der Detailprognosephase

			0	**1**	**2**	**3**	**4**	**5**
1	Umsatz-Wachstumsrate	uw		2,0% 6,0% 8,0%	3,0% 10,0% 12,0%	2,5% 8,0% 9,0%	1,5% 6,0% 8,0%	1,0% 4,0% 5,0%
2	Umsatz	U	11.812,00	12.048,24 12.520,72 12.756,96	12.409,69 13.772,79 14.287,80	12.719,93 14.874,62 15.573,70	12.910,73 15.767,09 16.819,59	13.039,84 16.397,78 17.660,57
3	Gesamtleistung	GL		11.954,06 12.473,79 12.733,66	12.445,83 13.898,00 14.440,88	12.750,95 14.984,80 15.702,29	12.929,81 15.856,34 16.944,18	13.052,75 16.460,84 17.744,67
4	Auszahlungen	AZ		10.400,04 10.852,20 11.078,28	10.703,42 11.952,28 12.419,16	10.965,82 12.886,93 13.503,97	11.119,64 13.636,45 14.572,00	11.225,36 14.156,33 15.260,42
5	Gewinn vor ZI u. ABS	GVZA		1.554,03 1.621,59 1.655,38	1.742,42 1.945,72 2.021,72	1.785,13 2.097,87 2.198,32	1.810,17 2.219,89 2.372,19	1.827,38 2.304,52 2.484,25
6	Abschreibung	ABS		400,00	450,00	450,00	400,00	400,00
7	Zinsen	ZI	0,10	314,70	314,70	314,70	314,70	314,70
8	Gewinn	G		839,33 906,89 940,68	977,72 1.181,02 1.257,02	1.020,43 1.333,17 1.433,62	1.095,47 1.505,19 1.657,49	1.112,68 1.589,82 1.769,55
9	operativer Zahlungsüberschuss	ZVF		1.610,49 1.555,21 1.527,57	1.648,44 1.620,18 1.623,71	1.704,47 1.811,40 1.863,99	1.760,57 1.987,84 2.048,25	1.793,82 2.140,54 2.265,60
10	Investition Sachanlagen	ISA		400,00	800,00	500,00	400,00	400,00
11	Desinvestition Sachanlagen	DSA		40,00	40,00	40,00	40,00	40,00
12	Sachanlagen	SA	3.662,00	3.622,00	3.932,00	3.942,00	3.902,00	3.862,00
13	Net Working Capital	NWC	3.189,00	3.132,54 3.255,39 3.316,81	3.226,52 3.580,93 3.714,83	3.307,18 3.867,40 4.049,16	3.356,79 4.099,44 4.373,09	3.390,36 4.263,42 4.591,75
14	Bestand Fertigerzeugnisse	BFE	1.299,00	1.204,82 1.252,07 1.275,70	1.240,97 1.377,28 1.428,78	1.271,99 1.487,46 1.557,37	1.291,07 1.576,71 1.681,96	1.303,98 1.639,78 1.766,06
15	Fremdkapital	FK	3.147,00	3.147,00	3.147,00	3.147,00	3.147,00	3.147,00
16	Eigenkapital	EK	3.704,00	3.730,39	4.365,93	4.662,40	4.854,44	4.978,42
17	Zahlungsüberschuss	ZF		935,79 880,51 852,87	573,74 545,48 549,01	929,77 1.036,70 1.089,29	1.085,87 1.313,14 1.373,55	1.119,12 1.465,84 1.590,90
18	Erwartungswert	E		889,72	556,08	1.018,58	1.257,52	1.391,95
19	Varianz	VAR		297,10	39,52	1.101,22	3.835,24	9.956,55
20	**Sicherheitsäquivalent**	**SÄ**		**888,23**	**555,88**	**1.013,08**	**1.238,34**	**1.342,17**

Zunächst führt die Risikostruktur für die Umsatz-Wachstumsraten (Zeile 1) zu Risikoprofilen für die Zahlungsüberschussgrößen (Zeile 17), die dann mit einem Risikomaß (VAR) und einem Risikopreis (0,005) zum jeweiligen Sicherheitsäquivalent zu aggregieren sind[55]. Als Risikomaße kommen die statistischen Streuungsparameter wie die Varianz oder die Standardabweichung isoliert und auch Maßgrößen in Betracht, bei denen die Varianz bzw. Standardabweichung zum Erwartungswert in Relation gesetzt werden. Der Variationskoeffizient als Relation zwischen der Standardabweichung und dem Erwartungswert ist ein bekannter Vertreter dieser Klasse von Risikomaßen.

Auf die Detailprognosephase bezogen werden die Unterschiede, die durch die Explizierung der Prämissen zur Risikostruktur und deren sicherheitsäquivalent-bezogene Bewertung im Vergleich zu einer Berücksichtigung der Unsicherheit auf Basis von CAPM-orientierten Kapitalkosten entstehen, meist nicht so hoch ausfallen, dass von der Wirkung auf das Bewertungsergebnis her die Überlegenheit der hier vorgeschlagenen Methodik offensichtlich ist. Die Problematik einer Anwendung der Risikozuschlagsmethode resultiert vor allem aus dem Potenzierungseffekt durch die Diskontierung mit sog. risikoadjustierten Kapitalkosten. Hält man sich vor Augen, dass dafür empirisch ermittelte Risikoprämien zwischen 3% und 5%[56] die Basis bilden und für den risikofreien Zinsfuß ebenfalls Größenordnungen um die 5% genannt werden[57], so kann die Ergebniswirkung, die mit solchen impliziten Risikoabschlägen verbunden ist, leicht erahnt werden. Ein daraus resultierendes Störgefühl wird bei allen Unternehmensbewertungen auftreten, bei denen auch ein „Restwert" zu berücksichtigen ist. Deshalb soll hier auch gezeigt werden, wie auf Basis einer Standard-Wahrscheinlichkeitsverteilung (Dreiecksverteilung) eine Wertbestimmung ermöglicht werden kann, bei der die periodendifferenzierte Ergebnisprognose-Methodik für die Detailprognosephase durch Trendannahmen für nachfolgende Phasen ersetzt wird, aus denen der Wertbeitrag für den Terminal Value (Restwert) abzuleiten ist. Die Grundlage hierfür bildet ein Ansatz aus dem Bereich des Strategischen Managements, der sehr eingängige Szenario-Trichter[58]. Mit diesem ist folgende Idee verbunden: Neben einem mittleren, am wahrscheinlichsten erscheinenden Szenario existieren zwei Extremszenarien, die eine sehr günstige bzw. ungünstige Situation repräsentieren sollen und immer weiter „auseinanderdriften", je weiter man in die Zukunft blickt.

Eine solche Risikostruktur kann mit der Dreiecksverteilung nachgebildet werden, wobei hier besonders einfache Prämissen unterstellt werden sollen. Es könnte zur Vereinfachung angenommen werden, dass jeweils das Worst-Extrem-Szenario (WES) und das Best-Extrem-Szenario (BES) mit einer Rate wachsen, die zu einer immer größeren Spreizung führt:

55 Vgl. dazu DIRRIGL (2003), S. 152f.

56 Vgl. zur Ermittlung empirischer Risikoprämien DRUKARCZYK/SCHÜLER (2003).

57 Vgl. zu den Problemen der Bestimmung einer risikofreien Rendite BALLWIESER (2003).

58 Zur Nutzung der Szenariotechnik im Rahmen der Wertsteigerungsanalyse vgl. KLIEN (1995), S. 198ff.

Bezeichnet a_t den ungünstigsten und b_t den günstigsten Wert, so gilt für das WES die Trendfunktion:

$$a_t = (1 + wa)\, a_{t-1},$$

wobei die „Wachstumsrate“ wa negativ ist, also ein konstanter Degressionsfaktor definiert wird. Für das BES gilt die Trendfunktion:

$$b_t = (1 + wb)\, b_{t-1},$$

wobei wb nun auch im üblichen Wortsinne eine Wachstumsrate darstellt und damit ein Wachstumsfaktor definiert wird.

Mit Hilfe dieser beiden Trend-Funktionen kann über die obige Definition der Varianz einer allgemeinen Dreiecksverteilung der Barwert für die Varianzen der Ergebnisgrößen mit dem Grenzübergang $T \to \infty$ bestimmt und dafür eine Summenformel abgeleitet werden:

$$BW(VAR)_0 = \frac{1}{18}\left[\frac{a_1^2}{1 + i - (1 + wa)^2} + \frac{b_1^2}{1 + i - (1 + wb)^2} + \right.$$
$$\left. + \frac{H_1^2}{i} - \frac{a_1 \cdot H_1}{i - wa} - \frac{b_1 \cdot H_1}{i - wb} - \frac{a_1 \cdot b_1}{i - wa - wb - wa \cdot wb}\right].$$

Mit Hilfe dieser Relation sind flexibel ausgestaltbare Möglichkeiten zur Berechnung des Restwerts gegeben, die insbesondere bei Unternehmensbewertungen im Kontext der wertorientierten Strategieplanung relevant werden können.

3 Unternehmenswert-Orientierung in den Teilsystemen der Unternehmenssteuerung

3.1 Unternehmenswert-orientierte Strategieplanung

3.1.1 Unternehmenswert-Orientierung in der Strategieplanung

Zu den bleibenden Verdiensten von *Rappaport* gehört, dass er die Unternehmensbewertung als Instrument der Strategieplanung „entdeckt“ und empfohlen hat. Dazu wurde eine sehr einfache Kalkülstruktur der Unternehmensbewertung, das Werttreiber-Modell, entwickelt, das auch noch heute für die wertorientierte Strategieplanung propagiert wird[59].

59 Vgl. HERTER (1994); HARDTMANN (1996); PESCHKE (1997); DÜSTERLOH (2003).

Von der Entwicklung der Unternehmensbewertung her gesehen, die in den letzten Jahren schon fast artifiziell zu nennende „Verbesserungen“ erleben durfte, insbesondere im Bereich der Berücksichtigung von Fremdfinanzierungsaspekten in der DCF-Methodik, könnte man geneigt sein, das Werttreiber-Modell mit seiner höchst einfach gehaltenen Prognose-Struktur zur Prognose der Free Cashflows über letztlich nur drei Werttreiber: Umsatz(-wachstum), Umsatzüberschussrate und Erweiterungsinvestitionen als Einfachst-Modell (ab)qualifizieren zu wollen. Eine solche Einschätzung würde den qualitativen Sprung verkennen, der mit Hilfe dieses Modells durch die Quantifizierung im Bereich des Strategischen Managements und der Strategischen Planung vollzogen werden kann.

Strategisches Management war früher als eine Problemstellung verstanden worden, bei der mittels – höchstens als Heuristiken zu qualifizierenden – Instrumenten, das bekannteste ist die 4-Felder-Portfolio-Matrix, der Versuch unternommen wurde, für strategische Geschäftseinheiten in Abhängigkeit von Erfolgsdimensionen (Wachstum und relativer Marktanteil) eine „Normstrategie“ festzulegen. Implizite Zielsetzung solcher portfolio-orientierten Planungskonzepte war „Ausgewogenheit“ bezüglich der Cashflow-Ströme, als auch der Risikopositionen. Diese Ausrichtung kann verantwortlich gemacht werden für Wertvernichtungen größten Ausmaßes, denen als Strategieziel die Risikodiversifizierung und der damit verbundene Einsatz von Überschuss-Cashflows für Geschäftsfelder außerhalb des angestammten Kernbereichs zugrunde lag.

Mit der Shareholder Value-Orientierung und dem dazu entwickelten Werttreiber-Modell ist es möglich geworden, quantitativ fundiert die Eignung von Strategiealternativen zur Steigerung des Unternehmenswerts zu analysieren. Diese „Wertsteigerungsanalyse“ oder Shareholder Value-Analyse hätte kaum so schnell so breite Aufmerksamkeit und Anwendung gefunden, wenn ein Ansatz aus dem Methoden-Spektrum der Unternehmensbewertung empfohlen worden wäre, der zwar in seiner Modellstruktur ausgefeilter ausgestaltet, aber gerade deshalb weniger für einen Einsatz im (Top) Management geeignet gewesen wäre.

Primärer Anwendungsbereich solcher ausdifferenzierten Erfolgsprognosemodelle war deren Einsatz im Zusammenhang mit Eigentumstransaktionen, also dem Kauf/Verkauf von Unternehmen und Beteiligungen. In der Funktionenlehre der Unternehmensbewertung werden solche Aufgabenstellungen mit der Bestimmung von Entscheidungswerten oder Grenzpreisen in Verbindung gebracht. Diese spezifische Zwecksetzung prägt die Ausgestaltung der Unternehmensbewertung, insbesondere im Bereich des Bewertungskalküls. Vorausgesetzt wird als Referenz ein Alternativobjekt, aus dem eine Relation zwischen Kapitaleinsatz und Barwert der Rückflüsse ableitbar ist, die dann den Vergleichsmaßstab für die Grenzpreisbestimmung bildet. Streng genommen findet somit innerhalb einer solchen Aufgabenstellung kein „Alternativenvergleich“ statt, wenn man darunter versteht, dass verschiedene (strategische) Alternativen im Hinblick auf ein (Wertsteigerungs-)Ziel in eine Rangfolge zu bringen sind, wie dies im Zusammenhang mit der Beurteilung von Realinvestitionsprojekten der Fall ist.

In diesem Zusammenhang erscheint es angebracht, auch auf die Unterschiede hinzuweisen, die zwischen dem Einsatz von Kalkülen der Unternehmensbewertung bei der Strategiebeurteilung und einer grenzpreis-orientierten Unternehmensbewertung bestehen. Im Kontext der Strategiefindung werden Kalküle der Unternehmensbewertung genutzt, um eine Rangfolge zwischen Strategiealternativen zu erarbeiten. Die in diesen Vergleich einbezogenen Alternativen können sich hinsichtlich Niveau und zeitlicher Entwicklung der Werttreiber unterscheiden und somit unterschiedliche (Free) Cashflow-Profile erzeugen[60], die vergleichbar zu machen sind. Dagegen ist im Grenzpreis-Zusammenhang die kritische, äquivalente Anschaffungsauszahlung für ein als Finanzinvestition zu interpretierendes Bewertungsobjekt das Ziel der Bewertung. Dabei kann auch zu berücksichtigen sein, dass nach dem Erwerb von Eigentumstiteln zusätzliches Eigenkapital in das Bewertungsobjekt zur Deckung von Investitionsauszahlungen in Abhängigkeit von der jeweiligen Strategie der Unternehmung zu transferieren ist. Insoweit treffen sich Überlegungen aus der (internen) Management-Perspektive mit der (externen) Investor-Perspektive. Unter Shareholder Value-Aspekten wird gefordert, dass auf Unternehmensebene nur solche (Erweiterungs-) Investitionen getätigt werden, die aus der Investor-Sicht als zielentsprechend zu qualifizieren sind. Zu fragen ist somit, wie die Zielsetzung des Investors in die strategischen Investitionsentscheidungen des Managements integriert werden kann. Aus der Investor-Perspektive wird erwartet, dass mit dem Halten von Eigentumstiteln an einer Unternehmung eine Rentabilität des eingesetzten Investorkapitals erreicht wird, die mindestens der in einer vergleichbaren Kapitalverwendungsalternative äquivalent ist. Liegt ein solcher Referenzpunkt vor, ausgedrückt etwa in einer Alternativrendite, so könnte zur Ermittlung einer Rendite aus dem Bewertungsobjekt folgende Bedingungsgleichung aufgestellt werden:

$$IKA_0 + \frac{ZIK_x}{(1+r)^x} + \frac{ZIK_y}{(1+r)^y} = \sum_{t=1}^{T} \frac{EIZ_t}{(1+r)^t} + \frac{IKE_T}{(1+r)^T}.$$

Dabei bezeichnen:

IKA_0	=	Anschaffungsauszahlung des Investors für den Erwerb des Eigentumstitels
ZIK_x bzw. ZIK_y	=	Zusatzkapital für Erweiterungsinvestition zum Zeitpunkt x bzw. y
EIZ_t	=	(Erfolgs-)Zahlungen der Unternehmung an die Eigentümer
IKE_T	=	Veräußerungspreis für Eigentumstitel am Ende der Periode T

60 Vgl. zu Beispielen Rappaport (1995), S. 105ff.

Diese Komponenten sind in unterschiedlicher Weise mit Unternehmensgrößen verknüpft: Direkte Zahlungen zwischen Investor und Unternehmung sind mit den Kapitalerhöhungen durch ZIK_X, ZIK_Y und den Rückflüssen EIZ_t verbunden. IKA_0 resultiert aus dem Preis für den Erwerb der Eigentumsrechte. Dieser wird zwar mit der Erfolgssituation der Unternehmung in Verbindung stehen, doch ist ein „Rauschen", also eine Überlagerung durch Einflüsse aus dem Eigentümerwechsel zu erwarten. Ähnliches gilt für den potenziellen Veräußerungspreis IKE_T.

Aus diesen Überlegungen wird deutlich, dass aus kapitalmarkttheoretischen Modellen abgeleitete, risikoadjustierte Kapitalkosten auch konzeptionell keine geeignete Grundlage für Mindestrendite-Erwartungen der Eigentümer darstellen.

Die Aufgabenstellung, die mit der Anwendung von Kalkülen der Unternehmensbewertung im Strategiekontext zu leisten ist, lässt sich mit dem Vorgehen vergleichen, wie es seit langem bei der Projektbeurteilung auf Basis finanzmathematischer Vorteilhaftigkeitskalküle praktiziert wird[61]. Bewährt hat sich dabei insbesondere die Kapitalwert-Methode, so dass die Frage aufgeworfen werden muss, warum nicht solche Methoden zur Beurteilung von Investitionsprojekten auch im Kontext der Strategiebewertung verwendet werden, sondern statt dessen die Anwendung von Kalkülen der Unternehmensbewertung empfohlen wird.

In der üblichen Struktur der Beurteilung von Investitionsprojekten wird einer Anschaffungsauszahlung zum Zeitpunkt $t = 0$ eine Reihe von Rückflüssen während der Nutzungsdauer des Realinvestitionsprojektes gegenüber gestellt. Eine solche Struktur setzt das Zurechnungsproblem als gelöst voraus, also die Isolierung von Projekt-Zahlungsüberschüssen, die mit dem Kapitaleinsatz in Verbindung stehen. Auch aus dem externen Rechnungswesen ist inzwischen aber geläufig, dass sich Zahlungsüberschüsse oft nicht isoliert einer bestimmten Anschaffungsauszahlung für ein Investitionsprojekt zurechnen lassen, sondern größere „zahlungsmittelgenerierende Einheiten" (Cash Generating Units) gebildet werden müssen. Auch ist eine strategische Alternative meist nicht durch eine einzige Anschaffungsauszahlung gekennzeichnet, sondern durch einen mehrperiodischen Investitions-Vektor.

Solche Verbund-Merkmale auf der Investitionsauszahlungsseite und der Rückflussebene sind typisch für eine (bereichsbezogene) Unternehmensbewertung, so dass der Einsatz entsprechender Kalküle geeignet erscheint. Von der investitionstheoretischen Seite her kann auch kein künstlicher Gegensatz zwischen Projekt- und Bereichsbewertung konstruiert werden, da es in beiden Fällen darum geht, Zahlungsüberschussprognosen unter Berücksichtigung des

61 Zum Zusammenhang von wertorientierter Unternehmenssteuerung, Investitionsentscheidungen und Anreizproblemen vgl. REICHELSTEIN (1997) sowie PFAFF (1998).

Zeit- und Risikoaspekts zu bewerten. Die Notwendigkeit zur Berücksichtigung der Unsicherheitsdimension ist auch für die Projektbeurteilung seit langem erkannt. Zur Herstellung der Risikotransparenz, also der Ermittlung eines Risikoprofils, kommen insbesondere auch Methoden wie die (Monte-Carlo)Risikosimulation in Betracht, die auch für die Unternehmensbewertung empfohlen werden kann[62].

Wenige Stellungnahmen sind allerdings in der Literatur zur Projektbewertung unter Unsicherheit darüber zu finden, wie von den Risikoprofilen der zu vergleichenden Objekte ausgehend unter Berücksichtigung einer Risikopräferenzfunktion auf die Gesamtvorteilhaftigkeit geschlossen werden kann, die als Basis für eine Rangfolge vorausgesetzt wird. Inspiriert vom Siegeszug der DCF-Methodik im Bereich der Unternehmensbewertung ist in den letzten Jahren eher ein Rückzug des Problembewusstseins zur adäquaten Berücksichtigung des mit Projekten verbundenen leistungswirtschaftlichen Risikos beobachtbar: Immer häufiger wird empfohlen, einen CAPM-orientierten, risikoadjustierten Kapitalkostensatz zu verwenden, also die Risikozuschlagsmethode heranzuziehen[63], die früher als inferior beurteilt wurde[64]. Demgegenüber ist mit dem oben vorgeschlagenen Konzept, das auf der Sicherheitsäquivalentmethode basiert, eine adäquate Methodik im Bereich der Strategieplanung verfügbar[65].

3.1.2 Strategietheoretische Fundierung von Kalkülen der Unternehmensbewertung

Soll mit Hilfe von Kalkülen der Unternehmensbewertung die Strategiebeurteilung unterstützt werden, so müssen diese Kalküle in der Lage sein, die entsprechenden Ausrichtungen mit ihren unterschiedlichen strategischen Merkmalen in der Erfolgsprognose abzubilden und unter Berücksichtigung der Unsicherheitsdimension zu bewerten. In der Literatur sind Überlegungen zu einer „strategischen Unternehmensbewertung" zu finden[66], worunter in den letzten Jahren immer mehr eine Realoptions-orientierte Kalkülstruktur verstanden wurde[67].

62 Vgl. Dirrigl (1988), S. 176ff.
63 Vgl. Hupe/Ritter (1997).
64 Vgl. Robichek/Myers (1966).
65 Auch Hinterhuber hat vorgeschlagen, die Sicherheitsäquivalentmethode (in Bandbreiten) zu verwenden, ohne allerdings im Detail zu beschreiben, wie diese Sicherheitsäquivalentmethode ausgestaltet werden soll; vgl. Hinterhuber (1997), S. 193ff.
66 Vgl. dazu Dirrigl (1994).
67 Zu einem Anwendungsbeispiel vgl. Dirrigl (1994), S. 423ff.

Hier wurde ein Konzept zur bereichsbezogenen Unternehmensbewertung vorgeschlagen, womit ein thematischer Bezug zum business level und der Wettbewerbsstrategie gegeben ist, wobei zwischen den (generischen) Möglichkeiten der Kostenführerschaft[68] und der Differenzierung[69] unterschieden wird. Im Zusammenhang mit strategischen Überlegungen und dazu propagierten (Theorie-)Konzepten[70] ist die Frage aufzuwerfen, ob die Sichtweise des „market based view" heute noch zeitgemäß ist und dem gegenwärtigen state of the art der Strategie-Theorie entspricht. In der Literatur zum Thema „Strategie und Unternehmensbewertung" ist die neue strategietheoretische Ausrichtung des resource based view zwar seit längerem zur Kenntnis genommen worden, doch sind eindeutige Aussagen zu den Implikationen für die Unternehmensbewertung nicht erfolgt[71].

In der Antwort auf die Frage, welche Erfolgsfaktoren kritisch und auf Dauer in der Lage sind, Überrenditen zu erzeugen, unterscheidet sich der resource based view maßgeblich von dem market based view, mit dem die Auffassung assoziiert ist, dass die Konkurrenz auf den Absatzmärkten zu einer Erosion von anfänglichen Übergewinnen führt und auf Dauer nur noch „Normalgewinne" zu erwarten seien. Eine solche Auffassung könnte zu folgenden Konsequenzen in einer dreiphasig differenzierten Erfolgsprognose-Struktur führen:

(a) Detailprognosephase: Es wird periodendifferenziert Wachstum der Werttreiber modelliert, das auch Übergewinne zulässt.
(b) Ramping-Phase: Nach der Detailprognosephase kommt es zu einem „Abschmelzen" der Übergewinne bzw. das Wachstum der Werttreiber nimmt einen degressiven Verlauf.
(c) Nach Beendigung der Ramping-Phase sind Übergewinne nicht mehr zu erwarten, das Wachstum wird entweder mit null angenommen oder auf einem sehr niedrigen, makroökonomisch begründeten Niveau angesiedelt.

In einem mit dem „market based view" verbundenen Übergewinn-Abschmelz-Szenario wäre die Ramping-Phase geeignet zu modellieren. Kritisch wird in einem solchen Szenario vor allem die Länge der Übergewinn- und Wachstumsphase und das auf Dauer verbleibende Normal-Niveau (NN) von Profitabilität und Wachstum.

68 Zur Schätzung der Werttreiber des freien Cashflow bei einer Kostenführerschaft-Strategie vgl. KLIEN (1995), S. 73ff.

69 Zur Schätzung der Werttreiber des freien Cashflow bei einer Strategie der Differenzierung vgl. KLIEN (1995), S. 83ff.

70 So hat RAPPAPORT in enger Anlehnung an die Überlegungen und Konzepte von PORTER versucht, die Werttreiber strategisch zu fundieren; vgl. RAPPAPORT (1995), S. 83ff.

71 Vgl. HINTERHUBER (1997); SCHMIDT (1997).

Können dagegen, strategietheoretisch auf den resource based view gestützt, auf Dauer Übergewinne und profitables Wachstum erwartet werden, so könnte für die sich an die Detailprognose- anschließende Zwischenphase ein höheres Wachstumsniveau als in der Restprognosephase unterstellt werden. Damit avanciert die Abbildung von Wachstumsprämissen zu einem zentralen Problem. In der DCF-orientierten Bewertungsliteratur wurde lange Zeit für den Bewertungszeitraum nach der Detailprognosephase von „Nullwachstum" ausgegangen, weil Wachstum von Investitionszahlungen mit Finanzierungskonsequenzen verbunden ist und gerade die Abbildung der tax shield-Effekte aus einem steigenden Fremdkapitalvolumen mit Problemen verbunden sein kann[72]. Inzwischen liegen in der Literatur Beiträge vor, in denen auch für den Terminal Value mit Wachstumsprämissen operiert wird[73].

Im Rahmen der Ertragswert-Methodik wurde zeitlich unbegrenztes Wachstum dagegen nicht als ein spezielles Modellierungs-Problem bei der Erfolgsprognose identifiziert. Aufmerksamkeit gefunden haben vor allem in jüngerer Zeit die Konsequenzen, die mit Ewig-Wachstum hinsichtlich der „steuerparadoxen" Effekte verbunden sein können[74].

3.2 Unternehmenswert-orientierte Performancemessung

Die in der Literatur vorgeschlagenen oder von Beratungsgesellschaften propagierten Performancemaße werden mit „Value Added" in Verbindung gebracht, als (1) EVA: Economic Value Added[75], (2) REVA: Refined Economic Value Added[76], (3) CVA: Cash Value Added[77], (4) CFVA: Cash Flow Value Added[78], oder (5) SVA: Shareholder Value Added[79]. In diesem Zusammenhang ist die Frage zu stellen, ob diese Performancemaße[80] das halten können, was sie versprechen, nämlich einen auf Residualgewinnen basierenden (1 bzw. 2) oder auf Cashflow-Basis (3 bzw. 4) berechneten Wertzuwachs zu messen, der

72 Vgl. dazu Dinstuhl (2003), S. 127ff.

73 Vgl. Nippel/Streitferdt (2003); Streitferdt (2003).

74 Vgl. Schwetzler (2004); Dirrigl (2004).

75 Vgl. Stewart (1991).

76 Als Modifikation von EVA wurde vorgeschlagen, ein „Refined Economic Value Added" (REVA) zu bestimmen, indem für die kalkulatorischen Zinsen der Marktwert als Kapitalbasis verwendet wird; vgl. Bacidore/Boquist/Milbourn/Thakor (1997), S. 15. Dieser Vorschlag ist in der Literatur allerdings auf heftige Kritik gestoßen; vgl. Hebertinger (2002), S. 180, m.w.N.

77 Vgl. Schaefer (2002).

78 Vgl. Riedl (2000), S. 291ff.

79 Vgl. Rappaport (1995), S. 69ff.; Rappaport (1999), S. 60ff.

80 Zum Zusammenhang der verschiedenen Maße vgl. die Darstellung in Arbeitskreis „Wertorientierte Führung in mittelständischen Unternehmen" der Schmalenbach-Gesellschaft (2003), S. 532.

dem Shareholder zukommt (5) bzw. „ökonomisch"[81] ist. Vor allem ist die Verbindung solcher Performancemaße zum Unternehmenswert und dessen Veränderung zu klären.

Weit verbreitet ist vor allem EVA als eine retrospektiv-ausgerichtete Wertbeitragskennzahl, mit der für die abgelaufene Periode durch Berücksichtigung kalkulatorischer Zinsen (Capital Charge) ein Residualgewinn (RG) berechnet wird. Dessen Aussagegehalt wird so charakterisiert, dass die „Hürde" für die Entstehung eines Gewinns höher gelegt werde und ein positives EVA als Signal dafür interpretiert werden könne, dass „Wert geschaffen" (Value Added) worden sei. *Rappaport* schlägt dagegen als Performancemaß den Shareholder Value Added (SVA) vor[82]. Die Unterschiede zwischen dem SVA und dem Residualgewinn als Varianten von Performancegrößen, lassen sich anhand einer Beispielrechnung in *Tabelle 5* verdeutlichen[83]:

Tabelle 5: Vergleich von Shareholder Value Added und Residualgewinn

		0	1	2	3	4	5	6 - ∞
1	Umsatz	100,00	112,00	125,44	140,49	157,35	176,23	176,23
2	NOPAT	9,75	10,92	12,23	13,70	15,34	17,18	17,18
3	Zunahme NOPAT	5,52	1,17	1,31	1,47	1,64	1,84	0,00
4	Barwert (ΔNOPAT$_t$ / k)		11,7	11,91	12,13	12,35	12,57	0,00
5	Barwert (NOPAT$_t$ / k)	97,50	99,27	101,08	102,92	104,79	106,69	106,69
6	Zusatzinvestition		3,60	4,03	4,52	5,06	5,66	0,00
7	Barwert Zusatzinvestition		3,27	3,33	3,39	3,45	3,52	0,00
8	Shareholder Value Added (SVA)		8,43	8,58	8,74	8,90	9,06	0,00
9	Kumulierte SVA		8,43	17,01	25,74	34,64	**43,70**	0,00
10	Cash Flow		7,32	8,20	9,18	10,28	11,52	17,18
11	Barwert Cash Flow Detailprognosephase	34,50	30,64	25,50	18,87	10,47	0,00	0,00
12	Barwert Cash Flow Restwert	106,69	117,36	129,10	142,01	156,21	171,83	171,83
13	Shareholder Value	**141,20**	148,00	154,60	160,88	166,68	171,83	171,83
14	Anfangskapital	32,50	36,10	40,13	44,65	49,71	55,37	55,37
15	Kapitalkostenbelastung		3,25	3,61	4,01	4,46	4,97	5,54
16	Residualgewinn		7,67	8,62	9,68	10,88	12,21	11,65
17	Barwert Residualgewinn	108,70	111,90	114,47	116,23	116,97	116,46	116,46
18	Shareholder Value	**141,20**	148,00	154,60	160,88	166,68	171,83	171,83

In *Tabelle 5* sind sowohl die Shareholder Value Added (Zeile 8) als auch die Residualgewinne (Zeile 16) perioden-differenziert angegeben. Der in der Detailprognosephase kumulierte SVA weist die Steigerung des Unternehmenswerts aus, die zu erwarten ist, wenn Zusatzinvestitionen vorgenommen werden, die mit Erhöhungen der NOPAT verbunden sind[84]. Wenn der Unternehmenswert vor Zusatzinvestitionen (Prestrategy Value) auf Basis der ewigen Rente ($NOPAT_0$ = 9,75) mit einem Diskontierungssatz von 10% berechnet wird und der kumulierte SVA 43,70 (Zeile 9) beträgt, ergibt sich insgesamt ein Shareholder Value von 141,20 (Zeile 13).

81 Vgl. zum Zusammenhang zwischen „ökonomischen" und rechnungswesenbasierten Performancegrößen PEASNELL (1982).

82 Vgl. RAPPAPORT (1999), S. 141 ff.

83 Diese basiert auf einem Beispiel von RAPPAPORT (1999), S. 126 ff., das dazu dienen sollte, die Dechiffrierung von Marktsignalen zu illustrieren.

84 Dem Beispiel liegt eine Umsatzwachstumsrate von 12%, eine Umsatzüberschussrate von 9,75% und eine Erweiterungsinvestitionsrate von 30% zugrunde.

Dieser Shareholder Value kann auch residualgewinn-orientiert berechnet werden. Nimmt man dazu ein Anfangskapital in Höhe des Buchwerts von 32,50 (Zeile 14) an, so ergibt sich der kumulierte Barwert der Residualgewinne in Höhe von 108,70 (Zeile 17) und führt insgesamt wieder zu einem Shareholder Value von 141,20 (Zeile 18). In der EVA-Terminologie wird die Differenz zwischen dem Shareholder Value und dem anfänglichen Buchwert als „Market Value Added“ (MVA) bezeichnet. Interpretiert wird diese Größe als Barwert der Übergewinne (Residualgewinne).

Bei der Propagierung von EVA als Residualgewinngröße ist früher die Ansicht geäußert worden, dass mit einem positiven EVA auch gleichzeitig ein Indiz für die Erhöhung des Gesamtunternehmenswerts gegeben sei und man deshalb auf die Bestimmung der Unternehmenswertveränderung verzichten könne[85]. Ein mit EVA gemessener „Wertbeitrag“ wird jedoch außerhalb des Bezugsrahmens einer Unternehmensbewertung bestimmt, da für die Berechnung lediglich eine Brutto-Erfolgsgröße (NOPAT), eine bilanzielle Bestandsgröße (Restbuchwerte) und ein Kapitalkostensatz notwendig sind. Wie in der Literatur gezeigt wurde, läßt sich unter Annahme der Sicherheit ein Plan-EVA auf Differenzen zwischen den Restbuchwerten (AK) und Unternehmenswerten (UW) zeitlich benachbarter Perioden zurückführen[86].

$$EVA_t = [AK_t - (1+k) \cdot AK_{t-1}] - [UW_t - (1+k) \cdot UW_{t-1}].$$

Hieraus wird unmittelbar erkennbar, dass EVA nicht kausal als Ausdruck der Veränderung des Unternehmenswerts missinterpretiert werden darf, da der Residualgewinn auch von der Veränderung des Restbuchwerts beeinflusst ist.

Es ist deshalb zunächst zu klären, was unter einer – im engeren Sinne – unternehmenswert-orientierten Performancemessung zu verstehen ist, welche konkreten Maßgrößen dafür in Betracht kommen und wie diese zu systematisieren sind[87]. Begriffskonstitutiv muss sein, dass für die Definition von Performance, mit der ein Mehrwert gemessen werden soll, eine Unternehmenswertgröße heranzuziehen ist. Diese bildet die Ausgangsbasis für den Vergleich mit einer Referenzgröße, die ebenfalls unternehmenswert-orientiert sein kann, aber nicht sein muss. Die verschiedenen Möglichkeiten sind in der folgenden *Tabelle 6* systematisiert.

Jeder der 4 Konstellationen in *Tabelle 6*, die als Matrix für unternehmenswert-orientierte Performancemaße (UWPM) interpretiert werden kann, lassen sich verschiedene Vertreter zuordnen. Zu einer Gruppe gehören die Kombinationen (1) und (3), weil in diesen Konstellationen die Referenzgröße ebenfalls

85 Vgl. aber DIRRIGL (1998a), S. 20ff.
86 Vgl. DIRRIGL (1998a), S. 21f.
87 Vgl. dazu DIRRIGL (2003), S. 156ff.

Tabelle 6: Systematisierung von Referenzwerten für die unternehmenswert-orientierte Performancemessung

		Art des Referenzwerts	
		Barwert BW	***Anderswert AW***
Zeitbezug	*früherer Zeitpunkt t'*	$BW_{t'}$ (1)	$AW_{t'}$ (2)
	gleicher Zeitpunkt t	BW_t' (3)	AW_t' (4)

ein Barwert (BW_t) bzw. Unternehmenswert ist. Dies unterscheidet diese Gruppe von den Performancemaßen, bei denen der Referenzwert zunächst allgemein als „Anderswert" (AW_t) bezeichnet werden kann. Inhaltlich konkretisieren lassen sich solche durch Bezug auf die Kapitalbindung, das sog. „investierte" oder „eingesetzte" Kapital. Am bekanntesten ist in der Konstellation (4) die Bestimmung eines projektbezogenen Kapitalwerts, als Differenz zwischen dem Barwert der Rückflüsse und den Anschaffungsauszahlungen eines Investitionsprojekts.

Aus dem Vergleich von Unternehmens- und Referenzwert ergibt sich zunächst eine Wert-Differenzgröße, die in verschiedener Weise modifiziert werden kann. Typisch sind insbesondere Kombinationen mit einer operativ-retrospektiv ausgerichteten Erfolgsgröße und die „Bereinigung" um kalkulatorische Zinsen, die auch in die jeweilige Residualgewinn-Größe einbezogen sein kann.

Das älteste und bekannteste Konzept einer Kombination aus Unternehmenswert-Differenz (UWD) und operativer Erfolgsgröße ist der ökonomische Gewinn (ÖG):

$$ÖG_t = CF_t + EW_t - EW_{t-1}.$$

In dieser Performancegröße wird der Cashflow einer Periode CF_t kombiniert mit der Differenz zwischen dem Ertragswert am Ende der Betrachtungsperiode EW_t und dem Ertragswert zum Periodenbeginn. Aufgrund seiner Wert-Differenzgröße ist der ökonomische Gewinn ein Vertreter der Konstellation (1).

Es wurde in der Literatur auch vorgeschlagen, einen „modifizierten" ökonomischen Gewinn zu berechnen, bei dem ein Abzug kalkulatorischer Zinsen vorgenommen wird[88]. Bei solchen Vorschlägen zur „Zinsbereinigung" des ökonomischen Gewinns stellt sich dann die Frage, welche Kapitalbasis geeignet ist. Nahe liegend wäre es, hierfür eine Marktwertgröße zu wählen, die auf

88 Vgl. etwa DRUKARCZYK/SCHÜLER (2000), S. 265 mit dem Vorschlag eines „Net Economic Income"; LAUX (2003), S. 394f.

den Kapitaleinsatz zu Beginn der Periode abgestellt ist. Die bisher angesprochenen unternehmenswert-orientierten Performancemaße, die den Konstellationen (1) und (3) zuzuordnen sind, lassen nicht erkennen, welcher Kapitaleinsatz den jeweiligen Unternehmenswerten zugrunde liegt, ob also eine (Kapital-)Wertsteigerung erfolgt ist. Shareholder Value-Orientierung wird in der – theoretisch ausgerichteten – Literatur mit dem Kapitalwert als Zielgröße in Verbindung gebracht[89], wobei darauf hingewiesen wird, dass es im Rahmen der wertorientierten Unternehmenssteuerung auch darum gehe, „laufend (d. h. periodisch) den ‚Wert' für neue und existierende Geschäftsbereiche zu ermitteln"[90]. Es muss deshalb Erstaunen auslösen, dass in der Konzeption für ein „Unternehmungswertorientiertes Performance Measurement"[91] die Kapitalwert-orientierte Performancemessung nicht berücksichtigt wird.

Im Kontext einer kapitalwert-orientierten Performancemessung für Bereiche ist nicht die Ausgangsgröße Unternehmenswert zu problematisieren, da sich dieser unter den literaturüblichen vereinfachenden Annahmen[92] sowohl SVA-orientiert als auch RG-orientiert in der gleichen Höhe ergibt. Um daran anknüpfend einen bereichsbezogenen Kapitalwert zu ermitteln, ist das „eingesetzte Kapital" aufgrund einer Fortschreibung der Kapitalzuflüsse und -abflüsse zu bestimmen. Für die Zeit-Struktur der Kapitalabflüsse kommen, wie oben im Zusammenhang mit dem abnutzbaren Anlagevermögen dargestellt, verschiedene Prämissen in Betracht, insbesondere auch eine flexible Kapitalfreisetzung, die sich am Cashflow-Profil orientiert (EEI-Struktur). Nur eine zahlungsstrombezogen definierte Repräsentation der Kapitalbindung ist geeignet, eine Kapitalwert-Größe auszuweisen, die mit den Intentionen einer Shareholder Value-Zielsetzung harmoniert. Diesen Anforderungen genügt weder das SVA-Konzept von *Rappaport*, noch – als Beispiel für ein Residualgewinn-Konzept – der EVA-Ansatz. Es liegt zwar nahe, den MVA als Bereichs-Kapitalwert zu deuten, da er als Saldo eines Unternehmens- und eines Anderswerts bestimmt wird, doch kann der Anfangs-Buchwert nicht als adäquate Größe für den Kapitaleinsatz interpretiert werden.

Im Rahmen des Shareholder Value-Konzepts von *Rappaport* ist eine Größe, die den Kapitaleinsatz zum jeweiligen Bewertungsstichtag misst, nicht vorgesehen. Dieser Ansatz verwendet als Startgröße einen Unternehmenswert, der auf dem zu Beginn der Wachstumsphase erreichten Niveau des NOPAT basiert und über die kaufmännische Kapitalisierungsformel in einen Renten-Barwert transformiert wird. Dem gegenüber wird in der Residualgewinn-Methode ein Anfangs-Buchwert vorgegeben, der als „eingesetztes Kapital" interpretiert wird,

89 Vgl. PFAFF/BÄRTL (1997), S. 82; PFAFF/BÄRTL (1999), S. 91.
90 PFAFF/BÄRTL (1999), S. 87.
91 RIEDL (2000).
92 Zur Modifikation dieser Annahme vgl. DIRRIGL (2003), S. 163.

obwohl er nicht zahlungsstrombezogen, sondern gemäß Konventionen der externen Rechnungslegung bestimmt ist.

Aufgrund der bilanziellen Spielräume und den damit verbundenen Verzerrungen von Performancegrößen hat *Rappaport*, in radikal zu nennender Weise, ein Cashflow-basiertes Alternativsystem konzipiert, in dessen Mittelpunkt das Werttreiber-Unternehmensmodell steht, das mit der Bestimmung von DCF-orientierten Performancemaßen verknüpft ist[93]. Das Shareholder Value-System *Rappaports* ist ausschließlich stromgrößen-bezogen und enthält keine Vermögensgrößen. Dazu konträr ist die Accounting-Welt (und ihre Accrual-Orientierung) der Ausgangspunkt für Residualgewinn-Konzepte. Die mangelhafte Eignung dieser „Welt" für die Bestimmung aussagefähiger Performancegrößen konnte nicht verborgen bleiben, weshalb in dem von *Stewart* vorgeschlagenen EVA-Konzept[94] nicht weniger als die berühmten 164 „Adjustments"[95] angesprochen werden. Die Auswahl und Anwendung solcher Anpassungen im Rahmen des Value Based Management wurde in der Literatur kontrovers diskutiert[96].

Wird, wie hier vorgeschlagen, die Kapitalbindung zahlungsstrombezogen erfasst, so kann auf die kasuistische Bereinigung von Verzerrungen aufgrund der konventionalisierten Rechnungslegung verzichtet werden. Bei einer solchen „Emanzipation" vom externen Rechnungswesen ist auch von Vorteil, dass die Bestimmung einer aussagekräftigen Kapitaleinsatz-Größe nicht von opportunistischen Verhandlungsprozessen abhängig ist, in denen diskutiert wird, ob und gegebenenfalls welche „conversions" vorgenommen werden sollen[97].

Solange die „Anpassungen" nicht dazu führen, dass der „Kapitaleinsatz" dem zahlungsstrombezogen ermittelten Ergebnis entspricht, werden auch die am „eingesetzten Kapital" anknüpfenden Performancemaße verzerrt ausgewiesen. Insbesondere ist der „Market Value Added" als Differenz zwischen Unternehmenswert und „eingesetztem Kapital" wenig aussagekräftig, wenn sich im Buchwert verschiedene (Sonder-)Abschreibungen und die Nichtaktivierung von Auszahlungen für immaterielle Erfolgspotenziale ausgewirkt haben. Damit wird ein falsches Signal ausgesendet, da der hohe Market Value Added (teilweise) nicht auf die Erwartung hoher zukünftiger Übergewinne zurückgeführt werden kann, sondern durch die Verringerung der buchhalterischen Kapitalbasis erzeugt wurde. Es liegt auf der Hand, dass solche Größen für Einsatzzwecke bei der variablen Managementvergütung ungeeignet sind.

93 Vgl. Rappaport (1995), S. 36 ff.
94 Vgl. Stewart (1991).
95 Vgl. Stewart (1991), S. 112–117 und mit einer Einschätzung der „Bilanzierungsregeln" im Kontext wertorientierter Entlohnung Hachmeister (2001), S. 58ff.
96 Vgl. Aders/Hebertinger/Wiedemann (2003), S. 365–367.
97 Vgl. Hachmeister (2001), S. 62 mit dem Hinweis, dass in der Praxis meist keine Anpassungen erfolgen.

3.3 Managementvergütung im Kontext unternehmenswert-orientierter Steuerungssysteme

Zu einem umfassend ausgebauten Value Based Management-System gehört auch die Komponente der wertorientiert ausgestalteten Managementvergütung[98]. Da der Begriff „wertorientiert" in der Literatur sehr heterogen ausgelegt wird[99], kann unter einer „wertorientierten Managementvergütung" auch sehr Verschiedenes verstanden werden, insbesondere

(a) eine an Wertbeitragskennzahlen orientierte[100],
(b) aktienkursbasierte[101],
(c) unternehmenswert-orientierte[102]

Bemessungsgrundlage der variablen Managementvergütung.

Die im vorangegangenen Abschnitt angesprochenen Wertbeitragskennzahlen bzw. wertorientierten Steuerungskennzahlen[103], wie auch das Konzept des „Cash Value Added"[104] sind in der Literatur auch als Anknüpfungspunkte für eine variable Managementvergütung vorgeschlagen[105] und bezüglich ihrer Eignung als Bemessungsgrundlagen intensiv untersucht worden[106]. Hierbei wurde bereits das EEI-Konzept, auch „Relatives Beitragsverfahren" genannt, einbezogen[107].

Die an Wertbeitragskennzahlen orientierte Bestimmung von Bemessungsgrundlagen für die Managementvergütung wird oft den aktienkursbasierten Ansätzen gegenübergestellt[108]. In einer Shareholder Value-orientierten Führungskonzeption[109] kann der Börsenkurs zu einem Bezugspunkt werden als

(1) Zielsetzung der Eigentümer und Instrument zur Messung der Zielerreichung,
(2) Signal der Markterwartungen[110],
(3) Anknüpfungspunkt für aktienbasierte Managementvergütungen.

98 Vgl. Knight (1998), S. 215ff.; Weber/Bramsemann/Heineke/Hirsch (2002), S. 26ff.
99 Zum Begriff der Wertorientierung vgl. Ballwieser (2000) und ders. (2002).
100 Vgl. Ewert/Wagenhofer (2000); Hachmeister (2003).
101 Vgl. Kramarsch (2000); Pirchegger (2001).
102 Vgl. Ferstl (2000); Plaschke (2003).
103 Vgl. Hachmeister (2001).
104 Vgl. dazu Schaefer (2002) im Vergleich mit EVA.
105 Vgl. Wagenhofer (1999).
106 Vgl. Krammer (2000) sowie Stelter/Krammer (2001); Plaschke (2003), S. 155ff.
107 Vgl. Hachmeister (2001), S. 56; Crasselt (2004), S. 124.
108 Vgl. etwa Pellens/Crasselt/Rockholtz (1998); Riegler (2000a), S. 29ff.
109 Zu den Möglichkeiten und Grenzen der wertorientierten Unternehmensführung vgl. Wesner (2000).
110 Rappaport ordnet dem Aktienmarkt eine Signalisierungs-Funktion zu; vgl. Rappaport (1995), S. 155; ders. (1999), S. 119ff. Sein Interesse gilt der Frage, „was uns der Ak-

Obwohl die Erhöhung des Börsenkurses im angestrebten Ausmaß ex ante nicht exakt bemessen werden kann, ist der Aktienkurs als Anknüpfungspunkt für die Managementvergütung herangezogen worden, worüber in den letzten Jahren, insbesondere im Zusammenhang mit Aktien-Optionsmodellen[111], viel diskutiert wurde. Ob solche Modelle auch in Zukunft noch so beliebt sein werden, ist angesichts der Entwicklung der Börsenkurse in den letzten Jahren zu bezweifeln.

Wenn die Börsenkapitalisierung einer Unternehmung als „marktbezogener Unternehmenswert"[112] interpretiert wird und daran für die variable Managementvergütung anknüpfend kein Unterschied zu den unter (c) angesprochenen „unternehmenswert-orientierten Konzepten" zu bestehen scheint, so ist zur Vermeidung etwaiger Missverständnisse zu betonen, dass hier unter letzteren nur aus interner Perspektive abgeleitete Unternehmenswerte verstanden werden. Ob man Unternehmenswerte und daran anknüpfende Performancegrößen als Grundlage der variablen Managervergütung verwenden sollte, kann Gegenstand einer Diskussion sein. Wird in der einschlägigen Literatur eine solche Frage thematisiert, dann ist das typische Argumentationsmuster so konzipiert, dass zunächst eine Vielzahl von Kriterien für „gute" Anreizsysteme postuliert werden, wozu immer die „Objektivierung" an vorderer Stelle gehört. Auf dieses Kriterium bezogen, wird dann regelmäßig eine an Unternehmenswerten anknüpfende Bestimmung von Bemessungsgrundlagen abgelehnt[113]. Unter ein solches Verdikt fallen meist aktienbasierte Managementvergütungsmodelle nicht, weil Aktienkurse „objektiviert" seien.

Es lassen sich zwei sehr unterschiedliche Gründe nennen, warum für die variable Managementvergütung eine Anknüpfung an Aktienkursen erfolgt:

(1) Aktienkurse lassen sich leicht feststellen.
(2) Aktienkurse reflektieren die Einschätzung des Kapitalmarkts hinsichtlich der wirtschaftlichen Lage und der künftigen Aussichten einer Unternehmung.

Diese provokative Gegenüberstellung von zwei Motivklassen für aktienbasierte Anreizsysteme soll die Heterogenität von Argumenten zugunsten solcher Bemessungsgrundlagen andeuten und den Umstand beleuchten, dass die praktikable Bestimmung einer Bemessungsgrundlage letztlich (allein) keine durchschlagende Begründung für ein „anreizkompatibles" Managementvergü-

tienpreis über die Markterwartungen hinsichtlich der zukünftigen Performance des Unternehmens verrät".

111 Vgl. dazu PIRCHEGGER (2002).

112 Vgl. zur „Marktorientierten Unternehmensbewertung" BÖCKING/NOWAK (1999).

113 Vgl. etwa RIEGLER (2000b), S. 169: „k.o.-Kriterium"; KRAMARSCH (2000), S. 27: „Ein Managen des Unternehmens mittels einer Steuerungsgröße, die ausschließlich aus prognostizierten Ergebnissen abgeleitet wird, erscheint für die Unternehmenssteue-

tungs-System sein kann. Mit dem zweiten, auf der materiellen Ebene liegenden Argument ist eher eine anfechtbare Hypothese, denn eine beweiskräftige Tatsache angesprochen. Trivial ist die Feststellung, dass Aktienkurse einen prospektiven Charakter haben. Ob im Aktienkurs aber die zukünftigen Aussichten einer Unternehmung „richtig" widergespiegelt werden, wird seit jeher und angesichts von frustrierenden Erfahrungen der letzten Jahre immer mehr in Frage gestellt. Es lassen sich eine Vielzahl von „Ursachen für ein Abweichen des Marktwertes vom Fundamentalwert"[114] und Erklärungen zum Zustandekommen von Aktienkursen aufgrund verzerrter Erwartungen der Kapitalmarktteilnehmer anführen[115].

Zur These, dass die Börsenkapitalisierung eine besondere Form des Unternehmenswerts sei, diese gegenüber dem aus interner Perspektive ermittelten Unternehmenswert aber den Vorteil habe, dass Aktienkurse „objektiv" seien, ist zunächst zu bemerken, dass die Methodik einer Unternehmensbewertung durch detaillierte und überprüfbare Merkmale beschrieben wird, über die Entstehung von Aktienkursen aber eigentlich nur spekuliert werden kann. Um einen Unternehmenswert zu berechnen, benötigt man

(a) ein Modell zur Erfolgsprognose und darauf basierender Bewertung unter Berücksichtigung der Zeit- und Risikodimension,
(b) eine Informationsbasis aus interner Sicht zur Quantifizierung der entsprechenden Modellparameter.

Ob überhaupt ein und gegebenenfalls welches Konzept der Unternehmensbewertung der Entstehung von Aktienkursen zugrunde liegt, ist eine offene Frage. Selbst wenn man mit Rappaport unterstellt, dass der Kapitalmarkt das Werttreiber-Modell „befolgt", wird man annehmen müssen, dass die zur externen Aktienkursprognose verwendeten Werttreibergrößen von denen abweichen, die aus interner Perspektive berechnet werden. Der Kapitalmarkt hat meist überoptimistische Erwartungen und verzerrt auf der anderen Seite oft auch nach unten.

Das „Übertreiben" aufgrund der im Aktienkurs reflektierten Einflussgrößen lässt sich auch fundamental, vor allem mit Determinanten des Restwerts, begründen. Für dessen Bestimmung wird vermutet, dass ihm ein Ewigkeits-Wachstum der Erfolgsgrößen[116] zugrunde liegt. In Zeiten der Börsenkurs-Euphorie konnten Aktienkurse „fundamental" nur dadurch erklärt werden, dass

rung und eine mögliche damit verbundene Incentivierung des Managements allerdings wenig tauglich."

114 Riedl (2000), S. 150–157.

115 Vgl. Coenenberg/Salfeld (2003), S. 53 ff.

116 Vgl. etwa Coenenberg/Salfeld (2003), S. 48 und die dort dargestellte Analyse.

Ewig-Wachstum auf sehr hohem Niveau unterstellt wurde[117]. Werden aufgrund bestimmter Indikatoren die Wachstumserwartungen gedämpft, dann führt dies wegen des Rückgangs der Restwert-Komponente zu einem starken Sinken des Unternehmenswerts.

Wenn Erwartungsrevisionen der Marktteilnehmer „zur Unzeit", also konträr zur Entwicklung des Unternehmenswerts, eintreten können, dann wird man eine Aktienkurs-Basierung nicht als überzeugendes Konzept[118] für die Bemessung der variablen Managervergütung werten können. Soll aber ein Teil des Pakets der aus Long Term Incentive-Komponente, Short Term-Komponente (Bonus) und Festgehalt bestehenden Managementvergütung die „Antizipationsleistung" eines Managers belohnen, dann ist, als Alternative zur Aktienbasierung, an die Berücksichtigung von Unternehmenswerten zu denken. Leider ist diese Forschungsrichtung in den zurückliegenden Jahren nicht sehr intensiv gepflegt worden[119]. Auch in diesem potenziellen Anwendungsbereich von Unternehmenswerten muss zunächst wiederum die Frage aufgeworfen werden, welche Methodik der Unternehmensbewertung geeignet ist. Autoren, die sich – im Prinzip – zu einer unternehmenswert-orientierten Managementvergütung bekennen[120], befürworten – eher unreflektiert – die Heranziehung der Discounted Cashflow-Methode[121].

Gegenüber den aus externer Sicht im Börsenkurs verarbeiteten Informationen bietet die interne (Controlling-)Perspektive zusätzliches Wissen, das zur Unternehmensbewertung und daran anknüpfenden Bestimmung von Bemessungsgrundlagen für die Managervergütung herangezogen werden kann. Unter dem Aspekt der Beeinflussbarkeit lassen sich aktienbasierte Bemessungsgrundlagen u. U. für das Top Management begründen, kaum jedoch für die Verantwortlichen von Teilbereichen (Segmenten, Business Units usw.). Bei der hier vorgeschlagenen Methodik zur Unternehmensbewertung wurde ein Bereichsbezug hergestellt, so dass diesbezügliche Informationen zur Entwicklung der Erfolgs- und Risikostruktur und die ihnen zugrunde liegenden Werttreiber für die Wertbestimmung verwendet werden können.

Mit dem Steuerungsgedanken aus der Controlling-Perspektive ist auch der Planungs- und Zielsetzungsaspekt angesprochen. Im Rahmen einer Erfolgspotenzialrechnung lassen sich die ex ante- und die ex post-Perspektive miteinan-

117 Vgl. auch die Argumentation von Mannesmann mit dem Price-Earnings-Growth (PEG)-Multiplikator im Übernahmekampf mit Vodafone.

118 Zu Bedenken gegen den Marktwert vgl. auch PFAFF/BÄRTL (1997), S. 83 ff.

119 Vgl. dazu FERSTL (2000) sowie KRAMMER (2000).

120 Hierzu sind die Dissertationen von FERSTL (2000); KRAMMER (2000) und PLASCHKE (2003) zu nennen.

121 Vgl. FERSTL (2000), S. 160 ff.; KRAMMER (2000); PLASCHKE (2003), S. 64 ff.

der verbinden und für Zwecke der Managementvergütung auswerten[122]. Aus der Planung abgeleitete Zielvorgaben könnten für die Managementvergütung dadurch relevant werden, dass diese an den Zielerreichungsgrad gekoppelt wird, der aus dem Verhältnis von Ist und Plan einer Performancegröße abgeleitet wurde[123].

In einem solchen „Planmodell“[124] werden Abweichungen zwischen Plan und Ist für die variable Vergütung zur kritischen Größe, weshalb es notwendig sein wird, für das „Ist“ einen Betrag zu bestimmen, der mit den Einflussmöglichkeiten des jeweiligen Bereichsmanagers harmoniert. Erforderlich ist dann eine geeignete Abweichungsanalyse, wie sie in der Grundstruktur mit der Erfolgspotenzialrechnung vorgeschlagen wurde[125].

Mit dem Vorschlag für eine Konzeption eines wertorientierten Vergütungssystems (für das Top-Management) „auf Basis einer wertorientierten strategischen Kontrollrechnung und Abweichungsanalyse“[126] wird dem Steuerungsaspekt im wertorientierten Vergütungssystem Rechnung getragen, so dass er in einem integrierten Konzept für ein unternehmenswert-orientiertes Steuerungssystem verwendet werden kann, wenn dabei die bereichsbezogen auszugestaltende Unternehmensbewertung eine adäquate Basis liefert[127].

4 Zusammenfassung

Im vorliegenden Beitrag wurde gezeigt, wie eine leistungswirtschaftlich ausgerichtete Methodik der Unternehmensbewertung auszugestalten ist, damit sie

122 Vgl. KÜPPER (1994), S. 1002: „Erst durch das Zusammenspiel von Planungs- und Steuerungsrechnungen mit dem jeweils zu ihnen passenden Kontrollrechnungen erscheint eine zuverlässige Unterstützung der Unternehmensführung durch die interne Unternehmensrechnung möglich.“

123 So ist von STELTER/KRAMMER (2001), S. 79 als eine denkbare Möglichkeit für das Design eines „Divisional Value Incentives“ (DVI) vorgeschlagen worden, diese Vergütung an den bereichsbezogen ermittelten Cash Value Added ($CVA_{B,t=n}$) zu binden und dabei folgende Funktion zu verwenden:

$$DVI_B = \frac{\text{Ist} - CVA_{B,t=n}}{\text{Plan} - CVA_{B,t=n}} = \text{Ziel} - DVI.$$

124 Neben diesem Grundmodell werden auch noch ein „Basismodell Werterhaltung“, ein „Basismodell Wertschaffung“ und ein „Marktmodell“ vorgeschlagen, die sich insbesondere durch die Definition einer Mindestperformance unterscheiden, ab der eine Auszahlung an die beteiligten Manager erfolgt; vgl. dazu STELTER/KRAMMER (2001), S. 77 ff.

125 Vgl. dazu BREID (1994) sowie mit Modifikationen DIRRIGL (2002).

126 Vgl. dazu FERSTL (2000), S. 217–263, dessen Vorschlag wegen der Orientierung am DCF-Unternehmenswert zu modifizieren wäre.

127 Vgl. dazu DIRRIGL (2003).

als Fundament für eine unternehmenswert-orientierte Steuerung erfolgversprechend genutzt werden kann.

Notwendig erscheint hierfür eine Explizierung der Risikostruktur auf Basis einer integrierten Ergebnisprognose. Zur Bewertung der Unsicherheit wird eine Kalkülstruktur vorgeschlagen, die in Abgrenzung zu finanzierungs- und kapitalmarkttheoretischen Konzepten auf der Sicherheitsäquivalentmethode basiert. Um kapitalwertbezogenen Ermittlungszielen bei der Performancemessung gerecht zu werden, ist die Entwicklung einer zahlungsstromorientierten Kapitalbindungsrechnung geboten.

Auf einem solchen Fundament lassen sich bereichsbezogene Unternehmenswerte zunächst für Problemstellungen im Strategiekontext bei der Beurteilung strategischer Alternativen nutzbringend einsetzen. Weitere Anwendungsmöglichkeiten eröffnen sich in den eng miteinander verbundenen Teilsystemen der Performancemessung und variablen Managervergütung.

Gegenüber aktienbasierten Systemen der Managementvergütung bietet eine Anknüpfung der Bemessungsgrundlagen an Unternehmenswerten die Möglichkeit, die ex ante- mit der ex post-Perspektive zu verbinden und dem Verantwortungsaspekt bereichsbezogen Rechnung zu tragen.

Literaturverzeichnis

ADERS, CHRISTIAN/HEBERTINGER, MARTIN/WIEDEMANN, FLORIAN (2003), Value Based Management (VBM): Lösungsansätze zur Schließung von Implementierungslücken, in: FinanzBetrieb, 5. Jg., S. 356–372.

ADERS, CHRISTIAN/HEBERTINGER, MARTIN/SCHAFFER, CHRISTIAN/WIEDEMANN, FLORIAN (2003), Shareholder-Value-Konzepte – Umsetzung bei den DAX 100-Unternehmen, in: FinanzBetrieb, 5. Jg., S. 719–725.

ARBEITSKREIS „FINANZIERUNG" DER SCHMALENBACH-GESELLSCHAFT FÜR BETRIEBSWIRTSCHAFT E. V. (1996), Wertorientierte Unternehmenssteuerung mit differenzierten Kapitalkosten, in: zfbf, 48. Jg., S. 543–578.

ARBEITSKREIS „WERTORIENTIERTE FÜHRUNG IN MITTELSTÄNDISCHEN UNTERNEHMEN" DER SCHMALENBACH-GESELLSCHAFT (2003), Werte(e)orientierte Führung in mittelständischen Unternehmen, in: FinanzBetrieb, 5. Jg., S. 525–533.

ARBEITSKREIS „WERTORIENTIERTE FÜHRUNG IN MITTELSTÄNDISCHEN UNTERNEHMEN" DER SCHMALENBACH-GESELLSCHAFT (2004), Möglichkeiten zur Ermittlung periodischer Erfolgsgrößen in Kompatibilität zum Unternehmenswert, in: FinanzBetrieb, 6. Jg., S. 241–253.

BACIDORE, JEFFREY M./BOQUIST, JOHN A./MILBOURN, TODD T./THAKOR, ANJAN V. (1997), The Search for the Best Financial Performance Measure, in: Financial Analysts Journal, Vol. 53., Heft May/June, S. 11–20.

BALDENIUS, TIM/FUHRMANN, GREGOR/REICHELSTEIN, STEFAN (1999), Zurück zu EVA, in: Betriebswirtschaftliche Forschung und Praxis, 51. Jg., S. 53–65.

BALLWIESER, WOLFGANG (2000), Wertorientierte Unternehmensführung: Grundlagen, in: zfbf, 52. Jg., S. 160–166.

BALLWIESER, WOLFGANG (2002), Wertorientierung und Betriebswirtschaftslehre: Von Schmalenbach bis heute, in: MACHARZINA, KLAUS/NEUBÜRGER, HEINZ-JOACHIM (Hrsg.): Wertorientierte Unternehmensführung: Strategien – Strukturen – Controlling, Kongress-Dokumentation 55. Deutscher Betriebswirtschafter-Tag 2001, S. 69–98.

BALLWIESER, WOLFGANG (2003), Zum risikolosen Zins für die Unternehmensbewertung, in: RICHTER, FRANK/SCHÜLER, ANDREAS/SCHWETZLER, BERNHARD (Hrsg.): Kapitalgeberansprüche, Marktwertorientierung und Unternehmenswert, Festschrift für Jochen Drukarczyk zum 65. Geburtstag, S. 19–35.

BÖCKING, HANS-JOACHIM/NOWAK, KARSTEN (1999), Marktorientierte Unternehmensbewertung, in: Finanz Betrieb, 1. Jg., S. 169–176.

BREID, VOLKER (1994), Erfolgspotentialrechnung – Konzeption im System einer finanzierungstheoretisch fundierten, strategischen Erfolgsrechnung.

COENENBERG, ADOLF G./SALFELD, RAINER (2003), Wertorientierte Unternehmensführung: vom Strategieentwurf zur Implementierung.

COENENBERG, ADOLF G./SCHULTZE, WOLFGANG (2002), Unternehmensbewertung: Konzeptionen und Perspektiven, in: Die Betriebswirtschaft, 62. Jg., S. 597–621.

COENENBERG, ADOLF G./SCHULTZE, WOLFGANG (2003), Residualgewinn- vs. Ertragswertmethode in der Unternehmensbewertung, in: RICHTER, FRANK/SCHÜLER, ANDREAS/SCHWETZLER, BERNHARD (Hrsg.): Kapitalgeberansprüche, Marktwertorientierung und Unternehmenswert, Festschrift für Jochen Drukarczyk zum 65. Geburtstag, S. 117–141.

CRASSELT, NILS (2004), Managementvergütung auf Basis von Residualgewinnen – Zur Gefahr von Fehlanreizen durch praktisch relevante Abschreibungsverfahren, in: FinanzBetrieb, 6. Jg., S. 121–129.

DINSTUHL, VOLKMAR (2003), Konzernbezogene Unternehmensbewertung: DCF-orientierte Konzern- und Segmentbewertung unter Berücksichtigung der Besteuerung.

DINTER, HANS-JOACHIM/SWOBODA, MARCO (2003), Operative Performance-Messung im Shareholder-Value-Konzept von Henkel, in: FREIDANK, CARL-CHRISTIAN/MAYER, ELMAR (Hrsg.): Controlling-Konzepte, 6. Aufl., S. 229–269.

DIRRIGL, HANS (1988), Die Bewertung von Beteiligungen an Kapitalgesellschaften.

DIRRIGL, HANS (1994), Konzepte, Anwendungsbereiche und Grenzen einer strategischen Unternehmensbewertung, in: Betriebswirtschaftliche Forschung und Praxis, 46. Jg., S. 409–432.

DIRRIGL, HANS (1998a), Kollektive Investitionsrechnung und Unternehmensbewertung, in: KRUSCHWITZ, LUTZ/LÖFFLER, ANDREAS (Hrsg.): Diskussionsbeiträge des Fachbereichs Wirtschaftswissenschaft der Freien Universität Berlin, Nr. 1998/7, Ergebnisse des Berliner Workshops „Unternehmensbewertung" vom 7. Februar 1998, S. 3–24.

DIRRIGL, HANS (1998b), Wertorientierung und Konvergenz in der Unternehmensrechnung, in: Betriebswirtschaftliche Forschung und Praxis, 50. Jg., S. 540–579.

DIRRIGL, HANS (2002), Erfolgspotenzialrechnung, in: KÜPPER, HANS-ULRICH/WAGENHOFER, ALFRED (Hrsg.): Handwörterbuch Unternehmensrechnung und Controlling, Sp. 419–431.

DIRRIGL, HANS (2003), Unternehmensbewertung als Fundament bereichsorientierter Performancemessung, in: RICHTER, FRANK/SCHÜLER, ANDREAS/SCHWETZLER, BERNHARD (Hrsg.): Kapitalgeberansprüche, Marktwertorientierung und Unternehmenswert, Festschrift für Jochen Drukarczyk zum 65. Geburtstag, S. 143–186.

DIRRIGL, HANS (2004), Die Besteuerung in Kalkülen zur Unternehmensbewertung bei Wachstum und Risiko, in: DIRRIGL, HANS/WELLISCH, DIETMAR/WENGER, EKKEHARD (Hrsg.): Steuern, Rechnungslegung und Kapitalmarkt, Festschrift für Franz W. Wagner zum 60. Geburtstag, S. 1–26.

DOLNY, OLIVER (2003), Controlling von Beteiligungen auf Basis einer integrierten Unternehmenswertrechnung.

DRUKARCZYK, JOCHEN (1997), Wertorientierte Unternehmenssteuerung – Besprechung des Shareholder Value-Ansatzes von Rappaport, in: Zeitschrift für Bankrecht und Bankwirtschaft, 9. Jg., S. 217–226.

DRUKARCZYK, JOCHEN/SCHÜLER, ANDREAS (2000), Approaches to Value-Based Performance Measurement, in: ARNOLD, GLEN/DAVIES, MATT (Hrsg.): Value-Based Management: Context and Application, S. 255–303.

DRUKARCZYK, JOCHEN/SCHÜLER, ANDREAS (2003), Kapitalkosten deutscher Aktiengesellschaften – eine empirische Untersuchung, in: FinanzBetrieb, 4. Jg., S. 337–347.

DÜSTERLOH, JENS-ERIC VON (2003), Das Shareholder-Value-Konzept – Methodik und Anwendung im strategischen Management.

EHRBAR, AL (1998), EVA: The Real Key to Creating Wealth.

EWERT, RALF/WAGENHOFER, ALFRED (2000), Rechnungslegung und Kennzahlen für das wertorientierte Management, in: WAGENHOFER, ALFRED/HREBICEK, GERHARD (Hrsg.): Wertorientiertes Management, S. 3–64.

FERSTL, JÜRGEN (2000), Managervergütung und Shareholder Value – Konzeption einer wertorientierten Vergütung für das Top-Management.

GILLENKIRCH, ROBERT M./SCHABEL, MATTHIAS M. (2001), Investitionssteuerung, Motivation und Periodenerfolgsrechnung bei ungleichen Zeitpräferenzen, in: zfbf, 53. Jg., S. 216–245.

GÜNTHER, THOMAS (1997), Unternehmenswertorientiertes Controlling.

HACHMEISTER, DIRK (2000), Der Discounted Cash Flow als Maß der Unternehmenswertsteigerung, 4. Aufl.

HACHMEISTER, DIRK (2001), Möglichkeiten und Grenzen wertorientierter Steuerungskennzahlen als Bemessungsgrundlage für die Entlohnung von Führungskräften, in: ECKARDSTEIN, DUDO VON (Hrsg.): Handbuch Variable Vergütung für Führungskräfte, S. 47–67.

HACHMEISTER, DIRK (2003), Gestaltung von Wertbeitragskennzahlen in der Theorie der Unternehmensrechnung, in: FRANCK, EGON (Hrsg.): Marktwertorientierte Unternehmensführung: Anreiz- und Kommunikationsaspekte, zfbf, 55. Jg., Sonderheft 50, S. 97–119.

HARDTMANN, GUIDO (1996), Die Wertsteigerungsanalyse im Managementprozess.

HEBERTINGER, MARTIN (2002), Wertsteigerungsmaße – Eine kritische Analyse.

HENSELMANN, KLAUS (1999), Unternehmensrechnungen und Unternehmenswert.

HENSELMANN, KLAUS (2001), Economic Value Added – Königsweg zur Integration des Rechnungswesens?, in: Zeitschrift für Planung, 12. Jg., S. 159–186.

HERTER, RONALD N. (1994), Unternehmenswertorientiertes Management (UwM) – Strategische Erfolgsbeurteilung von dezentralen Organisationseinheiten auf der Basis der Wertsteigerungsanalyse.

HESSE, THOMAS (1996), Periodischer Unternehmenserfolg zwischen Realisations- und Antizipationsprinzip – Vergleich von Aktienrendite, Cash-Flow und Economic Value-Added.

HINTERHUBER, ANDREAS (1997), Strategische Erfolgsfaktoren bei der Unternehmensbewertung.

HUPE, MICHAEL/RITTER, GERD (1997), Der Einsatz risikoadjustierter Kalkulationszinsfüße bei Investitionsentscheidungen – Theoretische Grundlagen und empirische Untersuchung, in: Betriebswirtschaftliche Forschung und Praxis, 49. Jg., S. 593–612.

KLIEN, WOLFGANG (1995), Wertsteigerungsanalyse und Messung von Managementleistungen: Technik, Logik und Anwendungen.

KNIGHT, JAMES A. (1998), Value Based Management – Developing a Systematic Approach to Creating Shareholder Value.

KRAMARSCH, MICHAEL H. (2000), Aktienbasierte Managementvergütung.

KRAMMER, CHRISTIAN (2000), Logik und Konzeption eines strategischen Anreizsystems auf Basis des Wertsteigerungsansatzes.

KÜPPER, HANS-ULRICH (1994), Interne Unternehmensrechnung auf kapitaltheoretischer Basis, in: BALLWIESER, WOLFGANG/BÖCKING, HANS-JÜRGEN/DRUKARCZYK, JOCHEN/SCHMIDT,

REINHARD H. (Hrsg.): Bilanzrecht und Kapitalmarkt, Festschrift zum 65. Geburtstag von A. Moxter, S. 967–1002.

LAUX, HELMUT (2003), Wertorientierte Unternehmensführung und Kapitalmarkt.

LEWIS, THOMAS G. (1994), Steigerung des Unternehmenswertes: Total-Value-Management.

MAUL, KARL-HEINZ (2003), Unternehmens- und Anteilsbewertung in Spruchstellenverfahren, in: RICHTER, FRANK/SCHÜLER, ANDREAS/SCHWETZLER, BERNHARD (Hrsg.): Kapitalgeberansprüche, Marktwertorientierung und Unternehmenswert, Festschrift für Jochen Drukarczyk zum 65. Geburtstag, S. 255–287.

NIPPEL, PETER/STREITFERDT, FELIX (2003), Unternehmensbewertung mit dem WACC-Verfahren: Steuern, Wachstum und Teilausschüttung, in: zfbf, 55. Jg., S. 401–422.

NOWAK, KARSTEN (2000), Marktorientierte Unternehmensbewertung – Discounted CashFlow, Realoption, Economic Value Added und der Direct Comparison Approach.

PEASNELL, KEN (1982), Some Formal Connections between Economic Values and Yields and Accounting Numbers, in: Journal of Business Finance & Accounting, Vol. 9, S. 361 –381.

PELLENS, BERNHARD/CRASSELT, NILS/ROCKHOLTZ, CARSTEN (1998), Wertorientierte Entlohnungssysteme für Führungskräfte – Anforderungen und empirische Evidenz, in: PELLENS, BERNHARD (Hrsg.): Unternehmenswertorientierte Entlohnungssysteme, S. 1–28.

PESCHKE, MICHAEL A. (1997), Wertorientierte Strategiebewertung – Modell, Konzept und Umsetzung.

PFAFF, DIETER (1998), Wertorientierte Unternehmenssteuerung, Investitionsentscheidungen und Anreizprobleme, in: Betriebswirtschaftliche Forschung und Praxis, 50. Jg., S. 491–516.

PFAFF, DIETER/BÄRTL, OLIVER (1997), Shareholder-Value – Eine geeignete Größe für die Beurteilung von Managern?, in: FREIDANK, CARL-CHRISTIAN/GÖTZE, UWE/HUCH, BURKHARD/WEBER, JÜRGEN (Hrsg.): Kostenmanagement, S. 79–94.

PFAFF, DIETER/BÄRTL, OLIVER (1999), Wertorientierte Unternehmenssteuerung – ein kritischer Vergleich ausgewählter Konzepte, in: GEBHARDT, GÜNTHER/PELLENS, BERNHARD (Hrsg.): Rechnungswesen und Kapitalmarkt, zfbf, 51. Jg., Sonderheft 41, S. 85–115.

PFAFF, DIETER/STEFANI, ULRIKE (2003), Wertorientierte Unternehmensführung, Residualgewinne und Anreizprobleme, in: FRANCK, EGON (Hrsg.): Marktwertorientierte Unternehmensführung: Anreiz- und Kommunikationsaspekte, zfbf, 55. Jg., Sonderheft 50, S. 51–76.

PFEIFFER, THOMAS (2003), Anreizkompatible Unternehmenssteuerung, Performancemaße und Erfolgsrechnung – Zur Vorteilhaftigkeit von Ergebnisgrößen bei unbekannten Zeitpräferenzen des Managers, in: Die Betriebswirtschaft, 63. Jg., S. 43–59.

PIRCHEGGER, BARBARA (2001), Aktienkursabhängige Entlohnungssysteme und ihre Anreizwirkungen.

PLASCHKE, FRANK J. (2003), Wertorientierte Management-Incentivesysteme auf Basis interner Wertkennzahlen.

PROKOP, JÖRG (2004), Der Einsatz des Residualgewinnmodells im Rahmen der Unternehmensbewertung nach IDW S 1, in: FinanzBetrieb, 6. Jg., S. 188–193.

RAPPAPORT, ALFRED (1995), Shareholder Value – Wertsteigerung als Maßstab für die Unternehmensführung.

RAPPAPORT, ALFRED (1999), Shareholder Value – ein Handbuch für Manager und Investoren, 2. Aufl.

REICHELSTEIN, STEFAN (1997), Investment Decisions and Managerial Performance Evaluation, in: Review of Accounting Studies, 2. Jg., S. 157–180.

REICHELSTEIN, STEFAN (2000), Providing Managerial Incentives: Cash Flows Versus Accrual Accounting, in: Journal of Accounting Research, Vol. 38., S. 243–269.

RICHTER, FRANK/HONOLD, DIRK (2000), Das Schöne, das Unattraktive und das Hässliche an EVA & Co., in: FinanzBetrieb, 2. Jg., S. 265–274.
RIEDL, JENS B. (2000), Unternehmungswertorientiertes Performance Measurement.
RIEGLER, CHRISTIAN (2000a), Hierarchische Anreizsysteme im wertorientierten Management: eine agency-theoretische Untersuchung.
RIEGLER, CHRISTIAN (2000b), Anreizsysteme und wertorientiertes Management, in: WAGENHOFER, ALFRED/HREBICEK, GERHARD (Hrsg.): Wertorientiertes Management: Konzepte und Umsetzungen zur Unternehmenswertsteigerung, S. 145–176.
ROBICHEK, ALEXANDER A./MYERS, STEWART C. (1966), Conceptual Problems in the Use of Risk-Adjusted Discount Rates, in: The Journal of Finance, Vol. 21, S. 727–730.
ROGERSON, WILLIAM P. (1997), Intertemporal Cost Allocation and Managerial Investment Incentives: A Theory Explaining the Use of Economic Value Added as a Performance Measure, in: Journal of Political Economy, Vol. 107, S. 770–795.
SCHAEFER, OTTO MAX (2002), Performance Measures in Value Management – A Model Based Approach to Explain the CVA and EVA Measures.
SCHMIDT, JOHANNES G. (1997), Unternehmensbewertung mit Hilfe strategischer Erfolgsfaktoren.
SCHNEIDER, DIETER (1998), Marktwertorientierte Unternehmensrechnung: Pegasus mit Klumpfuß, in: Der Betrieb, 51. Jg., S. 1473–1478.
SCHNEIDER, DIETER (2001), Oh, EVA, EVA, schlimmes Weib: Zur Fragwürdigkeit einer Zielvorgabe-Kennzahl nach Steuern im Konzerncontrolling, in: Der Betrieb, 54. Jg., S. 2509–2514.
SCHULTZE, WOLFGANG (2003), Kombinationsverfahren und Residualgewinnmethode in der Unternehmensbewertung: konzeptioneller Zusammenhang, in: Kapitalmarktorientierte Rechnungslegung, 3. Jg., S. 458–464.
SCHWETZLER, BERNHARD (2004), Was impliziert die Wachstumsformel des IDW S1?, in: FinanzBetrieb, 6. Jg., S. 198–203.
STELTER, DANIEL/KRAMMER, CHRISTIAN (2001), Bereichsspezifische Vergütung auf Basis interner Wertschaffung, in: ECKARDSTEIN, DUDO VON (Hrsg.): Handbuch variable Vergütung für Führungskräfte, S. 69–84.
STEWART, G. BENNETT (1991), The Quest for Value: the EVA Management Guide.
STREITFERDT, FELIX (2003), Finanzierungspolitik bei ewigem Wachstum und ihre Auswirkungen auf den Unternehmenswert, in: FinanzBetrieb, 5. Jg., S. 273–279.
TIMMRECK, CHRISTIAN (2002), β-Faktoren – Anwendungsprobleme und Lösungsansätze, in: FinanzBetrieb, 4. Jg., S. 300–307.
WAGENHOFER, ALFRED (1999), Anreizkompatible Gestaltung des Rechnungswesens, in: BÜHLER, WOLFGANG/SIEGERT, THEO (Hrsg.): Wertorientierte Anreizsysteme für Führungskräfte und Mitarbeiter, S. 183–205.
WEBER, JÜRGEN/BRAMSEMANN, URS/HEINEKE, CARSTEN/HIRSCH, BERNHARD (2002), Erfahrungen mit Value Based Management.
WESNER, PETER (2000), Möglichkeiten und Grenzen der wertorientierten Unternehmensführung, in: WIRTSCHAFTSWISSENSCHAFTLICHE FAKULTÄT DER UNIVERSITÄT LEIPZIG/KPMG DEUTSCHE TREUHAND-GESELLSCHAFT/PWC DEUTSCHE REVISION (Hrsg.): Rechnungslegungskonzeptionen im Widerstreit – Beiträge zu den Wirtschaftswissenschaften; Verleihung der Ehrendoktorwürde der Wirtschaftswissenschaftlichen Fakultät der Universität Leipzig an Prof. Dr. Dr. h.c. mult. Adolf Moxter am 2. Dezember 1999, S. 293–311.
YOUNG, S. DAVID/O'BYRNE, STEPHEN F. (2001), EVA and Value-based Management.

Bilanzielle Darstellungsspielräume und langfristige Anreize

von

CHRISTIAN HOFMANN*

Gliederung

* Prof. Dr. CHRISTIAN HOFMANN, Lehrstuhl Unternehmensrechnung und Controlling, Eberhard Karls Universität Tübingen, Nauklerstraße 47, D-72074 Tübingen.
E-Mail: christian.hofmann@uni-tuebingen.de.

1 Einleitung

1.1 Problemstellung

Die wertorientierte Unternehmenssteuerung zielt auf eine Steigerung des Unternehmenswertes für die Anteilseigner ab. Ein Kernelement ist die Kontrolle und Leistungsbeurteilung der Zentrale und ihrer Bereiche, wodurch die Interessen von Management und Anteilseignern angeglichen werden sollen. Unternehmenspraxis und Theorie betrachten zahlreiche Wertsteigerungsmaße wie den Discounted Cashflow, den Economic Value Added oder den Cashflow Return on Investment und diskutieren deren Eignung zur Steuerung betrieblicher Entscheidungen[1]. Als bedeutende Ursache des Steuerungsproblems werden hierbei oftmals die aus unterschiedlichen Zeitpräferenzen resultierende Interessendivergenz und die Informationsasymmetrie in Form der Unkenntnis der Anteilseigner über die Zeitpräferenzen der Manager angeführt.

Empirische Studien[2] weisen darauf hin, dass vielfach rechnungswesenbasierte Größen wie der EVA® zur Leistungsmessung des Managements genutzt werden. Diese Größen basieren auf Daten der externen Rechnungslegung, die allerdings nicht auf eindeutigen, wahlrechtsfreien Normen beruht, sondern in (mehr oder weniger) weiten Bereichen Ansatz- und Bewertungswahlrechte einräumt. Für die Steuerung ist folglich zu beachten, dass Manager vorhandene bilanzielle Darstellungsspielräume nutzen können, damit eine für sie vorteilhafte Leistung resultiert[3]. Das Management kann somit durch bilanzpolitische Maßnahmen (*earnings management, window dressing*) in Form von Sachverhaltsgestaltung oder buchmäßiger Bilanzpolitik die Berichterstattung der Unternehmung mit dem Ziel beeinflussen, einen privaten Vorteil zu erlangen[4].

In jüngerer Zeit lassen sich verstärkt bewusste oder unbewusste Verstöße gegen die Regeln der Rechnungslegung beobachten. Die mit diesen Bilanzdelikten einhergehenden Schadenskonsequenzen waren Auslöser für regulative Reformen im Bereich der Corporate Governance[5]. So bezweckt der Sarbanes-Oxley-Act von 2002 eine adäquatere Finanzberichterstattung und somit eine Reduktion bilanzpolitisch motivierter Handlungen[6].

1 Zur Übersicht vgl. z.B. HACHMEISTER (1997); BALLWIESER (2000) sowie PFAFF/BÄRTL (1999).

2 Vgl. RUHWEDEL/SCHULTZE (2002), S. 620f.

3 Vgl. z.B. PFAFF/STEFANI (2003), S. 65–68.

4 Vgl. SCHIPPER (1989), S. 92 und HEALY/WAHLEN (1999), S. 368.

5 Vgl. zu den Schadens- sowie regulativen Konsequenzen BALLWIESER/DOBLER (2003).

6 "One of the main objectives of the SO Act [Sarbanes-Oxley-Act, Anm. d. Verf.] is to protect investors by improving the accuracy and reliability of corporate disclosures by modifying governance, reporting and disclosure rules for public companies, in-

Auf den ersten Blick erscheint die Argumentation einleuchtend, dass Bilanzpolitik nachteilig für die Anteilseigner ist und sich folglich deren Einschränkung positiv auf den Unternehmenswert auswirkt. Wie die nachfolgenden Ausführungen jedoch zeigen, gilt diese Argumentation nicht durchweg für den Rechnungszweck der Bereitstellung entscheidungsbeeinflussender Informationen (*decision-influencing information*), da im Rahmen mehrperiodiger Anreizprobleme bilanzielle Darstellungsspielräume den Unternehmenswert steigern können. Dieses informationsökonomische Ergebnis basiert auf der Tatsache, dass mehrperiodige Anreizprobleme häufig mit einem *Bindungsproblem* einhergehen, da die Anteilseigner oder das von ihnen beauftragte Vergütungskomitee sich nicht glaubhaft dazu verpflichten können, Verträge im Zeitablauf nicht an neue Informationen anzupassen. Zwar mögen solche opportunistischen Handlungen im Sinne einer bedenkenlosen Anpassung an die vorherrschende Situation zeitpunktspezifisch jeweils optimal sein (*sequenzielle Rationalität*); für den Zeitpunkt des erstmaligen Vertragsschlusses haben sie hingegen im Allgemeinen negative Konsequenzen, da sich bestimmte Anreize nicht glaubhaft durchsetzen lassen. Somit reduziert die Möglichkeit zur Vertragsnachverhandlung (schwach) den erwarteten Unternehmenserfolg im Vergleich zu dem Fall, dass die Anteilseigner Nachverhandlungen glaubhaft ausschließen können. Die Wahl eines mit bilanziellen Darstellungsspielräumen ausgestatteten Rechnungssystems kann die Anteilseigner demgegenüber vor eigenen opportunistischen Handlungen in der Zukunft schützen und somit die Möglichkeiten der Anreizsetzung verbessern.

Der Beitrag leitet Bedingungen ab, unter denen die Anteilseigner von dem Einräumen bilanzieller Darstellungsspielräume profitieren. Der Analyse liegt die Vorstellung zugrunde, dass die Eigner zwischen einem Rechnungssystem mit bilanziellen Darstellungsspielräumen und einem ohne bilanzielle Darstellungsspielräume wählen können. Weiterhin betrachtet der Beitrag Determinanten bilanzpolitischer Handlungen und identifiziert Bedingungen, für die der Manager gewinnsteigernde oder -senkende bilanzpolitische Maßnahmen ergreift. Die Modellanalyse zeigt hierbei, dass unterschiedliche Zeitpräferenzen von Anteilseignern und Managern ohne Einfluss auf den Anreizvertrag und somit die bilanzpolitischen sowie produktiven Handlungen der Manager sind. Gemäß diesem Irrelevanztheorem ist eine Informationsasymmetrie über die Zeitpräferenzen nicht ausreichend für die Existenz eines Anreizproblems in mehrperiodigen Principal/Agent-Beziehungen.

Der Beitrag ist wie folgt aufgebaut: Der folgende Unterabschnitt ordnet die untersuchte Problemstellung in die Literatur ein. Abschnitt 2 kennzeichnet ein

creasing criminal and civil liability for securities fraud, and creating a new oversight board for independent audit firms engaging in various non-audit services for their clients." COHEN ET AL. (2003), S. 2.

dynamisches Modell der Vertragsbeziehung zwischen Prinzipal sowie Agent und leitet das Ergebnis der Irrelevanz der Zeitpräferenz für das Anreizproblem ab. Die Abschnitte 3 und 4 analysieren das Anreizproblem bei glaubhaftem Ausschluss von Nachverhandlungen sowie bei sequenzieller Rationalität, ermitteln die Effizienzwirkung bilanzieller Darstellungsspielräume und bestimmen die Determinanten bilanzpolitischer Maßnahmen. Die Arbeit schließt in Abschnitt 5 mit einer Zusammenfassung.

1.2 Verwandte Literatur

Die Beiträge zur ökonomischen Analyse der Bilanzpolitik lassen sich dahingehend unterscheiden, ob man als spezifisches Merkmal der Bilanzpolitik eine verzerrte Berichterstattung des Managers oder das Ergreifen unproduktiver Handlungen betrachtet[7]. Gemeinsam ist den folgenden Arbeiten, dass bilanzpolitische Maßnahmen einen ökonomischen Nutzen für die Anteilseigner haben.

Ausgangspunkt der Analyse einer *verzerrten Berichterstattung* ist die Annahme, dass das Management die Anteilseigner mit Hilfe des Rechnungswesens über die Ertragslage der Unternehmung informiert. Bilanzpolitik liegt in diesem Kontext vor, wenn das Management seine privaten Informationen nicht wahrheitsgemäß kommuniziert. Über eine *Gewinnglättung* (income smoothing) kann es somit zum Beispiel mögliche Entlassungsentscheidungen hinausschieben[8]. Aus Sicht der Anteilseigner kann eine solche verzerrte Berichterstattung zweckmäßig sein, wenn in einem Principal/Agent-Kontext die Voraussetzungen des Revelationsprinzips nicht erfüllt sind[9]. Das betrifft erstens Situationen, in denen der Agent seine privaten Informationen nicht vollständig kommunizieren kann. Wie *Dye* (1988), *Evans/Sridhar* (1996) sowie *Demski* (1998) zeigen, kann in diesem Fall die verzerrte Berichterstattung als Substitut für eine eingeschränkte Berichterstattung dienen[10]. *Arya et al.* (1998), *Demski/Frimor* (1999) sowie *Christensen et al.* (2002) fokussieren zweitens auf die mangelnde Bindungsfähigkeit des Prinzipals. In diesen Arbeiten zeigt sich, dass als Konsequenz potenzieller Nachverhandlungen Bilanzpolitik in Form einer verzerrten Berichterstattung zielführend sein kann. Der Prinzipal gestattet dem Agenten hierbei bilanzpolitische Maßnahmen, um sein eigenes ex post opportunistisches und aus ex ante Sicht schädliches Verhalten zu disziplinieren. Dieses Ergebnis ist auch robust im Hinblick auf den Zeitpunkt der Nach-

7 Vgl. hierzu auch Dutta/Gigler (2002), S. 633f.
8 Vgl. hierzu Fudenberg/Tirole (1995).
9 Vgl. hierzu Wagenhofer/Ewert (2003), S. 262–266.
10 Vgl. auch Gaber (2004).

verhandlung, der vor (*Demski/Frimor* (1999)) oder nach (*Christensen et al.* (2002)) dem Zugang von Informationen liegen kann.

Demgegenüber lässt sich Bilanzpolitik auch als *Wahl unproduktiver Handlungen (window dressing)* auffassen sowie untersuchen. Hierbei resultiert der berichtete Sachverhalt aus produktiven Handlungen sowie aus unproduktiven, bilanzpolitischen Maßnahmen, welche nicht die Ertragslage der Unternehmung beeinflussen. Für ein einperiodiges Modell zeigen *Feltham/Xie* (1994), dass manipulative Handlungen im Allgemeinen den erwarteten Unternehmenserfolg senken[11]. Auch im Einperiodenfall ist für die Bilanzpolitik charakteristisch, dass eine entgegengesetzte Wirkung auf andere Performancemaße existiert[12]. Vor diesem Hintergrund identifiziert *Smith* (2002) mit Hilfe eines spezifischen multi-task-Modells mit mehreren Performancemaßen Bedingungen, unter denen es vorteilhaft ist, wenn der Agent Ergebnisse von einem zu einem anderen Maß verlagert. *Dutta/Gigler* (2002) zeigen für ein einperiodiges Principal/Agent-Modell, dass Bilanzpolitik bei privaten Informationen nach erfolgtem Arbeitseinsatz und vor der allgemeinen Beobachtung von Handlungsergebnissen von Vorteil sein kann. In dem betrachteten Modellrahmen erleichtert eine als Gewinnprognose interpretierbare Berichterstattung des Agenten die Anreizsetzung des Prinzipals; in diesem Kontext lassen sich über die Bilanzpolitik die Kosten einer wahrheitsgemäßen Berichterstattung reduzieren. Für die Allokation des Arbeitseinsatzes zwischen produktiven und bilanzpolitischen Handlungen sind ferner die jeweiligen Opportunitätskosten ausschlaggebend. *Demski et al.* (2004) zeigen in einem zweiperiodigen Principal/Agent-Modell, dass bilanzielle Darstellungsspielräume in der ersten Periode in Verbindung mit Lerneffekten die Opportunitätskosten produktiver Handlungen senken und somit das Anreizproblem in zukünftigen Perioden vereinfachen können.

Der vorliegende Beitrag integriert mehrere Aspekte obiger Modelle. Grundlage ist eine dreiperiodige Principal/Agent-Beziehung mit potenziellen Bindungsproblemen des Prinzipals. Aufgrund der im Zeitablauf vorliegenden Berichte können Nachverhandlungen vor *und* nach dem Zugang von Informationen zu dem Prinzipal oder Agent stattfinden. Im Unterschied zu *Schöndube* (2003) bildet nachfolgende Analyse ab, dass die unproduktiven bilanzpolitischen Handlungen eine zeitliche Gewinnverlagerung bezwecken und sich in zukünftigen Perioden umkehren. Weiterhin werden im Folgenden eine zeit-ad-

11 Vgl. auch PFAFF/PFEIFFER (2002), S. 366.

12 Das betrifft z.B. Maßnahmen zur Verlagerung von Sachverhalten zwischen dem Betriebsergebnis und dem außerordentlichen Ergebnis. Vgl. auch ELDENBURG/KALLAPUR (1997).

ditive Nutzenfunktion des Agenten sowie ein unbeschränkter Zugang zu einem vollkommenen Geldmarkt unterstellt[13].

Die betrachtete Problemstellung weist schließlich Bezüge zu Arbeiten auf, welche die Konsequenzen einer beschränkten Bindungsfähigkeit in mehrperiodigen Principal/Agent-Beziehungen thematisieren. Eine zentrale Erkenntnis ist, dass bei Bindungsproblemen eine Begrenzung der verfügbaren Informationen sinnvoll sein kann (*information rationing*). Vor diesem Hintergrund vergleichen *Christensen et al.* (2003) verschiedene Ansätze zur Abbildung der mehrperiodigen Präferenzen des Agenten und analysieren den Zusammenhang zwischen Bindungsfähigkeit, Berichtszeitpunkt und dem Informationswert von Performancemaßen[14]. *Indjejikian/Nanda* (1999) zeigen, dass Anreize auf Basis aggregierter Performancemaße der Steuerung über detaillierte Größen überlegen sein können. Für die Steuerung langfristiger Projekte weist *Hofmann* (2003) nach, dass ein Verzicht auf Zwischenberichte sinnvoll sein kann; die Steuerung über eine Cashflow-Rechnung ist dann der Steuerung über eine Periodenerfolgsrechnung überlegen.

2 Dynamisches Modell der Vertragsbeziehung von Prinzipal und Agent

2.1 Merkmale der Vertragsbeziehung

Auf Basis eines dynamischen LEN-Modells wird in Anlehnung an *Christensen et al.* (2003) eine dreiperiodige Principal/Agent-Beziehung betrachtet[15]. Die Vertragsbeziehung im Zeitablauf zeigt *Abbildung 1*: In $t = 0$ schließen Anteilseigner beziehungsweise Vergütungskomitee (Prinzipal) und Manager (Agent) einen langfristigen Anreizvertrag über die Vergütung w des Agenten sowie das der Vergütungsbemessung zu Grunde liegende Rechnungssystem. Im Auftrag des Prinzipals entscheidet der Agent anschließend zu Beginn der ersten und zweiten Periode (in $t = 0{,}1$) über seinen (produktiven) Arbeitseinsatz a_t. Zur Anreizsetzung kann der Prinzipal periodenspezifische Berichte y_t, $t = 1{,}2$ nutzen. Obwohl das Arbeitsverhältnis in $t = 2$ endet und der Agent in Periode 3 keinen Arbeitseinsatz mehr leistet, ist eine variable Vergütung $w_3(y_3)$ auf Basis neuer Berichte in $t = 3$ möglich (*post-retirement compensation* beziehungsweise *deferred compensation*). Der Agent habe einen *Konsumplanungs-*

13 Bei unbeschränktem Zugang zu einem vollkommenen Geldmarkt entfällt die Notwendigkeit, Bilanzpolitik zum Zwecke der Konsumglättung zu betreiben. Vgl. hierzu HAAS (2000), Kapitel IV.

14 Vgl. auch DUTTA/REICHELSTEIN (1999).

15 Die folgenden Ausführungen erweitern die Analyse von CHRISTENSEN ET AL. (2003) um divergierende Zeitpräferenzen von Prinzipal und Agent sowie um die Existenz unproduktiver, bilanzpolitischer Handlungen.

horizont von vier Perioden und treffe zu Beginn jeder Periode Konsumentscheidungen $c_t, t = 0,\ldots,3$. Die von den produktiven Handlungen abhängigen Cashflows x kann man vollständig erst jenseits des Konsumplanungshorizonts beobachten, weshalb sie sich im Allgemeinen nicht zur Anreizsetzung nutzen lassen.

Abbildung 1: Vertragsbeziehung im Zeitablauf

	$t=0$		$t=1$		$t=2$	$t=3$	$T>3$
Vertrag	$w(f,\nu_1,\nu_2,\nu_3)$ Rechnungssystem						
Handlung		a_1, a_{m1}		a_2, a_{m2}			
Bericht			y_1		y_2	y_3	x
Gehaltszahlung	w_0		w_1		w_2	w_3	
Konsum	c_0		c_1		c_2	c_3	

Neben den produktiven Handlungen kann der Agent in den ersten beiden Perioden bilanzielle Darstellungsspielräume zum Zweck der zeitlichen Gewinnverlagerung ausnutzen. Hierfür sei ein (unproduktiver) Arbeitseinsatz a_{mt} erforderlich. Die produktiven sowie bilanzpolitischen Handlungen sind mit privaten Kosten $\kappa_t = \frac{1}{2}(a_t^2 + \kappa_m a_{mt}^2)$ verbunden. Private Kosten bilanzpolitischer Handlungen können zum Beispiel aus Suchprozessen sowie Diskussionen mit dem Wirtschaftsprüfer oder aus aufwändigen Änderungen operativer Entscheidungen resultieren[16]. Mit dem Parameter κ_m lassen sich unterschiedliche Kosten produktiver sowie bilanzpolitischer Handlungen abbilden und der Grenzfall kostenloser Bilanzpolitik untersuchen ($\lim_{\kappa_m \to 0}$).

Die Handlungen des Agenten beeinflussen die periodenspezifischen Performancemaße gemäß:

$$
\begin{aligned}
y_1 &= m_1 a_1 + m_{m1} a_{m1} + \epsilon_1, \\
y_2 &= m_2 a_2 - m_{m1} a_{m1} + m_{m2} a_{m2} + \epsilon_2, \\
y_3 &= -m_{m2} a_{m2} + \epsilon_3 .
\end{aligned}
$$

Demnach steigern produktive Handlungen a_t die operativen Ergebnisse y_t und bilanzpolitische Maßnahmen a_{mt} verschieben Ergebnisse zwischen den Perioden. Hierbei zeigen die Sensitivitäten m_t sowie m_{mt} den Einfluss der Handlungen auf das erwartete Berichtsergebnis. Der Parameter $m_{mt} \geq 0$ spiegele die Größe des bilanziellen Darstellungsspielraums wider: Für $m_{mt} = 0$ besteht kein Darstellungsspielraum und mit ansteigendem m_{mt} kann der Agent bei gleichbleibendem Arbeitseinsatz in größerem Ausmaß Bilanzpolitik betrei-

16 Vgl. z.B. DUTTA/GIGLER (2002), S. 636 sowie NELSON ET AL. (2002), S. 180.

ben[17]. Zur Vereinfachung der Analyse seien Grenzen der Bilanzpolitik vernachlässigt.

Die produktiven Handlungen beeinflussen die in T realisierten Cashflows x gemäß

$$x = (1+i)^{T-1} b_1 a_1 + (1+i)^{T-2} b_2 a_2 + \varepsilon_T,$$

mit $\varepsilon_T \sim N(0,\sigma_\varepsilon^2)$, dem Zinssatz i und b_t der Produktivität von Handlung a_t, gemessen in Zeitpunkt t Geldeinheiten. Hierbei handelt es sich in der Regel um eine nichtkontrahierbare Größe, da sie erst jenseits des Konsumplanungshorizonts des Agenten vollständig beobachtbar ist[18]. Über die hier vorgenommene Trennung von Cashflows x und Performancemaßen y_t kann man die Abhängigkeit des Anreizsystems von den Eigenschaften der Signale y_t herausarbeiten.

Charakteristisch für die im Zeitablauf erstellten Berichte y_t ist erstens, dass sich die bilanzpolitischen Maßnahmen im Zeitablauf ausgleichen[19]: Der berichtete Totalerfolg $y_T = \Sigma_{t=1}^{T}\, y_t$ ist somit unabhängig von der Bilanzpolitik[20]. Sie bezweckt demnach ausschließlich eine zeitliche Gewinnverlagerung und wirkt sich nicht auf die Zahlungsverpflichtungen der Unternehmung gegenüber ihrer Umwelt aus. Exemplarisch seien Ansatz- und Bewertungswahlrechte bei der Erfassung von Rückstellungen oder der Schätzung der Nutzungsdauer von Anlagen genannt; steuerliche Wirkungen und die mit ihnen verbundenen Zahlungen oder die bewusste Manipulation zahlungswirksamer Transaktionen seien zur Vereinfachung vernachlässigt[21]. Zweitens unterstellt obige Formulierung, dass sich die Bilanzpolitik jeweils in der Folgeperiode umkehrt; bei einer Periodenlänge von einem Jahr gilt dies beispielsweise für die Wertberichtigung von Forderungen. Drittens besteht Konsistenz hinsichtlich des eingeräumten bilanziellen Darstellungsspielraums, da die Unternehmensleitung zum Zeitpunkt $t = 0$ ein Rechnungssystem wählt, welches in allen Perioden der Beschäftigung Bilanzpolitik ermöglicht[22].

17 Christensen et al. (2002) bezeichnen die beiden Systeme als perfect accounting ($m_{mt} = 0, t = 1,2$) sowie *liberal accounting* ($m_{mt} \neq = 0, t = 1,2$).

18 Vgl. hierzu in einem einperiodigen Kontext Feltham/Xie (1994).

19 Vgl. z.B. Black/McCulloch (2003).

20 Für $m_t = b_t, t = 1,2$ zeigen die Berichte y_t die um die Bilanzpolitik veränderten periodenspezifischen Cashflows an. Zur Gültigkeit des Kongruenzprinzips $y_T = x$ ist eine zusätzliche Beziehung zwischen ε_T und $\in_t, t = 1,2,3$ erforderlich.

21 Vgl. hierzu z.B. Roychowdhury (2003). Im Modell lassen sich z.B. steuerliche Wirkungen über (negative) Zahlungswirkungen $\partial x / \partial a_{mt} < 0, t = 1,2$ abbilden. Deren Berücksichtigung hat allerdings keinen Einfluss auf nachfolgende Ergebnisse.

22 Unterschiedliche Sensitivitäten ($m_{m1} \neq m_{m2}$) können z.B. auf Lernerfolgen beruhen, d.h. der Agent hat bei gleichen privaten Kosten einen größeren Einfluss auf das Berichtsergebnis.

Die Störterme $\in_t$ seien normal verteilt mit Erwartungswert null und einer Kovarianzmatrix

$$\begin{pmatrix} \sigma_1^2 & \rho\sigma_1\sigma_2 & 0 \\ \rho\sigma_2\sigma_1 & \sigma_2^2 & \rho\sigma_2\sigma_3 \\ 0 & \rho\sigma_3\sigma_2 & \sigma_3^2 \end{pmatrix}.$$

Annahmegemäß bestehen lediglich stochastische Wechselwirkungen zwischen aufeinanderfolgenden Berichten, nicht jedoch zwischen dem Bericht der ersten und der dritten Periode: $\mathrm{Cov}[y_1, y_3] = 0$. Zur Vereinfachung der Analyse sei weiterhin von einem identischen Korrelationskoeffizienten ausgegangen.

2.2 Präferenzen von Prinzipal und Agent

Der Agent sei ausschließlich an seinem Netto-Konsumstrom c_t interessiert. Grundlage seines Konsums ist das Einkommen w_t abzüglich der privaten Kosten des Arbeitseinsatzes, das heißt der Agent tätige Ausgaben κ_t zur Kompensation seines Arbeitsleides (*effort cost*). Zur Konsumglättung kann er zudem Transaktionen auf einem vollkommenen Geldmarkt tätigen und in beliebigem Ausmaß mit sicherem Zins i Kapital anlegen oder aufnehmen[23]. Vor der Konsumentscheidung in t verfügt der Agent somit über das Bankguthaben

$$B_t = R(B_{t-1} - c_{t-1}) + w_t - \kappa_t, t = 0, \ldots, 3, \tag{1}$$

mit $R = 1 + i$ dem Aufzinsungsfaktor und $\beta = 1/R$ dem Diskontfaktor[24].

Der Prinzipal biete dem Agenten einen langfristigen Vertrag an, welcher aus einem Einstiegsbonus f *(signing-on bonus)*[25] in $t = 0$ sowie einer Prämie auf den Periodenerfolg y_t bestehe:

$$w_0 = f \quad \text{und} \quad w_t = v_t y_t, t = 1, 2, 3.$$

Das Entscheidungsverhalten des risikoaversen Agenten lasse sich über die zeit-additive Nutzenfunktion

$$u_A(c_0, c_1, c_2, c_3) = -\sum_{t=0}^{3} \gamma^t \exp[-rc_t] \tag{2}$$

23 Vgl. hierzu FUDENBERG ET AL. (1990), S. 8f.

24 Hierbei sei $B_{-1} = c_{-1} = 0$. Wegen der zeitlich beschränkten Beschäftigung gilt $\kappa_0 = \kappa_3 = 0$.

25 Alternativ kann man das Fixum auch auf die Perioden aufteilen.

beschreiben. Hierbei kennzeichnet r die periodenidentische Risikoaversion des Agenten und γ seine Zeitpräferenz[26]. Demgegenüber beruht das Entscheidungsverhalten des risikoneutralen Prinzipals auf der Nutzenfunktion

$$u_P = \beta^T x - \sum_{t=0}^{3} \beta^t w_t, \tag{3}$$

das heißt, er ist an dem Barwert der Zahlungsüberschüsse nach der Vergütung w_t des Agenten interessiert. In diesem Falle entspricht die Zeitpräferenz des Prinzipals dem sicheren Marktzins, da er andernfalls eine Extremlösung wählen und seinen gesamten Konsum in eine Periode verlagern würde. Wie die nachfolgenden Ausführungen zeigen, können sich demgegenüber für den risikoaversen Agenten die Zeitpräferenzrate γ und der Diskontfaktor β unterscheiden, ohne dass eine solche Extremlösung resultiert. Auf diese Weise lässt sich zum Beispiel über $\gamma < \beta$ das Entscheidungsverhalten eines ungeduldigen Managers abbilden, das heißt der Manager hat eine höhere Gegenwartspräferenz als der Markt beziehungsweise der risikoneutrale Prinzipal[27].

2.3 Konsumentscheidungen des Agenten

Man erhält die Konsumentscheidungen des Agenten mit Hilfe des *Prinzips der Rückwärtsinduktion*, das heißt über eine retrograde Optimierung des Konsums c_t. Demnach konsumiert der Agent zum Zeitpunkt $t = 3$ (Konsumplanungshorizont) sein verfügbares Vermögen: $c_3 = B_3$. Unter Berücksichtigung der Budgetgleichung (1) wählt der Agent in den Zeitpunkten $t = 0,\ldots,2$ für beliebige Prämiensätze v_t beziehungsweise periodenspezifische Prämien w_t seinen Konsum gemäß dem Kalkül

$$U_t(B_t) = \max_{c_t} \left\{ -\exp[-rc_t] + \gamma E_t[U_{t+1}(R(B_t - c_t) + w_{t+1} - \kappa_{t+1})] \right\}. \tag{4}$$

Hierbei berücksichtigt der Agent, dass sich der Konsum c_t gemäß der Gleichung (1) auf die in $t+1$ zur Verfügung stehenden Mittel B_{t+1} auswirkt. Lemma 1 kennzeichnet den Konsumstrom des Agenten im Zeitablauf[28].

26 Zum Unterschied von Zins und Zeitpräferenz vgl. SIEBEN/SCHILDBACH (1994), S. 103–110.

27 Unterschiedliche Zeitpräferenzen beruhen somit nicht auf verschiedenen Zugangsmöglichkeiten zum Geldmarkt. Vgl. z.B. *Pfeiffer* (2000), S. 74f. Andernfalls ist zu berücksichtigen, dass bei beschränkten Zugangsmöglichkeiten des Agenten dem Prinzipal eine weitere Funktion als Intermediär zum Geldmarkt zukommt.

28 Vgl. hierzu auch CHRISTENSEN ET AL. (2003) sowie die Darstellung in Anhang A.

Lemma 1 *Der Konsumstrom des Agenten im Zeitablauf bestimmt sich zu*

$$c_3 = B_3,$$
$$c_t = A_t\left(B_t + CE_t + \frac{\beta}{r}\ln\left[\frac{\beta}{\gamma}\right]\chi_t\right), t = 0,...,2 \tag{5}$$

mit

$$CE_t \equiv \beta(E_t[W_{t+1}] - K_{t+1} - \tfrac{1}{2} r \sum_{\tau=t}^{2} \beta^{\tau} A_{\tau+1} Var_{\tau},[E_{\tau+1}[W_{\tau+1}]]), t = 0,...,2, \tag{6}$$

$$\chi_t \equiv \sum_{\tau=t+1}^{3} (\tau - t)\beta^{\tau-(t+1)}. \tag{7}$$

Demnach konsumiert der Agent in $t = 0,\ldots,2$ jeweils eine Annuität auf die Summe aus den verfügbaren Mitteln B_t und dem Sicherheitsäquivalent CE_t der zukünftigen Vergütung nach den Kosten des Arbeitseinsatzes. Hierbei zeigt der Annuitätenfaktor $A_t \equiv (\Sigma_{\tau=0}^{3-t}\beta^{\tau})^{-1}$ an, welchen annuitätischen Konsum 1 € in der Periode t bis zum Konsumplanungshorizont ermöglicht. A_t entspricht einem Wiedergewinnungsfaktor mit Zinssatz i, vorschüssiger Annuität und $4 - t$ Zahlungen. Das periodenspezifische Sicherheitsäquivalent CE_t setzt sich gemäß (6) zusammen aus dem Barwert der erwarteten Vergütung ($W_t \equiv w_t + \beta W_{t+1}$), der Varianz dieser Vergütung $\mathrm{Var}_t[E_{t+1}[W_{t+1}]]$ und dem Barwert $K_t \equiv \kappa_t + \beta K_{t+1}$ der privaten Kosten des Arbeitseinsatzes; es ist aber unabhängig von der Zeitpräferenz γ des Agenten. Zu beachten ist, dass die periodenspezifische effektive Risikoaversion $r\beta^t A_{t+1}$ im Zeitablauf ansteigt. Ursächlich hierfür ist der mit fortschreitender Zeit abnehmende Konsumplanungszeitraum. Dieser ist von Bedeutung, da der Agent über seine Konsumentscheidungen das Risiko der variablen Vergütung mit dem Konsum zukünftiger Perioden teilt[29].

Der letzte Term in (5) zeigt den Einfluss der Zeitpräferenz auf den Konsum des Agenten. Für $\gamma \leq \beta$ gilt $\ln[\beta/\gamma] \geq 0$, das heißt ein ungeduldiger Manager verlagert seinen Konsum zeitlich nach vorne. Der notwendige Ausgleich erfolgt über den Konsum in der letzten Periode. Sofern die Zeitpräferenz dem Diskontfaktor entspricht ($\gamma = \beta$), entfällt dieser Term und der Konsum ist lediglich von dem Anfangsvermögen sowie dem periodenspezifischen Sicherheitsäquivalent abhängig[30].

29 Vgl. hierzu auch DUTTA/REICHELSTEIN (1999).

30 Interessanterweise ist der zeitpräferenzbedingte Konsum abhängig von der Risikoaversion r. Dies weist auf Wechselwirkungen von Risiko- und Zeitpräferenz hin.

Unter Berücksichtigung des obigen Konsumstromes bestimmt sich der Erwartungsnutzen des Agenten im Zeitpunkt $t = 0$ zu

$$U_0(B_0) = -A_0^{-1}\left(\frac{\beta}{\gamma}\right)^{-\beta A_0 \chi_0} \exp[-rA_0(B_0 + CE_0)]. \tag{8}$$

Gleichung (8) verdeutlicht, dass der Erwartungsnutzen des Agenten in $t = 0$ von der Zeitpräferenzrate γ abhängt. Insbesondere erhält man bei einer hohen Zeitpräferenz den maximal möglichen Erwartungsnutzen: $\lim_{\gamma \to 0} U_0(B_0) = 0$. Die Ergebnisse zur Konsumentscheidung des Agenten gelten für beliebige Prämiensätze v_t und sind somit unabhängig von der Bindungsfähigkeit des Prinzipals.

2.4 Produktive und bilanzpolitische Handlungen des Agenten

Mit Hilfe der Bestimmungsgleichung (6) kann man für beliebige Prämiensätze v_t die produktiven und bilanzpolitischen Handlungen des Agenten ableiten. Da sich diese nicht auf die Varianz der Vergütung auswirken, ist hierzu lediglich der handlungsabhängige Anteil des Sicherheitsäquivalents zu beachten. Weiterhin kann sich die Analyse auf Handlungen beschränken, die das Sicherheitsäquivalent CE_0 maximieren, da in dem betrachteten Modellrahmen keine zeitlichen Interdependenzen zwischen den Handlungswirkungen oder -kosten bestehen. Auf diesem Wege lassen sich die Anreizwirkungen bestimmen, welche unabhängig von der Art des langfristigen Vertrags sind und sowohl für nachverhandlungssichere Verträge als auch bei glaubhaftem Ausschluss von Nachverhandlungen gelten. Somit erhält man die Handlungen des Agenten über das Kalkül

$$a_t, a_{mt} \in \arg\max_{a'_t, a'_{mt}} \left\{\beta(\mathrm{E}_0[w_1 + \beta w_2 + \beta^2 w_3] - \kappa_1 - \beta\kappa_2)\right\}$$

zu

$$a_t = m_t v_t \quad \text{und} \quad a_{mt} = \frac{m_{mt}}{\kappa_m}(v_t - \beta v_{t+1}), t = 1,2. \tag{9}$$

Demnach sind die produktiven Handlungen ausschließlich von den Sensitivitäten m_t sowie den Prämiensätzen v_t in $t = 1,2$ abhängig. Da der Agent mit bilanzpolitischen Maßnahmen Gewinne in benachbarte Perioden verlagern kann, sind die betreffenden Handlungen auch von den Prämiensätzen dieser Perioden abhängig. Zum Beispiel bedingt eine gewinnsteigernde Maßnahme ($a_{mt} > 0$) in t sowohl eine um $v_t m_{mt} a_{mt}$ höhere Vergütung in t als auch eine um $v_{t+1} m_{mt} a_{mt}$ geringere Vergütung in $t + 1$. Der Barwert der Nettogehaltssteigerung bestimmt den Arbeitseinsatz für bilanzpolitische Maßnahmen. Somit verzichtet der Agent nur dann auf Bilanzpolitik, wenn folgende Beziehung der Prämiensätze besteht:

$$a_{mt} = 0 \Leftrightarrow v_t = \beta v_{t+1}.$$

Wegen $\beta = R^{-1} = (1+i)^{-1} < 1$ ist dies gleichbedeutend mit im Zeitablauf ansteigenden Prämiensätzen. Bei positivem Marktzins führen im Zeitablauf konstante Prämiensätze somit stets zu einer gewinnsteigernden Bilanzpolitik des Agenten[31].

2.5 *Irrelevanz der Zeitpräferenz des Agenten*

Zum Zeitpunkt $t = 0$ unterbreitet der Prinzipal dem Agenten ein Vertragsangebot, sodass dieser gerade indifferent zwischen der Annahme des Angebots und der besten Alternativbeschäftigung ist. Den Konsumstrom $\bar{c}_t, t = 0,\ldots,3$, dieser Alternative kann man zu einem äquivalenten Reservationsgehalt mit (sicherem) Barwert $\overline{W}$ zusammenfassen. Der Prinzipal wählt den Einstiegsbonus f, sodass[32]

$$U_0(B_0 = f) \geq -A_0^{-1}\left(\frac{\beta}{\gamma}\right)^{-\beta A_0 \chi_0} \exp[-rA_0\overline{W}]$$

und im Gleichgewicht

$$f = \overline{W} - CE_0. \tag{10}$$

Die Höhe des Einstiegsbonus ist folglich sowohl bei glaubhaftem Ausschluss von Nachverhandlungen als auch bei sequenzieller Rationalität unabhängig von der Zeitpräferenz des Agenten[33]. Mit (10) erhält man den Barwert der erwarteten Vergütung zu

$$\begin{aligned} \sum_{t=0}^{3} \beta^t \mathrm{E}_0[w_t] &= f + \beta \mathrm{E}_0[W_1] \\ &= \overline{W} + \beta\left(K_1 + \tfrac{1}{2} r \sum_{\tau=0}^{2} \beta^\tau A_{\tau+1} Var_\tau[\mathrm{E}_{\tau+1}[W_{\tau+1}]]\right). \end{aligned} \tag{11}$$

31 Während in der ersten Periode immer eine Gewinnsteigerung und in der letzten Periode immer eine Gewinnreduktion erfolgt, kann in den dazwischen liegenden Perioden die Nettowirkung sowohl positiv als auch negativ sein.

32 Da bei exponentieller Nutzenfunktion Vermögenseffekte entscheidungsirrelevant sind, sei das Anfangsvermögen des Agenten gleich null. Hieraus folgt unmittelbar $B_0 = w_0 = f$.

33 Unterschiede in der Bindungsfähigkeit des Prinzipals beeinflussen über die Prämiensätze v_t das Sicherheitsäquivalent CE_0.

Einsetzen von (11) und (5) in (3) liefert das Optimierungsproblem

$$\max_{v_t} \quad \beta^T \mathrm{E}_0[x] - \beta\left(K_1 + \tfrac{1}{2} r \sum_{\tau=0}^{2} \beta^{\tau} A_{\tau+1} Var_{\tau}[\mathrm{E}_{\tau+1}[W_{\tau+1}]] \right) - \overline{W} \tag{12}$$

u.d.NB.

$$a_t = m_t v_t \quad \text{und} \quad a_{mt} = \frac{m_{mt}}{\kappa_m}(v_t - \beta v_{t+1}), t = 1,2. \tag{13}$$

Der Parameter m_{mt} zeigt für $m_{mt} > 0$ die Existenz eines bilanziellen Darstellungsspielraums an. Abhängig von der Bindungsfähigkeit des Prinzipals ist als weitere Nebenbedingung zu berücksichtigen, dass die Vertragspartner einen nachverhandlungssicheren Vertrag wählen. Aus (12) und (13) ist offensichtlich, dass sich die Konsumentscheidungen des Agenten von dem Anreizproblem des Prinzipals separieren lassen. Satz 1 kennzeichnet die Bedeutung der Zeitpräferenz des Agenten für die Lösung des Anreizproblems.

Satz 1 *Die Zeitpräferenz des Agenten beeinflusst dessen Konsumentscheidungen und ist irrelevant für seine produktiven sowie bilanzpolitischen Handlungen und für die optimalen Parameter der Vergütungsfunktion.*

Die Aussage von Satz 1 ist unabhängig von der Bindungsfähigkeit des Prinzipals und gilt für eine beliebige Zeitpräferenz des Agenten. Folglich wirkt sich eine mögliche Informationsasymmetrie über die Zeitpräferenz nicht auf die Lösung des Anreizproblems aus. In dieser vollständigen entscheidungstheoretischen Modellierung des Anreizproblems mit spezifischer Nutzenfunktion des Agenten zeigen sich somit sowohl das Problem des ungeduldigen Managers[34] ($\gamma < \beta$) als auch das aus der Informationsasymmetrie über die Zeitpräferenz resultierende Steuerungsproblem ($\tilde{\gamma} \leq \beta$) als irrelevant für die Anreizsetzung.

Ursächlich für das Ergebnis in Satz 1 ist die Separation der Konsumentscheidungen von den Entscheidungen über den Arbeitseinsatz und das Anreizsystem. Diese ist hier möglich (i) aufgrund der Annahme eines vollkommenen Geldmarktes, welcher die reibungslose Anpassung des Konsums an die Zeitpräferenz gemäß (5) ermöglicht, (ii) infolge der Annahme einer exponentiellen Nutzenfunktion, welche Vermögenseffekte ausschließt, sowie (iii) aufgrund der Tatsache, dass sich die Zeitpräferenzrate in gleichem Maße auf den Erwartungsnutzen des angebotenen Vertrages und auf den Erwartungsnutzen der Alternativbeschäftigung auswirkt, was die Vertragsannahme des Agenten beeinflusst[35].

34 Vgl. z.B. ROGERSON (1997); PFAFF (1998); REICHELSTEIN (2000) sowie PFEIFFER (2000). Voraussetzung für die Irrelevanz ist eine positive Bewertung zukünftiger Ergebnisse durch den Agenten: $\gamma > 0$.

35 Ein Beweis dieser Aussage unterbleibt an dieser Stelle, da das vorliegende Papier die Auswirkungen bilanzieller Darstellungsspielräume unter der Annahme einer zeit-additiven exponentiellen Nutzenfunktion (2) thematisiert.

Für die Bilanzpolitik des Agenten bedeutet dies, dass sie unabhängig von dessen Zeitpräferenz ist. Manager mit einer hohen Gegenwartspräferenz werden demnach in gleichem Ausmaß Bilanzpolitik betreiben wie Manager, die ein eher ausgewogenes Interesse an kurzfristigen sowie langfristigen Ergebnissen haben.

3 Bilanzpolitik bei glaubhaftem Ausschluss von Nachverhandlungen

Bei glaubhaftem Ausschluss von Nachverhandlungen erhält man unter Berücksichtigung des Arbeitseinsatzes des Agenten (9) sowie des Einstiegsbonus f das restriktionsfreie Optimierungsproblem des Prinzipals zu[36]

$$\max_{v_1 v_2 v_3} \mathrm{E}[u_p] = \beta(b_1 a_1 + \beta b_2 a_2 - \left(\kappa_1 + \beta\kappa_2 + \tfrac{1}{2} r \sum_{\tau=0}^{2} \beta^{\tau} A_{\tau+1} \mathrm{Var}_{\tau}[\mathrm{E}_{\tau+1}[W_{\tau+1}]]\right). \quad (14)$$

Die bilanziellen Darstellungsspielräume wirken sich ausschließlich auf die privaten Kosten $\kappa_t = \tfrac{1}{2}(a_t^2 + \kappa_m a_{mt}^2)$, $t = 1,2$ des Agenten aus. Wegen $a_{mt} = m_{mt}/\kappa_m(v_t - \beta v_{t+1})$ erhält man die Lösung des Anreizproblems bei Ausschluss bilanzpolitischer Maßnahmen über die Lösung des Anreizproblems, bei welchem dem Agenten ein bilanzieller Darstellungsspielraum eingeräumt wird und den Nebenbedingungen $m_{mt} = 0, t = 1,2$[37]. *Tabelle 1* kennzeichnet die optimalen Prämiensätze bei glaubhaftem Ausschluss von Nachverhandlungen[38].

Zur Vereinfachung der Lösungsdarstellung sind hierbei die folgenden Größen hilfreich, welche die Grenzkosten bei Steuerung über das Performancemaß $y_t, t = 1,2,3$ bezeichnen:

36 Zur Vereinfachung der Darstellung verfüge der Agent über eine alternative Beschäftigung mit $\overline{W} = 0$.

37 Anhang B kennzeichnet die Ableitung der periodenspezifischen Varianzen $\mathrm{Var}_t[\mathrm{E}_{t+1}[W_{t+1}]]$.

38 Aus (14) erhält man über die Bedingungen 1. Ordnung das folgende Gleichungssystem:

$$\begin{aligned}
\beta[b_1 m_1 - (m_1^2 + rA_1\sigma_1^2 + m_{m1}^2/\kappa_m)v_1 - \beta(r\rho A_1\sigma_1\sigma_2 - m_{m1}^2/\kappa_m)v_2] &= 0\\
\beta^2[b_2 m_2 - (m_2^2 + rA_2(1-\rho^2 A_1)\sigma_2^2 + (\beta m_{m1}^2 + m_{m2}^2)/\kappa_m)v_2 &\\
- (r\rho A_1\sigma_1\sigma_2 - m_{m1}^2/\kappa_m)v_1 - \beta(r\rho(1-\rho^2)A_2\sigma_2\sigma_3 - m_{m2}^2/\kappa_m)v_3] &= 0\\
-\beta^3[(r\rho(1-\rho^2)A_2\sigma_2\sigma_3 - m_{m2}^2/\kappa_m)v_2 &\\
+(r(1-\rho^2)(1+\beta\rho^2 A_2)\sigma_3^2 + \beta m_{m2}^2/\kappa_m)v_3] &= 0.
\end{aligned}$$

Der hochgestellte Index der Lösung in *Tabelle 1* bezeichnet den glaubhaften Ausschluss von Nachverhandlungen (c) sowie die Existenz bilanzpolitischer Maßnahmen (m).

Tabelle 1: Optimale Prämiensätze bei glaubhaftem Ausschluss von Nachverhandlungen

$$\nu_1^{cm} = \frac{b_1 m_1 (K_{m2}K_{m3} - K_{m23}^2) - \beta b_2 m_2 K_{m12} K_{m3}}{K_{m1}K_{m2}K_{m3} - K_{m1}K_{m23}^2 - K_{m3}K_{m12}^2}$$

$$\nu_2^{cm} = \frac{(\beta b_2 m_2 K_{m1} - b_1 m_1 K_{m12}) K_{m3}}{K_{m1}K_{m2}K_{m3} - K_{m1}K_{m23}^2 - K_{m3}K_{m12}^2}$$

$$\nu_3^{cm} = \frac{(b_1 m_1 K_{m12} - \beta b_2 m_2 K_{m1}) K_{m23}}{K_{m1}K_{m2}K_{m3} - K_{m1}K_{m23}^2 - K_{m3}K_{m12}^2}$$

$$\begin{array}{lcl|lcl}
K_1 & \equiv & m_1^2 + rA_1\sigma_1^2 & K_{m1} & \equiv & K_1 + m_{m1}^2 / \kappa_m \\
K_2 & \equiv & m_2^2 + rA_2(1-\rho^2 A_1)\sigma_2^2 & K_{m2} & \equiv & K_2 + (\beta m_{m1}^2 + m_{m2}^2) / \kappa_m \\
K_3 & \equiv & r(1-\rho^2)(1+\beta\rho^2 A_2)\sigma_3^2 & K_{m3} & \equiv & K_3 + \beta m_{m2}^2 / \kappa_m \\
K_{12} & \equiv & r\rho A_1 \sigma_1 \sigma_2 & K_{m12} & \equiv & K_{12} - m_{m1}^2 / \kappa_m \\
K_{23} & \equiv & r\rho(1-\rho^2) A_2 \sigma_2 \sigma_3 & K_{m23} & \equiv & K_{23} + m_{m2}^2 / \kappa_m .
\end{array}$$

Demnach sind zum Beispiel die Grenzkosten K_1 der Steuerung über y_1 abhängig von den privaten Kosten des Arbeitseinsatzes (m_1^2) sowie der erforderlichen Risikoprämie ($rA_1\sigma_1^2$). Hierbei ist zu berücksichtigen, dass der Agent das Vergütungsrisiko vor dem Hintergrund bewertet, Schwankungen der Vergütung durch den Konsum in zwei folgenden Perioden auffangen zu können. Folglich besteht die Möglichkeit der Risikoteilung mit dem Konsum dieser beiden Perioden, was wegen $A_1 < 1$ die geforderte Risikoprämie reduziert. Wie die Grenzkosten K_2 sowie K_3 verdeutlichen, nimmt die Möglichkeit zur Risikoteilung mit zukünftigen Perioden bei endlichem Konsumplanungshorizont im Zeitablauf ab. Die Kosten der Steuerung über y_2 zeigen weiterhin an, dass wegen $\mathrm{Cov}[y_1,y_2] = \rho\sigma_1\sigma_2$ das Risiko der Vergütung in $t = 2$ durch den Bericht y_1 reduziert wird. Sofern beide Berichte unkorreliert sind ($\rho = 0$), entfällt dieser Einfluss und dem Agenten verbleibt nur die Möglichkeit, das Risiko des unsicheren Einkommens durch eine Konsumanpassung in $t = 3$ zu kompensieren. Weiterhin zeigen die Parameter K_{ij} den Einfluss der Steuerung über zwei Berichte y_i und y_j ($i,j = 1,2,3, i \neq j$) auf die Anreizkosten. Die Wechselwirkungen verschwinden, sofern die Berichte unkorreliert sind[39]. Schließlich sind die privaten Kosten des Agenten für das Durchführen bilanzpolitischer Maßnahmen zu berücksichtigen. Diese verändern gemäß der 2. Spalte die Kosten der Steuerung über die Performancemaße.

Aus der Lösung in *Tabelle 1* ist offensichtlich, dass der Bericht y_3 nur dann zur Anreizsetzung herangezogen wird, wenn entweder eine Korrelation zu Be-

39 Somit folgt wegen $\mathrm{Cov}[y_1,y_3] = 0$ der Parameter $K_{13} = 0$.

richt y_2 besteht ($\mathrm{Cov}[y_2,y_3] = \rho\sigma_2\sigma_3 \neq 0$) oder wenn der Agent einen bilanziellen Darstellungsspielraum hat ($m_{m2} \neq 0$). Eine variable Vergütung nach Ende des Beschäftigungsverhältnisses ist somit dann zielführend, wenn der betreffende Bericht informativ ist über die Handlungen des Agenten oder über Umweltzustände, welche frühere Berichte beeinflussen. Die Prämiensätze bei Ausschluss bilanzpolitischer Maßnahmen folgen aus den Bestimmungsgleichungen der *Tabelle 1* für $m_{mt} = 0, t = 1,2$.

Man erhält den Barwert des erwarteten Unternehmenserfolges bei glaubhaftem Ausschluss von Nachverhandlungen und bilanziellem Darstellungsspielraum zu

$$\mathrm{E}[u_P \mid c, m] =$$

$$\tfrac{1}{2}\beta \frac{b_1^2 m_1^2 (K_{m2}K_{m3} - \beta K_{m23}^2) - 2\beta b_1 b_2 m_1 m_2 K_{m3} K_{m12} + \beta b_2^2 m_2^2 K_{m1} K_{m3}}{K_{m1}K_{m2}K_{m3} - \beta(K_{m1}K_{m23}^2 - K_{m3}K_{m12}^2)}. \quad (15)$$

Der Vergleich der erwarteten Unternehmenserfolge zeigt, dass ein bilanzieller Darstellungsspielraum bei glaubhaftem Ausschluss von Nachverhandlungen nachteilig für die Unternehmensleitung ist[40].

Satz 2 *Bei glaubhaftem Ausschluss von Nachverhandlungen schmälern bilanzielle Darstellungsspielräume den Barwert des erwarteten Unternehmenserfolges:*

$$\mathrm{E}[u_P \mid c, m] - \mathrm{E}[u_P \mid c] \leq 0.$$

Aus Sicht des Prinzipals sind bei glaubhaftem Ausschluss von Nachverhandlungen bilanzielle Darstellungsspielräume somit lediglich mit kostspieligen Handlungen des Agenten verbunden, das heißt der Agent verlagert seinen Arbeitseinsatz von produktiven hin zu bilanzpolitischen Handlungen.

Aufgrund der Komplexität der Bestimmungsgleichungen sind weitergehende algebraische Analysen der Prämiensätze oder Handlungen nur bedingt aussagekräftig. Exemplarisch zeigt *Abbildung 2* den Einfluss der Kosten der Bilanzpolitik auf die produktiven sowie bilanzpolitischen Handlungen des Agenten[41]. Offensichtlich reduziert der Agent seine Anstrengungen $a_{mt}^c, t = 1,2$ für Bilanzpolitik mit steigenden Kosten κ_m. Zudem nähern sich die produktiven Handlungen der Lösung bei Ausschluss bilanzpolitischer Maßnahmen an. Interessanterweise kann die Existenz eines bilanziellen Darstellungsspielraumes sowohl zu stärkeren ($a_2^{cm} > a_2^c$) als auch schwächeren ($a_1^{cm} < a_1^c$) Anreizen für produktive Handlungen führen. Die nachteiligen Wirkungen bilanzieller Dar-

40 Zum Beweis von Satz 2 sind die betreffenden Bestimmungsgleichungen zweckmäßig zusammenzufassen.

41 Dem Beispiel liegen die Parameterwerte $m_1 = 1$, $m_2 = 2$, $b_1 = 2$, $b_2 = 1$, $m_{mt} = \tfrac{1}{4}$, $t = 1,2$, $\sigma_t = 1$, $t = 1,2,3$, $\rho = \tfrac{1}{2}$, $r = 1$ sowie $\beta = 0{,}9$ zu Grunde.

stellungsspielräume beruhen daher in erster Linie auf einem veränderten Mix der Handlungen des Agenten.

Abbildung 2: Einfluss der Kosten der Bilanzpolitik auf die produktiven sowie bilanzpolitischen Handlungen des Agenten bei glaubhaftem Ausschluss von Nachverhandlungen

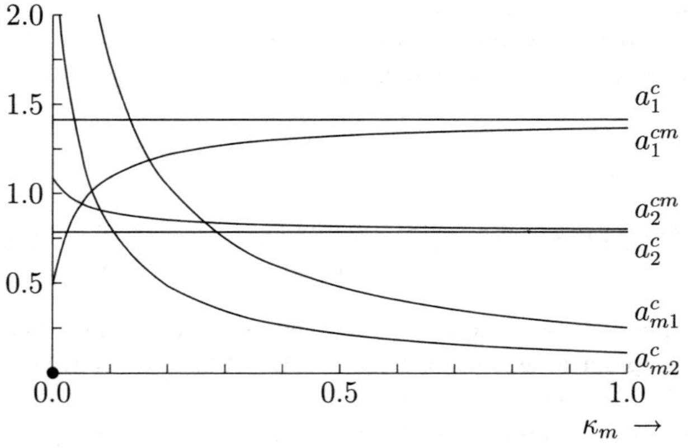

Bei kostenlosen bilanzpolitischen Maßnahmen wählt der Prinzipal die Prämiensätze, sodass der Agent keine Vorteile aus gewinnmindernden oder -steigernden Maßnahmen erzielt: $\kappa_m \rightarrow 0 \Rightarrow v_1^{cm} = \beta v_2^{cm} = \beta^2 v_3^{cm}$[42]. Folglich kann man bei glaubhaftem Ausschluss von Nachverhandlungen und kostenloser Bilanzpolitik die Prämiensätze im Zeitablauf so aufeinander abstimmen, dass einerseits Anreize zu bilanzpolitischen Handlungen vermieden werden ($\lim_{\kappa_m \rightarrow 0} a_{mt}^c = 0$), andererseits aber in der Regel weiterhin Anreize für produktive Handlungen bestehen ($\lim_{\kappa_m \rightarrow 0} a_t^{cm} = 0$).

Die Bestimmungsgleichungen lassen sich weiterhin nutzen, um Bedingungen für eine spezifische Bilanzpolitik zu identifizieren. Grundsätzlich können in allen Perioden gewinnsteigernde oder -senkende Maßnahmen auftreten. Im Einzelnen zeigt sich, dass zum Beispiel für die Existenz gewinnsteigernder Maßnahmen in Periode 1 folgende notwendige Bedingung besteht:

$$a_{m1}^c > 0 \Rightarrow \frac{m_{m2}^2}{\kappa_m} > \frac{\beta K_{23}^2 - K_2 K_3 - \beta K_3 K_{12}}{K_3 + \beta(K_2 + \beta K_{12} + 2K_{23})}.$$

Sofern in der Zukunft umfangreiche bilanzielle Darstellungsspielräume m_{m2} bestehen, wählt der Prinzipal in diesen Perioden vergleichsweise niedrige Prämiensätze v_2^{cm}, so dass die aktuelle Vergütung des Agenten von größerer Be-

42 Vgl. auch LAMBERT (2001), S. 23.

deutung ist ($v_1^{cm} - \beta v_2^{cm} > 0$) und er folglich gewinnsteigernde bilanzpolitische Maßnahmen ergreift. Dieses Ergebnis verdeutlicht, dass zeitliche Interdependenzen einen wesentlichen Einfluss auf die der Bilanzpolitik zu Grunde liegenden mehrperiodigen Kalküle von Prinzipal und Agent haben.

4 Bilanzpolitik bei sequenzieller Rationalität

4.1 Optimales Anreizsystem

Bei sequenzieller Rationalität sind obige Anreizverträge nicht nachverhandlungssicher, da zu den Zeitpunkten $t = 1$ sowie $t = 2$ Prinzipal und Agent neue Informationen haben, auf deren Grundlage eine Anpassung des ursprünglichen Vertrages vorteilhaft ist. Zudem hat der Agent zu diesen Zeitpunkten bestimmte Arbeitsleistungen bereits erbracht, weshalb für diese aus Sicht des Prinzipals keine Anreize mehr erforderlich sind.

Die Lösung des Anreizproblems bei sequenzieller Rationalität basiert auf dem *Prinzip der Rückwärtsinduktion* und bestimmt retrograd die im Zeitablauf jeweils optimalen Prämiensätze. Wird der langfristige Vertrag in $t = 0$ auf Basis dieser Prämiensätze formuliert, so bestehen zu keinem Zeitpunkt der Vertragsbeziehung Anreize, den Vertrag zu verändern[43]. Entsprechend dem Vorgehen bei glaubhaftem Ausschluss von Nachverhandlungen werden zunächst die optimalen Prämiensätze bei bestehenden Ermessensspielräumen ermittelt. Die Lösung für den Fall ohne Darstellungsspielraum folgt dann als Spezialfall mit $m_{mt} = 0, t = 1,2$.

Für die Wahl der Anreize in $t = 2$ ist einerseits die *a posteriori* Verteilung von y_3 von Bedeutung:

$$E_2[y_3 \mid y_1, y_2] = E_1[y_3 \mid y_1] + p\frac{\sigma_3}{\sigma_2}(y_2 - E_1[y_2 \mid y_1]) \quad \text{und}$$

$$\text{Var}_2[y_3 \mid y_1, y_2] = (1-\rho^2)\sigma_3^2.$$

Andererseits ist es zweckmäßig, bei der Wahl der Prämiensätze die in der Vergangenheit erbrachten Leistungen zu vernachlässigen. In $t = 2$ ist es somit nicht sinnvoll, über y_3 Anreize zu setzen, da alle relevanten Handlungen bereits geleistet wurden. Da eine variable Vergütung zudem mit einer Risikoprämie verbunden wäre, wählt der Prinzipal den Prämiensatz

$$v_3^{rm} = 0. \qquad (16)$$

43 Vgl. zu diesem Vorgehen Christensen et al. (2003) sowie Hofmann (2003).

Demnach unterbleibt bei sequenzieller Rationalität eine variable Vergütung nach Ende des Beschäftigungsverhältnisses[44]. Verträge über variable Pensionszahlungen sind folglich nicht nachverhandlungssicher. Wie die folgenden Ausführungen zeigen, wirkt sich dies nachhaltig auf die Bilanzpolitik des Agenten aus.

Zum Zeitpunkt $t = 1$ resultiert aus dem ursprünglich geschlossenen Vertrag ein Sicherheitsäquivalent CE_1^i (*initial long-term contract*). Der Agent ist indifferent im Hinblick auf einen überarbeiteten Vertrag mit Sicherheitsäquivalent CE_1^{re} *(revised long-term contract)*, sofern der Prinzipal ihm ein zusätzliches Fixum der Höhe

$$f_1 = CE_1^i - CE_1^{re}$$

zahlt. Unter Berücksichtigung von $v_3^r = 0$ erhält man das Sicherheitsäquivalent zu

$$CE_1^{re} = \beta(\mathrm{E}_1[W_2] - \kappa_2 - \tfrac{1}{2} rA_2 Var_1[\mathrm{E}_2[W_2]]). \tag{17}$$

Somit bestimmt der Prinzipal den sequenziell-rationalen Prämiensatz v_2^{rm} über den Kalkül

$$\begin{aligned} \max_{v_2} \mathrm{E}_1[u_P] &= \beta b_2 a_2 - f_1 - \beta \mathrm{E}_1[W_2] \\ &= \beta b_2 a_2 - (\kappa_2 + \tfrac{1}{2} rA_2 \mathrm{Var}_1[W_2]) - CE_1^i. \end{aligned} \tag{18}$$

Hierbei ist zu berücksichtigen, dass zum Zeitpunkt $t = 1$ das Sicherheitsäquivalent des ursprünglichen Vertrages entscheidungsirrelevant ist. Setzt man die Bestimmungsgleichungen für a_2, κ_2 sowie $\mathrm{Var}_1[W_2]$ ein, so erhält man über die Bedingung 1. Ordnung den optimalen Prämiensatz zu

$$v_2^{rm} = \frac{b_2 m_2}{K_{ms2}}. \tag{19}$$

In der Lösung (19) zeigt $K_{ms2} \equiv m_2^2 + rA_2(1 - \rho^2)\sigma_2^2 + m_{m2}^2/\kappa_m = K_{m2} - rA_2 (1 - A_1)\rho^2\sigma_2^2 - \beta m_{m1}^2/\kappa_m$ die in $t = 2$ relevanten Grenzkosten je Prämieneinheit der Anreizsetzung über y_2[45]. Diese beruhen auf den privaten Kosten des Agenten für produktive (m_m^2) sowie bilanzpolitische (m_{m2}^2/κ_m) Handlungen, auf der Tatsache, dass der Bericht y_1 die Unsicherheit von y_2 reduziert ($\mathrm{Var}_1[y_2 | y_1] = (1 - \rho^2)\sigma_2^2$) und auf der Möglichkeit zur Risikoteilung mit dem Konsum einer zukünftigen Periode (A_2).

44 Ursächlich hierfür ist die potenzielle Nachverhandlung zwischen dem Zeitpunkt des Arbeitseinsatzes und dem Berichtszeitpunkt. Vgl. auch FUDENBERG/TIROLE (1990).

45 Bei Ausschluss bilanzpolitischer Maßnahmen erhält man $K_{s2} \equiv m_2^2 + rA_2(1 - \rho^2)\sigma_2^2$.

Das Anreizproblem des Prinzipals in $t = 0$ entspricht schließlich dem Problem bei glaubhaftem Ausschluss von Nachverhandlungen mit der Einschränkung des Lösungsraumes auf $v_3^{rm} = 0$ sowie $v_2^{rm} = b_2 m_2 K_{ms2}^{-1}$. Über die Bedingungen 1. Ordnung erhält man den Prämiensatz der ersten Periode zu

$$v_1^{rm} = \frac{b_1 m_1 - \beta K_{m12} v_2^{rm}}{K_{m1}}. \tag{20}$$

Die beschriebene Herleitung sowie Gleichung (20) verdeutlichen, dass eine einseitige Abhängigkeit der Prämiensätze besteht: $v_1^{rm}(v_2^{rm})$. Grundsätzlich kann sowohl eine positive ($K_{m12} < 0$) als auch negative ($K_{m12} > 0$) Beziehung zwischen den beiden Prämiensätzen vorliegen. Dies wird allerdings bei der Wahl von v_2^{rm} in $t = 1$ nicht berücksichtigt.

Letztlich resultiert der Barwert des erwarteten Unternehmenserfolges bei Existenz bilanzieller Darstellungsspielräume durch Einsetzen von (16), (19) und (20) in (14) zu

$$\mathrm{E}[u_P \mid r, m = \beta\left(\frac{b_1^2 m_1^2}{2K_{m1}} - \frac{\beta b_1 b_2 m_1 m_2 K_{m12}}{K_{m1} K_{ms2}} + \beta \frac{b_2^2 m_2^2}{K_{ms2}}\left(1 - \frac{K_{m1} K_{m2} - \beta K_{m12}^2}{2K_{m1} K_{ms2}}\right)\right). \tag{21}$$

Erneut erhält man den erwarteten Unternehmenserfolg $\mathrm{E}[u_P| r]$ bei Ausschluss von Ermessensspielräumen für $m_{m1} = m_{m2} = 0$, das heißt $K_{m1} = K_1$, $K_{ms2} = K_{s2}$ und $K_{m12} = K_{12}$.

4.2 Effizienzwirkungen bilanzieller Darstellungsspielräume

Über den Vergleich der erwarteten Unternehmenserfolge kann man die Effizienzwirkungen bilanzieller Darstellungsspielräume abschätzen. Hierbei zeigt sich, dass bei sequenzieller Rationalität und somit im Unterschied zum glaubhaften Ausschluss von Nachverhandlungen bilanzielle Darstellungsspielräume den erwarteten Unternehmenserfolg steigern können. Satz 3 fasst die hierzu notwendigen Bedingungen zusammen[46].

Satz 3 *Bei sequenziell-rationalem Vertrag zwischen Prinzipal und Agent steigern bilanzielle Darstellungsspielräume den erwarteten Unternehmenserfolg* ($E[u_P| r,m] - E[u_P| r] > 0$) *bei relativ ähnlichen Produktivitäten* ($\underline{B} < b_1/b_2 < \overline{B}$) *sowie*

(i) schwacher Korrelation der Störterme ($0 < \rho^2 < \underline{\rho}$), *geringem Darstellungsspielraum in der ersten Periode* ($m_{m1}^2 < \underline{m}_{m1}$) *und großem Darstellungsspielraum in der zweiten Periode* ($m_{m2}^2 > \underline{m}_{m2}$),

46 Der Beweis von Satz 3 und die Bestimmungsgleichungen der Ober- und Untergrenzen finden sich in Anhang A.

(ii) starker Korrelation der Störterme ($\rho^2 > \underline{\rho}$), großem Darstellungsspielraum in beiden Perioden ($m_{m1}^2 > 0$ und $m_{m2}^2 > \underline{m}_{m2}$) und geringer Sensitivität des zweiten Berichts ($m_2^2 < \underline{m}_2$) *oder*

(iii) einer Mindestkorrelation der Störterme, großem Darstellungsspielraum in der ersten Periode ($m_{m1}^2 > \underline{m}_{m1}$), *geringem Darstellungsspielraum in der zweiten Periode* ($0 < m_{m2}^2 < \underline{m}_{m2}$) und geringer Sensitivität des zweiten Berichts ($m_2^2 < \bar{m}_2$).

Aus den Bedingungen von Satz 3 geht hervor, dass es eine spezifische Kombination aus Anreizproblem ($\rho, m_2, b_t, t = 1,2$) und Gestaltungsspielräumen (m_{mt}, $t = 1,2$) erfordert, sodass ein bilanzieller Darstellungsspielraum aus Sicht des Prinzipals vorteilhaft ist. Im Zentrum steht dabei das Anreizproblem der zweiten Periode, dessen Lösung bei sequenzieller Rationalität insbesondere von der *a posteriori Varianz*, das heißt der zeitlichen Korrelation ρ der Störterme, sowie der Sensitivität m_2 des Berichts y_2 abhängig ist. Satz 3 nennt minimale sowie maximale Darstellungsspielräume für eine vorteilhafte Bilanzpolitik. So erhält die Lösung (ii) das Ergebnis eines praktisch unbeschränkten Spielraumes. Da der Agent dann nahezu beliebig Gewinne verlagern kann, passt der Prinzipal seine Prämiensätze an und reduziert somit die Anreize für Bilanzpolitik.

Ursächlich für das Ergebnis von Satz 3 ist die Tatsache, dass sequenziell-rationale Verträge aus ex ante Sicht verzerrte Anreize setzen können. Der Prinzipal hat ein Bindungsproblem, da er sich nicht glaubhaft in $t = 0$ zum Beibehalten bestimmter Prämiensätze verpflichten kann. Folglich wählt er in zukünftigen Vertragszeitpunkten $t > 0$ solche Prämiensätze, die für den betreffenden Zeitpunkt optimal, aus Sicht von $t = 0$ allerdings oftmals suboptimal sind. Dieser Verzerrung lässt sich durch das Einräumen bilanzieller Darstellungsspielräume entgegenwirken. Sie sollen die negativen Konsequenzen der mangelnden Bindung an ein spezifisches Anreizsystem abmildern.

Ein Beispiel soll die Aussage von Satz 3 und die Wirkungen sequenziell-rationaler Prämiensätze sowie bilanzieller Darstellungsspielräume veranschaulichen[47]. Für die gewählten Parameterwerte sind die Bedingungen von Satz 3 (ii) erfüllt. *Tabelle 2* zeigt die produktiven sowie bilanzpolitischen Handlungen des Agenten, die Prämiensätze sowie das erwartete Ergebnis des Prinzipals für die vier Kombinationen aus Bindungsfähigkeit (c oder r) und bilanziellem Darstellungsspielraum (m).

Tabelle 2 verdeutlicht, dass bilanzielle Darstellungsspielräume bei glaubhaftem Ausschluss von Nachverhandlungen die Allokation des produktiven Arbeitseinsatzes auf die beiden Aufgaben verändern und das erwartete Ergebnis des Prinzipals mindern. Sofern Nachverhandlungen nicht glaubhaft ausge-

47 Dem Beispiel liegen die Parameterwerte $m_1 = 2$, $m_2 = 1/2$, $b_1 = 2$, $b_2 = 1$, $m_{m1} = 1/4$, $m_{m2} = 1$, $\sigma_t = 1$, $t = 1,2,3$, $\rho = 0,7$, $r = 1$, $\beta = 0,9$ sowie $\kappa_m = 5$ zu Grunde.

Tabelle 2: Exemplarische Ergebnisse der Anreizprobleme

Anreizproblem	a_1	a_2	a_{m1}	a_{m2}	ν_1	ν_2	ν_3	$E[u_p]$
c	1,78	0,25	–	–	0,89	0,49	-0,24	1,70
cm	1,80	0,13	0,03	0,06	0,90	0,27	-0,05	1,68
r	1,73	0,48	–	–	0,86	0,96	0	1,60
rm	1,76	0,35	0,01	0,14	0,88	0,70	0	1,63

schlossen werden können, wählt der Prinzipal $v_3^r = v_3^{rm} = 0$, sodass sich das Ergebnis der letzten Periode nicht zur Risikominderung nutzen lässt[48]. Weiterhin führen die veränderten Erwartungen $\text{Var}[y_2 | y_1] = 0{,}51 < 1 = \text{Var}[y_2]$ sowie der Entscheidungszeitpunkt $t = 1$ beim sequenziell-rationalen Vertrag zu einem deutlichen Anstieg des Prämiensatzes der 2. Periode: $v_2^r = 0{,}96 > 0{,}49 = v_2^c$. Dieser Prämiensatz bedingt einen suboptimalen Anstieg von a_2^r und in Folge der positiven Korrelation $\text{Cov}[y_1, y_2]$ einen Anstieg der ex ante Risikoprämie; letzteres wird hier durch eine Reduktion des Prämiensatzes der 1. Periode abgemildert ($v_1^r < v_1^c$). Die positiven Wirkungen bilanzieller Darstellungsspielräume zeigen sich daran, dass der Prinzipal wegen der dann möglichen Gewinnverlagerung einen Prämiensatz $v_2^{rm} = 0{,}7$ wählt, der die Attraktivität von Bilanzpolitik mindern soll, zugleich aber auch näher an dem Prämiensatz bei glaubhaftem Ausschluss von Nachverhandlungen liegt. Da in der Folge auch der Prämiensatz v_1^{rm} in geringerem Maße von v_1^c abweicht, steigern bilanzielle Darstellungsspielräume hier den erwarteten Unternehmenserfolg.

Lediglich Ermessensspielräume zukünftiger Perioden können vorteilhaft sein, da der Prinzipal für zukünftige Prämiensätze ein Bindungsproblem hat. Diesen Zusammenhang verdeutlicht Korollar 1, welches hinreichende Bedingungen formuliert, unter denen bilanzielle Darstellungsspielräume sich negativ auf den erwarteten Unternehmenserfolg auswirken[49].

Korollar 1 *Für sequenziell rationale Verträge gilt:*

(i) Bei stochastisch unabhängigen Berichten ($\rho = 0$) senken bilanzielle Darstellungsspielräume den erwarteten Unternehmenserfolg.

(ii) Sofern der Agent in der zweiten Periode über keinen bilanziellen Darstellungsspielraum verfügt ($m_{m2} = 0$), senkt das Einräumen eines Darstellungsspielraums in der ersten Periode ($m_{m1} > 0$) den erwarteten Unternehmenserfolg.

Gemäß Korollar 1 (i) sind Möglichkeiten der Bilanzpolitik von Nachteil, wenn die Berichte unkorreliert sind. In diesem Falle stimmen die Prämiensätze

48 Die negativen Prämiensätze $v_3^c < 0$ bzw. $v_3^{cm} < 0$ folgen wegen $\text{Cov}[y_2, y_3] > 0$.

49 Korollar 1 folgt unmittelbar durch Einsetzen der genannten Bedingungen in die Bestimmungsgleichung der Differenz der erwarteten Unternehmenserfolge.

bei glaubhaftem Ausschluss von Nachverhandlungen mit denen bei sequenzieller Rationalität überein: $v_t^c = v_t^r$, $t = 1,2,3$. Demnach bestehen aus ex ante Sicht bei sequenziell-rationalen Verträgen keine verzerrten Anreize in der zweiten Periode, weshalb das Einräumen bilanzieller Darstellungsspielräume keine Vorteile birgt. Weiterhin zeigt Korollar 1 (ii), dass die bilanziellen Darstellungsspielräume *zukünftiger Perioden* entscheidend sind für die grundsätzliche Vorteilhaftigkeit der Bilanzpolitik. Wird die Unternehmung beispielsweise im vorliegenden Fall zum Zeitpunkt $t = 2$ aufgelöst, so bestehen in der zweiten Periode keine Möglichkeiten der Gewinnverlagerung in die Zukunft und das Einräumen von Darstellungsspielräumen in der ersten Periode ist streng nachteilig für den Prinzipal. Sofern sich hierbei Ermessensspielräume nicht vermeiden lassen, kann eine Fortführung der Unternehmung über $t = 2$ hinaus sinnvoll sein, selbst wenn dies mit einem sicheren Verlust in $t = 3$ einhergeht.

4.3 Merkmale bilanzpolitischer Maßnahmen

Abbildung 3 veranschaulicht den Einfluss der Kosten κ_m der Bilanzpolitik auf die produktiven sowie bilanzpolitischen Handlungen des Agenten[50]. Mit zunehmenden Kosten nähern sich die produktiven Handlungen bei Existenz eines bilanziellen Darstellungsspielraums (a_t^{rm}) den Handlungen an, welche bei Ausschluss eines bilanziellen Darstellungsspielraums erfolgen (a_t^r). Wie zu erwarten geht der Arbeitseinsatz a_{mt}^r für Bilanzpolitik mit zunehmenden Kosten κ_m zurück.

Sofern bilanzpolitische Maßnahmen nicht mit privaten Kosten des Agenten verbunden sind, verzichtet der Prinzipal auf eine variable Vergütung des Agenten: $\kappa_m \to 0 \Rightarrow v_1^{rm} = v_2^{rm} = v_3^{rm} = 0$. Ursächlich hierfür ist, dass infolge der sequenziellen Rationalität die bilanzpolitischen Maßnahmen keine Auswirkung auf die künftige Vergütung haben, so dass der Agent bei von null verschiedenen Prämiensätzen sein Gehalt in beliebigem Ausmaß steigern kann. Dieser Zusammenhang wird durch eine retrograde Betrachtung der Anreizprobleme deutlich: So wählt der Prinzipal in $t = 2$ bei sequenziell-rationalem Vertrag einen Prämiensatz $v_3^{rm} = 0$. Damit kann der Agent in Periode 2 gewinnsteigernde Maßnahmen beliebigen Umfanges durchführen, ohne dass sich der Ausgleich in dem Ergebnis y_3 der kommenden Periode auf sein Gehalt auswirkt. Um diese Anreize zu unterbinden, wählt der Prinzipal folglich $v_2^{rm} = 0$. Auf gleichem Wege lässt sich nun begründen, dass für $\kappa_m \to 0$ auch der Prämiensatz der ersten Periode gleich null ist. Für den Spezialfall kostenloser Bilanzpolitik verzichtet der Prinzipal somit auf eine variable Vergütung: Da Anreize für produktive Handlungen umfangreiche bilanzpolitische Maßnahmen

50 Zu den Parameterwerten vgl. Fußnote 41.

Abbildung 3: Einfluss der Kosten der Bilanzpolitik auf die produktiven sowie bilanzpolitischen Handlungen des Agenten bei nachverhandlungssicheren Verträgen

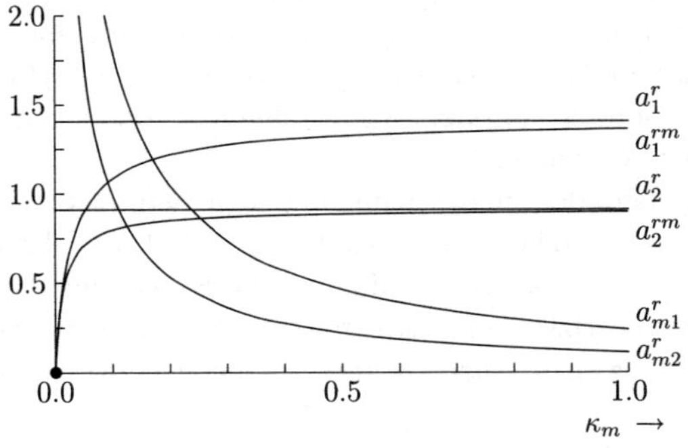

zur Folge haben, verbleibt nur der Verzicht auf eine ergebnisabhängige Vergütung.

Neben dem Einfluss der Kosten der Bilanzpolitik auf die Handlungen des Agenten sind Bedingungen für das Auftreten gewinnsenkender beziehungsweise -steigender bilanzpolitischer Maßnahmen sowie ihr intertemporaler Vergleich von Bedeutung. Gemäß (9) wählt der Agent zum Beispiel für $v_1^{rm} > \beta v_2^{rm}$ gewinnsteigernde bilanzpolitische Maßnahmen in Periode 1. Unter Verwendung der optimalen Prämiensätze (19) und (20) erhält man

$$\frac{b_1}{b_2} > \beta \frac{m_2}{m_1} \cdot \frac{K_{m1} + K_{m12}}{K_{ms2}} \tag{22}$$

für $a_{m1}^r > 0$. Sofern Handlung a_1 eine relativ höhere Produktivität als Handlung a_2 aufweist, wählt der Prinzipal vergleichsweise stärkere Anreize in der ersten Periode. Der Agent nutzt dies durch gewinnsteigernde Maßnahmen in Periode 1 aus. Die gewählte Bilanzpolitik ist hierbei unabhängig von dem in der ersten Periode eingeräumten Darstellungsspielraum m_{m1}. Interessanterweise sinkt die Untergrenze in (22) mit m_{m2}, das heißt, mit ansteigendem Darstellungsspielraum in zukünftigen Perioden steigt die Wahrscheinlichkeit für gewinnsteigernde Maßnahmen in der Gegenwart. Ursächlich hierfür ist der Einfluss von m_{m2} auf die zukünftigen Anreize: $\partial v_2^{rm}/\partial m_{m2} < 0$. Analog zum glaubhaften Ausschluss von Nachverhandlungen verdeutlicht dieses Ergebnis, dass zeitlichen Interdependenzen eine große Bedeutung für die Ausprägung der Bilanzpolitik zukommt.

Vergleichbar dem Ergebnis von *Franke* erfolgen gewinnsteigernde Maßnahmen insbesondere in Perioden hoher Produktivität[51]. Die Bilanzpolitik führt

51 Vgl. *Franke* (2004), S. 37.

demnach in diesen Modellen zu einer unter Umständen „massiven Gewinndestabilisierung", was im Gegensatz zur Gewinnglättung zum Beispiel in dem Modell von *Fudenberg/Tirole* (1995) steht. Der Unterschied folgt aus der jeweiligen Nutzung des Periodenerfolges entweder für die Vergütung des Agenten oder für die Entscheidung über dessen Weiterbeschäftigung. Da eine Entlassungsentscheidung einen Gewinneinbruch voraussetzt, die Höhe der Gewinnsteigerung aber ohne Konsequenz ist, resultiert beim zweiten Fall eine Präferenz für geglättete Gewinne.

Für die letzte Periode der Beschäftigung zeigt sich, dass der Agent niemals eine gewinnsenkende Bilanzpolitik wählt: $a_{m2}^r \geq 0$. Dies folgt unmittelbar aus der Tatsache, dass bei nachverhandlungssicheren Verträgen der Agent nach Beendigung des Beschäftigungsverhältnisses keine variable Vergütung erhält ($v_3^{rm} = 0$), sodass er auch keinen Vorteil aus einer Gewinnverlagerung in die Zukunft erzielt.

Der intertemporale Vergleich zeigt schließlich, dass die bilanzpolitischen Maßnahmen sowohl in der ersten als auch in der zweiten Periode überwiegen können. Das Ausmaß der Bilanzpolitik steigt demnach im Zeitablauf ($a_{m1}^r < a_{m2}^r$), sofern

$$\frac{b_1}{b_2} < \frac{m_2}{m_1}\left(\frac{m_{m2}}{m_{m1}} \cdot \frac{K_1 + m_{m1}^2 / \kappa_m}{K_{s2} + m_{m2}^2 / \kappa_m} + \beta \frac{K_1 + K_{12}}{K_{s2} + m_{m2}^2 / \kappa_m}\right).$$

Ein sich der Pensionierung nähernder Manager kann damit sowohl in größerem als auch in kleinerem Ausmaß bilanzpolitische Maßnahmen ergreifen. Dies ist insbesondere abhängig von den im Zeitablauf gesetzten Anreizen. Wächst zum Beispiel die Produktivität b_t des Agenten aufgrund von Erfahrungseffekten im Zeitablauf, so ist dies bei ausreichendem Anstieg gleichbedeutend mit einer Zunahme bilanzpolitischer Maßnahmen.

5 Zusammenfassung und Ausblick

Auf Basis von mehrperiodigen Principal/Agent-Modellen betrachtet der Beitrag Merkmale und Effizienzwirkungen der Bilanzpolitik bei unterschiedlicher Selbstbindungskraft des Prinzipals. Für den Fall des *glaubhaften Ausschlusses von Nachverhandlungen* zeigt die Modellanalyse, dass bilanzielle Darstellungsspielräume den erwarteten Unternehmenserfolg senken (Satz 2). Die Reduktion des Darstellungsspielraums über eindeutigere Rechnungslegungsnormen ist somit vorteilhaft für die Anteilseigner.

In dynamischen Entscheidungsproblemen ist jedoch die Annahme unbeschränkter Selbstbindungskraft sehr restriktiv, da eine Vertragsanpassung in beiderseitigem Einvernehmen nicht gänzlich ausgeschlossen werden kann. Sofern

Anteilseigner und Management nachverhandlungssichere Verträge vereinbaren, lassen sich Bedingungen identifizieren, unter denen bilanzielle Darstellungsspielräume vorteilhaft für die Anteilseigner sind (Satz 3). Voraussetzung für die Vorteilhaftigkeit ist, dass die potenziellen Nachverhandlungen zu verzerrten Anreizen führen und dass der Darstellungsspielraum in zukünftigen Perioden besteht (Korollar 1). In diesen Fällen ist der bilanzielle Darstellungsspielraum ein Substitut für die mangelnde Bindungsfähigkeit des Prinzipals und schützt diesen vor seinen nachteiligen, opportunistischen Handlungen in der Zukunft.

Die Modellanalyse liefert weiterhin Anhaltspunkte über wichtige Merkmale der Bilanzpolitik:

(i) So zeigt sich, dass im Zeitablauf konstante Prämiensätze in Verbindung mit einem positiven Marktzins eine gewinnsteigernde Bilanzpolitik zur Folge haben. Dies ist beispielsweise der Fall, wenn aufgrund von Transaktionskosten die Modalitäten von Verträgen für einen längeren Zeitraum beibehalten werden oder eine (mögliche) Anpassung im Zeitablauf unterbleibt.

(ii) Die Bilanzpolitik ist ferner unabhängig von den Zeitpräferenzen des Agenten, das heißt Manager mit eher kurzfristigen Präferenzen betreiben in gleichem Ausmaß Bilanzpolitik wie Manager mit eher langfristigen Präferenzen.

(iii) Während der Prinzipal bei glaubhaftem Ausschluss von Nachverhandlungen sowie kostenloser Bilanzpolitik bilanzpolitische Handlungen des Managers durch Wahl spezifischer Prämiensätze unterbinden kann, verzichtet er bei sequenzieller Rationalität auf Arbeitsanreize, da der Manager andernfalls sein Gehalt beliebig steigern könnte. Im letzteren Fall verbleibt somit nur die Alternative der Zahlung eines Festgehaltes ohne ergebnisabhängige Vergütung.

(iv) Die Wahl gewinnsteigernder oder -senkender bilanzpolitischer Maßnahmen ist nicht nur vom Anreizproblem der betreffenden Periode, sondern ebenfalls von den Eigenschaften der Anreizprobleme vorausgehender beziehungsweise nachfolgender Perioden abhängig. Dieses Ergebnis unterstreicht, dass man zur Analyse der Bilanzpolitik mehrperiodige Modelle benötigt, mit denen man die zeitlichen Interdependenzen in Bezug auf die Entscheidungskalküle sowie die Auswirkungen der Handlungen auf die Berichte abbilden kann.

(v) In zahlreichen Fällen lassen sich Bedingungen finden, unter denen gewinnsteigernde oder -senkende Maßnahmen optimal sind. Bei relativ kurzfristigen und potenziell nachverhandelbaren Verträgen besteht jedoch eine Tendenz zu gewinnsteigernden bilanzpolitischen Maßnahmen[52].

52 Dies steht in Einklang mit empirischen Erkenntnissen von NELSON ET AL. (2002), welche häufiger bilanzpolitische Maßnahmen zum Zwecke der Gewinnsteigerung beobachten.

(vi) Letztlich zeigt sich, dass die zeitliche Entwicklung bilanzpolitischer Maßnahmen stark von der Produktivitätsentwicklung bestimmt ist. Demzufolge können Produktivitätssteigerungen infolge von Erfahrungseffekten einen Anstieg der bilanzpolitischen Maßnahmen bedingen.

Obige Modellergebnisse können grundsätzlich Ausgangspunkt von Hypothesen sein, die empirisch überprüfbar sind. Problematisch für das Testen der Vorteilhaftigkeit bilanzieller Darstellungsspielräume ist jedoch das Übersetzen der zahlreichen Bedingungen von Satz 3 in empirisch messbare und voneinander abgrenzbare Größen. Zudem beruht die Definition und Messbarkeit bilanzpolitischer Maßnahmen auf den eigennützigen Absichten des Managements, die nur bedingt ex post aus Rechnungswesendaten abschätzbar sind[53].

Die Modellanalyse sowie die weiteren genannten Studien zeigen, dass bei Anreizproblemen aus ökonomischer Sicht eine Reduktion bilanzieller Darstellungsspielräume nicht durchweg von Vorteil ist. Für die Standardisierung von Rechnungslegungsvorschriften ist dieses Ergebnis von Bedeutung, da es auf mögliche Kosten einer Beschränkung bilanzieller Darstellungsspielräume hinweist[54]. Diese im Rahmen des obigen Partialmodells identifizierten Kosten sollten auch bestehen bleiben, wenn man in einem umfassenderen Modell sowohl die entscheidungsbeeinflussende Wirkung von Rechnungswesengrößen (stewardship) als auch deren Entscheidungsnützlichkeit für Kapitalmarktteilnehmer (decision usefulness) betrachtet[55].

Interessanterweise zeigen empirische Studien negative Wirkungen einer Reduktion bilanzieller Darstellungsspielräume auf: So stellen *Cohen et al.* (2003) fest, dass nach Abschluss des Gesetzgebungsprozesses von Sarbanes-Oxley das Ausmaß bilanzpolitischer Handlungen rückläufig ist. Da zudem *Li et al.* (2003) negative Kapitalmarktreaktionen zu verschiedenen Zeitpunkten des Gesetzgebungsprozesses beobachten, ist zu vermuten, dass der Kapitalmarkt eine Kostensteigerung infolge der mit dem Gesetz verbundenen regulatorischen Änderungen erwartet. Diese Kosten können sowohl aus einmaligen Aufwendungen zum Beispiel für das Einrichten eines internen Kontrollsystems als auch aus dauerhaften Einbußen infolge schlechterer Anreize resultieren – letzteres deckt sich mit den obigen Modellergebnissen.

53 Vgl. DECHOW/SKINNER (2000), S. 238.

54 So bemerkt z.B. SCHIPPER (1989), S. 91: "Framing questions of financial disclosure in terms of the existence and potential effects of earnings management helps us think about the following policy proposal: should accounting rules be promulgated in such a way that opportunities for earnings management are eliminated? ... By focussing on the costs and benefits of allowing for managerial discretion in the choice and application of accounting methods, researchers provide a framework for considering what we would have to give up to eliminate earnings management ... ." Vgl. hierzu auch HARTLE (1984).

55 Zu einem möglichen Tradeoff beider Rechnungszwecke vgl. CHRISTENSEN ET AL. (2004).

Anhang A.

Beweis von Lemma 1.

Zum Zeitpunkt $t = 3$ konsumiert der Agent sein gesamtes Vermögen, das heißt $c_3 = B_3$. Damit beträgt sein Erwartungsnutzen

$$U_3(B_3) = -\exp[-rB_3].$$

Zum Zeitpunkt $t = 2$ erhält man aus (4) das Entscheidungsproblem des Agenten zu

$$\begin{aligned} U_2(B_2) &= \max_{c_2}\left\{-\exp[-rc_2] + \gamma \mathrm{E}_2[\exp[-r(R(B_2 - c_2) + w_3)]]\right\} \\ &= \max_{c_2}\left\{-\exp[-rc_2] - \gamma \exp[-r(R(B_2 - c_2) + \mathrm{E}_2[w_3] - \tfrac{1}{2} r \mathrm{Var}_2[w_3])]\right\}. \end{aligned} \tag{A.1}$$

Über die Bedingung 1. Ordnung

$$r\exp[-rc_2] - \gamma r R \exp[-r(R(B_2 - c_2) + \mathrm{E}_2[w_3] - \tfrac{1}{2} r \mathrm{Var}_2[w_3])] = 0$$

folgt mit $CE_2 = \beta(\mathrm{E}_2[w_3]) - \tfrac{1}{2} r \mathrm{Var}_2[w_3])$ der optimale Konsum zu

$$c_2 = A_2\left(B_2 + CE_2 + \frac{\beta}{r}\ln[\frac{\beta}{\gamma}]\right). \tag{A.2}$$

Für die Lösung nach (A.2) ist die Umformung $(1 + R)^{-1} = \beta A_2$ zu beachten. Durch Einsetzen von (A.2) in (A.1) erhält man den Erwartungsnutzen des Agenten in $t = 2$ zu

$$U_2(B_2) = -A_2^{-1}\left(\frac{\beta}{\gamma}\right)^{-\beta A_2} \exp[-rA_2(B_2 + CE_2)]. \tag{A.3}$$

Zum Zeitpunkt $t = 1$ folgt somit das Entscheidungsproblem des Agenten zu

$$\begin{aligned} U_1(B_1) &= \max_{c_1}\left\{-\exp[-rc_1] + \gamma \mathrm{E}_1[U_2(B_2)]\right\} \\ &= \max_{c_1}\left\{-\exp[-rc_1] + \gamma \mathrm{E}_1[U_2(R(B_1 - c_1) + w_2 - \kappa_2)]\right\}. \end{aligned}$$

Hierbei beruht der 2. Ausdruck auf der Budgetgleichung (1). Unter Verwendung von (A.3) resultiert die Konsumentscheidung c_1 sowie der Erwartungsnutzen $U_1(B_1)$ auf gleichem Wege wie bei dem Vorgehen im Zeitpunkt $t = 2$.

Für den Parameter χ_t erhält man die rekursive Beziehung $\chi_t = \chi_{t+1} + (4 - t)\beta^{3-t}$. In dem dreiperiodigen Anreizproblem ist dieser spezifische Diskontfaktor:

$$\chi_0 = 1+2\beta+3\beta^2,$$
$$\chi_1 = 1+2\beta,$$
$$\chi_2 = 1. \qquad \square$$

Beweis von Satz 3.

Die Differenz der erwarteten Unternehmenserfolge beträgt

$$\mathrm{E}[u_P \mid r, m] - \mathrm{E}[u_P \mid r] = -b_1^2 T_1 + 2b_1 b_2 T_3 + b_2^2 T_2 \qquad \text{(A.4)}$$

mit

$$T_1 \equiv \frac{m_1^2 m_{m1}^2 / \kappa_m}{K_1(K_1 + m_{m1}^2/\kappa_m)} > 0,$$

$$T_2 \equiv \beta m_2^2 \left(\frac{2K_{s2} - K_2 + m_{m2}^2/\kappa_m}{(K_{s2} + m_{m2}^2/\kappa_m)^2} + \beta \frac{K_{12}^2 - (K_1 + 2K_{12}) m_{m1}^2/\kappa_m}{(K_1 + m_{m1}^2/\kappa_m)(K_{s2} + m_{m2}^2/\kappa_m)^2} - \frac{2K_{s2} - K_2}{K_{s2}^2} - \frac{\beta K_{12}^2}{K_1 K_{s2}^2} \right),$$

$$T_3 \equiv \beta \frac{m_1 m_2}{(K_1 + m_{m1}^2/\kappa_m)(K_{s2} + m_{m2}^2/\kappa_m)} \left(m_{m1}^2/\kappa_m + \frac{K_{12}(K_1 m_{m2}^2/\kappa_m + (K_{s2} + m_{m2}^2/\kappa_m) m_{m1}^2/\kappa_m)}{K_1 K_{s2}} \right).$$

Umformen von (A.4) liefert die Bedingung

$$\frac{T_3 - \sqrt{T_3^2 + T_1 T_2}}{T_1} \equiv \underline{B} < \frac{b_1}{b_2} < \overline{B} \equiv \frac{T_3 + \sqrt{T_3^2 + T_1 T_2}}{T_1} \qquad \text{(A.5)}$$

für eine vorteilhafte Bilanzpolitik.

Parameterkonstellationen mit einem positiven Wert für einen bilanziellen Darstellungsspielraum erfordern somit $T_3^2 + T_1 T_2 > 0$. Einsetzen von T_1 bis T_3 und zusammenfassen ergibt die folgende Bedingung:

$$m_{m2}^2 \Upsilon_1 > K_{s2} \Upsilon_2 m_{m1}^2 \qquad \text{(A.6)}$$

mit $\Upsilon_1 \equiv \beta K_{12}^2 + (K_2 - 2K_{s2}) m_{m1}^2/\kappa_m$ und $\Upsilon_2 \equiv 3K_{s2} - 2(K_2 + \beta K_{12})$. Dies ist gleichbedeutend mit der Bedingung

$$m_{m2}^2 \begin{cases} > \underline{m}_{m2} & \text{für } \Upsilon_1 > 0 \\ < \underline{m}_{m2} & \text{für } \Upsilon_1 < 0 \end{cases} \tag{A.7}$$

mit

$$\underline{m}_{m2} = \frac{K_{s2}\Upsilon_2 m_{m1}^2}{\Upsilon_1}.$$

Hierbei gilt $\Upsilon_1 > 0$ für

$$m_{m1}^2 \begin{cases} < \underline{m}_{m1} & \text{für } \Upsilon_3 > 0 \\ > \underline{m}_{m1} & \text{für } \Upsilon_3 < 0 \end{cases} \tag{A.8}$$

mit $\Upsilon_3 \equiv 2K_{s2} - K_2$ und $\underline{m}_{m1} \equiv \beta\kappa_m K_{12}^2 \Upsilon_3^{-1}$. Für $\Upsilon_1 < 0$ kehren sich die genannten Bedingungen jeweils um. Zudem erfordert $\Upsilon_3 > 0$

$$\rho^2 < \underline{\rho} = \frac{m_2^2 + rA_2\sigma_2^2}{(2 - A_1)rA_2\sigma_2^2}. \tag{A.9}$$

Eine zulässige Lösung $m_{m1}^2 < \underline{m}_{m1}$ erfordert schließlich $\underline{m}_{m1} > 0$ oder $\rho > 0$.

(i) Somit resultiert als erste Bedingung für eine mögliche Vorteilhaftigkeit bilanzieller Darstellungsspielräume $0 < \rho^2 < \underline{\rho}$, $m_{m1}^2 < \underline{m}_{m1}$ und $m_{m2}^2 > \underline{m}_{m2}$.

(ii) Bei $\Upsilon_3 < 0$ erhält man eine Untergrenze des quadrierten Korrelationskoeffizienten ($\rho^2 > \underline{\rho}$). Aufgrund des beschränkten Definitionsbereiches von $\rho \in [-1, 1]$ erfordert dies zudem

$$m_2^2 < \underline{m}_2 \equiv rA_2(1 - A_1)\sigma_2^2.$$

Demnach folgt als zweite Bedingung für die mögliche Vorteilhaftigkeit bilanzieller Darstellungsspielräume $\rho^2 > \underline{\rho}$, $m_2^2 < \underline{m}_2$, $m_{m1}^2 > 0 > \underline{m}_{m1}$ und $m_{m2}^2 > \underline{m}_{m2}$.

(iii) Bei Analyse von $\Upsilon_1 < 0$ zeigt sich, dass für $\Upsilon_3 < 0$ die Relation $\underline{m}_{m1} < 0$ resultiert, weshalb die Bedingung $m_{m1}^2 < \underline{m}_{m1}$ nicht erfüllbar ist. Somit verbleiben $\rho^2 < \underline{\rho}$ und $m_{m1}^2 > \underline{m}_{m1}$ als notwendige Bedingungen für $\Upsilon_1 < 0$. Dies erfordert weiterhin $\Upsilon_2 < 0$, so dass $\underline{m}_{m2} > 0$. Einsetzen der Bestimmungsgleichungen von K_{s2}, K_2 sowie K_{12} liefert die Bedingung

$$m_2^2 < \overline{m}_2 \equiv 2\beta K_{12} - (A_2 - \rho^2(2\beta A_1 + A_2))r\sigma_2^2.$$

Für das Erfüllen dieser Bedingung ist eine positive rechte Seite erforderlich. Hieraus resultiert die Bedingung

$$\rho > \hat{\bar{\rho}} \equiv \frac{-\beta A_1\sigma_1 + \sqrt{\beta^2 A_1^2\sigma_1^2 + A_2(2\beta A_1 + A_2)\sigma_2^2}}{(2\beta A_1 + A_2)\sigma_2} > 0 \text{ bzw.}$$

$$\rho < \hat{\underline{\rho}} \equiv -\frac{\beta A_1\sigma_1 + \sqrt{\beta^2 A_1^2\sigma_1^2 + A_2(2\beta A_1 + A_2)\sigma_2^2}}{(2\beta A_1 + A_2)\sigma_2} < 0.$$

Schließlich erhält man für $m_{m2} = 0$ die Differenz $E[u_P | r,m] - E[u_P | r] < 0$.

Somit folgt als dritte Bedingung für eine mögliche Vorteilhaftigkeit bilanzieller Darstellungsspielräume $\rho \in ((-\sqrt{\underline{\rho}} < \rho < \hat{\underline{\rho}})$ oder $(\hat{\bar{\rho}} < \rho < \sqrt{\underline{\rho}}))$, $m_2^2 < \bar{m}_2$, $m_{m1}^2 > \underline{m}_{m1}$ sowie $0 < m_{m2}^2 < \underline{m}_{m2}$.

Für die Vorteilhaftigkeit bilanzieller Darstellungsspielräume ist letztlich erforderlich, dass das Verhältnis b_1/b_2 der Produktivitäten innerhalb des in (A.5) angegebenen Intervalls liegt. □

Anhang B.

Ableitung der bedingten Varianzen.

Die bedingten Varianzen erhält man über die folgenden Umformungen:

$$\begin{aligned}
\text{Var}_2[w_3] &= \text{Var}_2[v_3 y_3] = v_3^2 \text{Var}[y_3] = v_3^2(1-\rho^2)\sigma_3^2,\\
\text{Var}_1[\text{E}_2[w_2 + \beta w_3]] &= \text{Var}_1[\text{E}_2[v_2 y_2 + \beta v_3 y_3]]\\
&= \text{Var}_1\left[v_2 y_2 + \beta v_3\left(\text{E}_1[y_3] + \rho\frac{\sigma_3}{\sigma_2}(y_2 - \text{E}_1[y_2])\right)\right]\\
&= \text{Var}_1\left[\left(v_2 + \beta\rho\frac{\sigma_3}{\sigma_2}v_3\right)y_2\right]\\
&= \left(v_2 + \beta\rho\frac{\sigma_3}{\sigma_2}v_3\right)^2(1-\rho^2)\sigma_2^2
\end{aligned}$$

und

$$\begin{aligned}
\text{Var}_0[\text{E}_1[w_1 + \beta w_2 + \beta^2 w_3]] &= \text{Var}_0[\text{E}_1[v_1 y_1 + \beta v_2 y_2 + \beta^2 v_3 y_3]]\\
&= \text{Var}_0\left[v_1 y_1 + \beta v_2\left(\text{E}_0[y_2] + \rho\frac{\sigma_2}{\sigma_1}(y_1 - \text{E}_0[y_1])\right)\right.\\
&\quad \left. + \beta^2 v_3 \text{E}_0[y_3]\right]\\
&= \text{Var}_0\left[\left(v_1 + \beta\rho\frac{\sigma^2}{\sigma_1}v_2\right)y_1\right]\\
&= \left(v_1 + \beta\rho\frac{\sigma_2}{\sigma_1}v_2\right)^2\sigma_1^2.
\end{aligned}$$

Literaturverzeichnis

ARYA, ANIL/GLOVER, JONATHAN/SUNDER, SHYAM (1998), Earnings Management and the Revelation Principle, in: Review of Accounting Studies, Vol. 3, S. 7–34.

BALLWIESER, WOLFGANG (2000), Wertorientierte Unternehmensführung, in: zfbf, 52. Jg., S. 160–166.

BALLWIESER, WOLFGANG/DOBLER, MICHAEL (2003), Bilanzdelikte: Konsequenzen, Ursachen und Massnahmen zu ihrer Vermeidung, in: Die Unternehmung, 57. Jg., S. 449–469.

BLACK, ERVIN L./MCCULLOCH, BRIAN W. (2003), Earnings Management Relations of Accruals Components: A Multi-Period Setting, Workingpaper, Brigham Young University.

CHRISTENSEN, PETER O./FELTHAM, GERALD A./SABAC, FLORIN (2004), A Contracting Perspective on Earnings Quality, erscheint in: Journal of Accounting and Economics.

CHRISTENSEN, PETER O./FELTHAM, GERALD A./HOFMANN, CHRISTIAN/SABAC, FLORIN (2003), Timeliness, Accuracy, and Relevance in Dynamic Incentive Contracts, Workingpaper, University of British Columbia.

CHRISTENSEN, PETER O./DEMSKI, JOEL S./FRIMOR, HANS (2002), Accounting Policies in Agencies with Moral Hazard and Renegotiation, in: Journal of Accounting Research, Vol. 40, S. 1071–1090.

COHEN, DANIEL A./DEY, AIYESHA/LYS, THOMAS Z. (2003), The Effect of the Sarbanes Oxley Act on Earnings Management: What Has Changed?, Workingpaper, Northwestern University.

DECHOW, PATRICIA M./SKINNER, DOUGLAS J. (2000), Earnings Management: Reconciling the Views of Accounting Academics, Practitioners, and Regulators, in: Accounting Horizons, Vol. 14, S. 235–250.

DEMSKI, JOEL S. (1998), Performance Measure Manipulation, in: Contemporary Accounting Research, Vol. 15, S. 261–285.

DEMSKI, JOEL S./FRIMOR, HANS (1999), Performance Measure Garbling Under Renegotiation in Multi-Period Agencies, in: Journal of Accounting Research, Vol. 37 (Supplement), S. 187–214.

DEMSKI, JOEL S./FRIMOR, HANS/SAPPINGTON, DAVID E. M. (2004), Efficient Manipulation in a Repeated Setting, in: Journal of Accounting Research, Vol. 42, S. 31–49.

DUTTA, SUNIL/GIGLER, FRANK (2002), The Effect of Earnings Forecasts on Earnings Management, in: Journal of Accounting Research, Vol. 40, S. 631–655.

DUTTA, SUNIL/REICHELSTEIN, STEFAN (1999), Performance Measurement in Multi-Period Agencies, in: Journal of Institutional and Theoretical Economics, Vol. 155, S. 158–175.

DYE, RONALD A. (1998), Earnings Management in an Overlapping Generations Model, in: Journal of Accounting Research, Vol. 26, S. 195–235.

ELDENBURG, LESLIE/KALLAPUR, SANJAY (1997), Changes in Hospital Service Mix and Cost Allocations in Response to Changes in Medicare Reimbursement Schemes, in: Journal of Accounting and Economics, Vol. 23, S. 31–51.

EVANS, JOHN H. III/SRIDHAR, SRI S. (1996), Multiple Control Systems, Accrual Accounting, and Earnings Management, in: Journal of Accounting Research, Vol. 34, S. 45–65.

FELTHAM, GERALD A./XIE, JIM (1994), Performance Measure Congruity and Diversity in Multi-Task Principal/Agent Relations, in: The Accounting Review, Vol. 69, S. 429–453.

GÜNTER FRANKE (2004), Kapitalmarktverfassung, Managerentlohnung und Bilanzpolitik, in: GILLENKIRCH, ROBERT M./SCHAUENBERG, BERND/SCHENK-MATHES, HEIKE Y./VELTHUIS, LOUIS JOHN (Hrsg.), Wertorientierte Unternehmenssteuerung – Festschrift für Helmut Laux, S. 23–46.

FUDENBERG, DREW/HOLMSTROM, BENGT/MILGROM, PAUL (1990), Short-term Contracts and Long-term Agency Relationships, in: Journal of Economic Theory, Vol. 51, S. 1–31.

FUDENBERG, DREW/TIROLE, JEAN (1990), Moral Hazard and Renegotiation in Agency Contracts, in: Econometrica, Vol. 58, S. 1279–1319.

FUDENBERG, DREW/TIROLE, JEAN (1995), A Theory of Income and Dividend Smoothing Based on Incumbency Rents, in: Journal of Political Economy, Vol. 103, S. 75–93.

GABER, CHRISTIAN (2004), Bilanzpolitik, Motivation und Agency-Kosten, in: Zeitschrift für Betriebswirtschaft, 74. Jg., S. 339–358.

HAAS, MAX (2000), Bilanzpolitik in dynamischen Modellen der ökonomischen Agency-Theorie.

HACHMEISTER, DIRK (1997), Shareholder Value, in: Die Betriebswirtschaft, 57. Jg., S. 823–839.

HARTLE, JOACHIM (1984), Möglichkeiten der Entobjektivierung der Bilanz – eine ökonomische Analyse.

HEALY, PAUL M./WAHLEN, JAMES M. (1999), A Review of the Earnings Management Literature and its Implications for Standard Setting, in: Accounting Horizons, Vol. 13, S. 365–383.

HOFMANN, CHRISTIAN (2003), Gestaltung von Erfolgsrechnungen zur Steuerung langfristiger Projekte, erscheint in: zfbf.

INDJEJIKIAN, RAFFI/NANDA, DHANANJAY (1999), Dynamic Incentives and Responsibility Accounting, in: Journal of Accounting and Economics, Vol. 27, S. 177–201.

LAMBERT, RICHARD A. (2001), Contracting Theory and Accounting, in: Journal of Accounting and Economics, Vol. 32, S. 3–87.

LI, HAIDAN/PINCUS, MORTON/REGO, SONJA OLHOFT (2003), Market Reaction to Events Surrounding the Sarbanes-Oxley Act of 2002: Overall and as a Function of Earnings Management and Audit Committee Effectiveness, Workingpaper, University of Iowa.

NELSON, MARK W./ELLIOTT, JOHN A./TARPLEY, ROBIN L. (2002), Evidence from Auditors About Managers' and Auditors' Earnings Management Decisions, in: The Accounting Review, Vol. 77 (Supplement), S. 175–202.

PFAFF, DIETER (1998), Wertorientierte Unternehmenssteuerung, Investitionsentscheidungen und Anreizprobleme, in: Betriebswirtschaftliche Forschung und Praxis, 50. Jg., S. 491–516.

PFAFF, DIETER/BÄRTL, OLIVER (1999), Wertorientierte Unternehmenssteuerung – Ein kritischer Vergleich ausgewählter Konzepte, in: zfbf, Sonderheft 41, S. 85–115.

PFAFF, DIETER/PFEIFFER, THOMAS (2002), Controlling, in: JOST, PETER-J. (Hrsg.), Die Prinzipal-Agenten-Theorie in der Betriebswirtschaftslehre, S. 359–394.

PFAFF, DIETER/STEFANI, ULRIKE (2003), Wertorientierte Unternehmensführung, Residualgewinne und Anreizprobleme, in: zfbf, Sonderheft 50, S. 51–76.

PFEIFFER, THOMAS (2000), Good and Bad News for the Implementation of Shareholder-Value Concepts in Decentralized Organizations – A Critical Study Comparing the DCF Method and the EVA Method, in: sbr, Vol. 52, S. 68–91.

REICHELSTEIN, STEFAN (2000), Providing Managerial Incentives: Cash Flow versus Accrual Accounting, in: Journal of Accounting Research, Vol. 38, S. 243–269.

ROGERSON, WILLIAM P. (1997), Intertemporal Cost Allocation and Managerial Investment Incentives: A Theory Explaining the Use of Economic Value Added as a Performance Measure, in: Journal of Political Economy, Vol. 105, S. 770–795.

ROYCHOWDHURY, SUGATA (2003), Management of Earnings Through the Manipulation of Real Activities That Affect Cash Flow from Operations, Workingpaper, Sloan School of Management.

RUHWEDEL, FRANCA/SCHULTZE, WOLFGANG (2002), Value-Reporting: Theoretische Konzeption und Umsetzung bei den DAX 100-Unternehmen, in: zfbf, 54. Jg., S. 602–632.

SCHIPPER, KATHERINE (1989), Commentary on Earnings Management, in: Accounting Horizons, Vol. 3, S. 91–102.

SCHÖNDUBE, JENS ROBERT (2003), Performancemessung und Informationsgehalt in einer Agency-Beziehung mit beschränkter Selbstbindungskraft, Workingpaper 14/2003, Otto von Guericke Universität Magdeburg.

SIEBEN, GÜNTER/SCHILDBACH, THOMAS (1994), Betriebswirtschaftliche Entscheidungstheorie, 4. Aufl.

SMITH, MICHAEL J. (2002), Gaming Nonfinancial Performance Measures, in: Journal of Management Accounting Review, Vol. 14, S. 119–133.

WAGENHOFER, ALFRED/EWERT, RALF (2003), Externe Unternehmensrechnung.

Teilnehmer der 29. Sitzung des Ausschusses Unternehmensrechnung im Verein für Socialpolitik am 30. April und 1. Mai 2004 in München

Prof. (em.) Dr. Dr. h.c. Jörg Baetge, Universität Münster

Prof. Dr. Dr. h.c. Wolfgang Ballwieser, Universität München

Prof. Dr. Hans-Joachim Böcking, Universität Frankfurt am Main

Prof. Dr. Hans Dirrigl, Universität Bochum

Prof. Dr. Günther Gebhardt, Universität Frankfurt am Main

Prof. Dr. Robert F. Göx, Universität Fribourg

Prof. Dr. Dirk Hachmeister, Universität Hohenheim

Prof. Dr. Christian Hofmann, Universität Hannover

Prof. Dr. Jochen Hundsdoerfer, Universität Bochum

Prof. Dr. Christoph Kuhner, Universität Köln

Prof. Dr. Hans-Ulrich Küpper, Universität München

Prof. Dr. Christian Leuz, University of Pennsylvania

Prof. (em.) Dr. Dr. h.c. Karl Oettle, Unterpfaffenhofen

Prof. Dr. Dieter Pfaff, Universität Zürich

Prof. Dr. Dieter Rückle, Universität Trier

Prof. Dr. Thomas Schildbach, Universität Passau

Prof. (em.) Dr. Dr. h.c. Dr. h.c. Dr. h.c. Dr. h.c. Dieter Schneider, Universität Bochum

Prof. Dr. Ulrich Schreiber, Universität Mannheim

Prof. Dr. Theodor Siegel, Humboldt-Universität Berlin

Prof. Dr. Jochen Sigloch, Universität Bayreuth

Prof. Dr. Hannes Streim, Universität Bochum

Prof. Dr. Alfred Wagenhofer, Universität Graz

Prof. Dr. Dr. h.c. Franz W. Wagner, Universität Tübingen